Laser in der Materialbearbeitung
Forschungsberichte des IFSW

U. Zoske

Modell zur rechnerischen Simulation von Laserresonatoren und Strahlführungssystemen

Laser in der Materialbearbeitung
Forschungsberichte des IFSW

Herausgegeben von
Prof. Dr.-Ing. habil. Helmut Hügel, Universität Stuttgart
Institut für Strahlwerkzeuge (IFSW)

Das Strahlwerkzeug Laser gewinnt zunehmende Bedeutung für die industrielle Fertigung. Einhergehend mit seiner Akzeptanz und Verbreitung wachsen die Anforderungen bezüglich Effizienz und Qualität an die Geräte selbst wie auch an die Bearbeitungsprozesse. Gleichzeitig werden immer neue Anwendungsfelder erschlossen. In diesem Zusammenhang auftretende wissenschaftliche und technische Problemstellungen können nur in partnerschaftlicher Zusammenarbeit zwischen Industrie und Forschungsinstituten bewältigt werden.

Das 1986 gegründete Institut für Strahlwerkzeuge der Universität Stuttgart (IFSW) beschäftigt sich unter verschiedenen Aspekten und in vielfältiger Form mit dem Laser als einer Werkzeugmaschine. Wesentliche Schwerpunkte bilden die Weiterentwicklung von Strahlquellen, optischen Elementen zur Strahlführung und Strahlformung, Komponenten zur Prozeßdurchführung und die Optimierung der Bearbeitungsverfahren. Die Arbeiten umfassen den Bereich von physikalischen Grundlagen über anwendungsorientierte Aufgabenstellungen bis hin zu praxisnaher Auftragsforschung.

Die Buchreihe „Laser in der Materialbearbeitung – Forschungsberichte des IFSW" soll einen in Industrie wie in Forschungsinstituten tätigen Interessentenkreis über abgeschlossene Forschungsarbeiten, Themenschwerpunkte und Dissertationen informieren. Studierenden soll die Möglichkeit der Wissensvertiefung gegeben werden. Die Reihe ist auch offen für Arbeiten, die außerhalb des IFSW, jedoch im Rahmen von gemeinsamen Aktivitäten entstanden sind.

Modell zur rechnerischen Simulation von Laserresonatoren und Strahlführungssystemen

Von Dr.-Ing. Uwe Zoske
Universität Stuttgart

B. G. Teubner Stuttgart 1992

D 93

Als Dissertation genehmigt von der Fakultät für Konstruktions- und Fertigungstechnik der Universität Stuttgart.

Hauptberichter: Prof. Dr.-Ing. habil. H. Hügel
Mitberichter: Prof. Dr. phil. H. Tiziani

Die Deutsche Bibliothek – CIP-Einheitsaufnahme

Zoske, Uwe:
Modell zur rechnerischen Simulation von Laserresonatoren und Strahlführungssystemen / von Uwe Zoske. – Stuttgart : Teubner, 1992
(Laser in der Materialbearbeitung)
Zugl.: Stuttgart, Univ., Diss.
ISBN 978-3-519-06205-9 ISBN 978-3-322-91857-4 (e-Book)
DOI 10.1007/978-3-322-91857-4

Gesamtherstellung: Präzis-Druck GmbH, Karlsruhe
Einband: E. Kretschmer, Leipzig

Kurzfassung

In dieser Arbeit wird ein Rechenmodell vorgestellt, mit dessen Hilfe sich Intensitäts- und Phasenverteilung eines Laserstrahls von der Quelle bis hin zur Werkstückoberfläche berechnen lassen. Die Berechnungen der Feldverteilungen innerhalb des Resonators sowie nach Propagation über größere Entfernungen außerhalb des Resonators basieren auf der Kirchhoff-Fresnelschen Beugungstheorie. Der Einfluß einer örtlich variierenden Brechzahl des laseraktiven Mediums auf das Strahlungsfeld wird durch zwei unterschiedliche Modelle simuliert. Das eine Modell, ein in der Literatur beschriebenes Verfahren, nähert den Einfluß der Brechzahlvariation durch Einfügen infinitesimal dünner Scheiben in den leeren Resonator an. Dabei wird die transversale Variation der Brechzahl eines Abschnitts des Resonatorraums durch die Struktur innerhalb der Scheibe beschrieben. Mit zunehmender Stärke der Brechzahlgradienten wird die Anzahl der Scheiben im Resonator erhöht, so daß eine Scheibe einen entsprechend kleineren Abschnitt des Resonatorraumes repräsentiert. Daneben wurde als zweites ein neuartiges Modell entwickelt, bei dem ein Abschnitt des Resonators nicht durch eine Ebene abstrahiert sondern mit Hilfe eines Strahlverfolgungsalgorithmus (Raytracing) explizit durch Berechnung des optischen Weges jeder zu berechnenden Bahn berücksichtigt wird. Der Einfluß optischer Elemente im Strahlengang eines propagierenden Laserstrahls kann innerhalb des entwickelten Rechenprogramms auf vielfältige Weise berücksichtigt werden. Kann die Struktur der Oberfläche sowie die der Brechzahl innerhalb eines transmittierenden optischen Elements funktional dargestellt werden, wird die Transmissionseigenschaft des Elementes durch ein Strahlverfolgungsverfahren berechnet. Liegen experimentell erhaltene Daten über die Phasenbeeinflussung des Strahls - z.B. aus interferometrischen Messungen - vor, so können diese unmittelbar im Berechnungsverfahren verwendet werden.

Theoretische Daten, die mit Hilfe des beschriebenen Rechenmodells erzielt wurden, wurden mit Ergebnissen aus der Literatur verglichen. Diese Vergleiche zeigten eine gute Übereinstimmung der Resultate und wiesen die fehlerfreie Umsetzung des Algorithmus in ein Programm nach. Eine Analyse der beiden Modelle zur Berücksichtigung des resonatorinternen Mediums ergab bei großen Gradienten der Brechzahlvariation eine höhere Genauigkeit des neuen Modells bei vergleichbarem Rechenaufwand. Die Simulation eines Strahlführungssystems wurde anhand eines exemplarisch gewählten Szenarios durchgeführt, wobei die grundlegenden Möglichkeiten des entwickelten Programmpakets anhand der erzielten Ergebnisse in dieser Arbeit dargestellt werden. Rechenintensive Programmteile mit hoher Genauigkeitsanforderung wurden auf dem CRAY-II Parallelrechner der Universität Stuttgart implementiert.

Inhaltsverzeichnis

Seite

Häufig verwendete Symbole

$\vec{\mathcal{E}}$: Vektor der elektrischen Feldstärke

$\mathcal{E}$: Betrag der elektrischen Feldstärke

$\vec{\mathbf{E}}$: komplexer Vektor der elektrischen Feldstärke

$\mathbf{E}$: Betrag des komplexen Vektors der elektrischen Feldstärke

$\vec{\mathcal{B}}$: Vektor der magnetischen Induktion

$\vec{\mathcal{D}}$: Vektor der dielektrischen Verschiebung

$\vec{\mathcal{H}}$: Vektor der magnetischen Feldstärke

$\vec{\mathcal{J}}$: Vektor der Stromdichte

$\vec{\mathcal{M}}$: Vektor der Magnetisierung

$\vec{\mathcal{P}}$: Vektor der Polarisation

$\vec{\mathcal{S}}$: Poynting-Vektor

$\vec{i}$: Einheitsvektor

$\vec{k}_0$: Wellenzahlvektor

$\mathbf{k}_0$: Wellenzahl

$\vec{r}$: Radiusvektor

$\vec{s}$: Streckenvektor

$\vec{x}, \vec{y}, \vec{z}$: kartesische Koordinatenvektoren

$\vec{z}$: Vektor in Ausbreitungsrichtung

F : Fläche

G : Resonatorparameter des äquivalenten symmetrischen Resonators

I : Intensität

K : Kurvenlinie

$L(\vec{z})$: Eikonal

L_{OPT} : optische Weglänge

L_{RES} : Resonatorlänge

N : Fresnelzahl

N_C : Fresnelzahl des äquivalenten symmetrischen Resonators

N_{eq}	: *äquivalente Fresnelzahl des instabilen Resonators*
P_L	: *Laserleistung*
R	: *Radius*
S	: *Umrandungslinie*
V	: *Verlust des Resonators*

sonstige lateinische Großbuchstaben : *Punkte in Diagrammen*

b	: *Bildweite*
b_∞	: *(hintere) Schnittweite*
c	: *Lichtgeschwindigkeit*
c_0	: *Vakuumlichtgeschwindigkeit*
f	: *Bezeichnung einer funktionalen Abhängigkeit, Funktion*
f	: *Brennweite*
f_H	: *hintere Brennweite*
f_V	: *vordere Brennweite*
g	: *Gegenstandsweite*
g_∞	: *vordere Schnittweite*
$g_{1,2}$	: *Resonatorparameter*
h	: *Achsabstand*
n	: *Brechzahl*
n_{EFF}	: *effektive Brechzahl einer Bahn bei variierender Dichte*
p	: *Parabelparameter*
s	: *Wegstrecke*
t	: *Zeit*
v	: *Verlustfaktor*
v_P	: *Phasengeschwindigkeit*

sonstige lateinische Kleinbuchstaben : *Strecken in Diagrammen oder Indizes*

Θ	: *Fernfeldöffnungswinkel*
K	: *Integralkern*
Ψ	: *allgemeine Verteilungsfunktion*
Ω	: *Wellenwiderstand*
Ω_0	: *Wellenwiderstand des Vakuums*

Verwendete Symbole

α_A, α_E : *Aus- und Einfallwinkel*

α_T : *Grenzwinkel der Totalreflektion*

ε : *Dielektrizitätskonstante*

ε_0 : *Influenzkonstante*

κ : *Eigenwert des Resonatorintegrals*

λ : *Wellenlänge*

λ_0 : *Wellenlänge im Vakuum*

μ : *Permeabilität*

μ_0 : *Induktionskonstante*

ν : *Frequenz*

ρ : *Ladungsdichte*

σ : *spezifische Leitfähigkeit*

τ : *Emissionsdauer*

ϕ : *Phasenwinkel*

ω : *Kreisfrequenz*

sonstige griechische Kleinbuchstaben : *Winkel*

1 Einführung

1.1 Thematischer Hintergrund

Mit der Entwicklung des Lasers zu einem in der industriellen Fertigung einsetzbaren Werkzeug wurden neuartige Bearbeitungsverfahren eingeführt, die auf Grund der speziellen Eigenschaften von Laserstrahlen herkömmlichen Verfahren unter bestimmten Gesichtspunkten überlegen sind. Trotz der inzwischen etablierten Akzeptanz des Lasers in der Industrie verlief bisher die Entwicklung von Laserstrahlquellen getrennt von der von Bearbeitungsanlagen. Zum einen optimierten Ingenieure in Forschungsinstituten als auch in Entwicklungsabteilungen der Laserhersteller die Strahlquellen lediglich im Hinblick auf Wirkungsgrad und Strahlqualität, während andererseits Bearbeitungsanlagen nach den Vorgaben der konventionellen Fertigungstechnik konzipiert und gefertigt wurden. Die Integration einer Laserstrahlquelle in eine nicht unter der Berücksichtigung der speziellen Eigenschaften des Lasers entwickelten Anlage hat naturgemäß eine Verschlechterung der erzielbaren Bearbeitungsqualität und -effizienz zur Folge. Neuere Forschungsvorhaben tragen dieser Erkenntnis Rechnung. So wurde z.B. an der Universität Stuttgart ein Sonderforschungsbereich initiiert, der sich unter anderem mit der Integration des Lasers in entsprechend konzipierte Bearbeitungsanlagen befaßt. Dabei wird neben anderem die Möglichkeit untersucht, in einem Strahlführungssystem einen Regelungsmechanismus einzusetzen, der mit Hilfe konventioneller und adaptiver Optiksysteme die für den jeweiligen Bearbeitungsprozeß optimalen Strahlparameter am Werkstück zur Verfügung stellt und während des Bearbeitungsvorgangs diese konstant hält.

Grundvoraussetzung für die Entwicklung solch komplexer Strahlführungssysteme und die Konzeption der dafür notwendigen optischen Systeme bildet die rechnerische Simulation unter realitätsnahen Randbedingungen. Die vorliegende Arbeit befaßt sich mit einem Teilaspekt dieser Problematik: der Simulation der Strahlausbreitung von der Strahlquelle bis hin zur Werkstückoberfläche. Durch diese Simulationsmöglichkeit kann zum einen der optische Resonator als Laserstrahlquelle im Hinblick auf die letztlich entscheidende Bearbeitungsqualität optimiert werden. Zum anderen ist durch eine realitätsnahe Simulation der

Einfluß der einzelnen Komponenten eines Strahlführungssystems auf die Strahlqualität analysierbar, so daß die Größe der im System auftretenden störenden Einflüsse abgeschätzt und gegebenenfalls minimiert werden können. Ebenso kann die Wirkung der zur Regelung notwendigen adaptiven optischen Systeme untersucht werden, so daß sie unter Berücksichtigung der jeweils gegebenen Randbedingungen optimal ausgelegt werden können.

Dazu wurde im Rahmen der vorliegenden Arbeit ein Programm entwickelt, mit dem neben der Berechnung der sich im Resonator einstellenden Feldverteilungen auch die Wirkung der in Strahlführungssystemen auftretenden störenden Einflüsse auf die Strahlqualität berücksichtigt werden kann. Als ein Ergebnis der Simulation eines strahlführenden Systems ergibt sich die Strahlqualität in der Bearbeitungszone. Diese bestimmt zusammen mit materialkennzeichnenden Größen des zu bearbeitenden Werkstoffs die erzielbare Bearbeitungsqualität des Verfahrens auf der zu untersuchenden Anlage. Durch Variation einzelner Parameter der jeweiligen Störgrößen kann weiterhin deren Einfluß auf die resultierende Strahlqualität untersucht und somit das Gesamtsystem gegebenenfalls nach entsprechenden Vorgaben optimiert werden.

Die Berechnung der resonatorinternen Felder erfolgt beugungstheoretisch, um die in jedem seitlich begrenzten Resonator auftretenden Beugungseffekte berücksichtigen zu können. Besonders bei Hochleistungslasern besitzt der ausgekoppelte Strahl einen beachtlichen Beugungsanteil. Der Begriff *Hochleistungslaser* ist nur schwer mit einer bestimmten Strahlleistung zu verknüpfen, jedoch werden in der Fertigungstechnik eingesetzte Laser ab einer Strahlleistung von etwa 500 W als Hochleistungslaser bezeichnet. Bei dieser Leistungsklasse macht sich auch der Einfluß des im Resonator entstehenden Dichteprofils auf die Strahlqualität bemerkbar. Durch die Anregung des laseraktiven Mediums und die dadurch entstehenden Temperaturgradienten entsteht ein örtlich variierender Dichteverlauf und somit ein entsprechendes Brechzahlprofil. Um dessen Auswirkung auf die Strahleigenschaften berechnen zu können, wurde ein neuartiges Modell entwickelt, da die Ergebnisse des üblicherweise in der Literatur verwendeten Modells unter bestimmten, besonders in Hochleistungslasern auftretenden Bedingungen deutliche Abweichungen von experimentell ermittelten Daten aufweisen. Das Standardmodell wurde aus einem Modell zur Berücksichtigung einer Variation der Kleinsignalverstärkung im laseraktiven Medium entwickelt und liefert gute Ergebnisse im Fall geringer Dichtegradienten. Bei Hochleistungslasern mit entsprechenden Dichtevariationen ist dagegen dieses Verfahren im Gegensatz zu dem neuentwickelten, in dieser Arbeit erstmals vorgestellten Modell nur bedingt einsetzbar.

Neben der Berechnung der Strahlquelle ist für eine realitätsnahe Simulation eines Strahlführungssystems die Berücksichtigung aller auf die Strahlqualität einwirkender Einflüsse unabdingbar. Strahlbegrenzende Öffnungen erhöhen den Beugungsanteil des Strahls ebenso wie Bearbeitungsspuren auf den Oberflächen der eingesetzten optischen Komponenten, während eine Deformation einer optischen Komponente sich auf die Phase und somit auf die Divergenz des Strahls auswirkt. Um solche Einflüsse ebenfalls bei der Simulation berücksichtigen zu können, wurde das oben erwähnte Programm um entsprechende Module erweitert. Zusätzlich können experimentell erhaltene, z.B. aus interferometrischen Messungen gewonnene Daten in die Berechnung einfließen, um Einflüsse bereits existierender einzubauender Komponenten möglichst realitätsnah berücksichtigen zu können. Weiterhin wurde ein Programmteil erstellt, der die Berechnung des Durchgangs eines Strahlungsfeldes durch eine transmittierende Komponente durch Strahlverfolgung, *Raytracing* genannt, gestattet.

Somit steht am Institut eine Programmbibliothek zur Verfügung, die es erlaubt, Laserresonatoren realitätsnah auslegen, den Einfluß von Aperturen und optischen Komponenten auf die Strahleigenschaft berücksichtigen sowie die Intensitätsverteilung in einem interessierenden Bereich in Fokusnähe berechnen zu können. Damit erlaubt die Simulation mit diesem Programmpaket, auf die zu erwartende Bearbeitungsqualität des beabsichtigten Fertigungsverfahrens zu schließen. Da die Wirkung auch komplexer optischer Systeme innerhalb eines Strahlführungssystems simuliert werden kann, können sowohl adaptive als auch konventionelle optische Systeme bereits in der Konzeptionsphase eines Strahlführungssystems auf ihre Einsatzmöglichkeit hin untersucht und optimal ausgelegt werden.

1.2 Inhaltsübersicht

Im Anschluß an diese Einführung befaßt sich das zweite Kapitel dieser Arbeit mit der theoretischen Beschreibung der Lichtausbreitung, sowohl in der Näherung der geometrischen Optik als auch beugungstheoretisch. Beide Formulierungen fanden Eingang in das entwickelte Programmpaket, die erste bei der Erstellung der Raytracing-Algorithmen und die zweite bei der Propagationsberechnung des Strahlungsfeldes. Da sich in der entsprechenden Literatur keine einheitliche Notation findet und teilweise inkonsistente Darstellungen, so z.B. bei der Definition der Fresnelzahl existieren, wurde Wert auf eine in sich geschlossene Darstellung gelegt. Daher erscheint dieser Teil der Arbeit streckenweise als sehr ausführlich. Dies ließ sich jedoch im Hinblick auf die anschließend bei der theoretischen Beschreibung des der Simulation zugrunde liegenden Modells verwendete Notation nicht umgehen, um die dargestellten Ableitungen für den Leser nachvollziehbar zu gestalten.

Nach der Beschreibung des theoretischen Hintergrundes der Resonatorberechnung und des Strahlverfolgungsverfahrens zur Berechnung optischer Systeme erfolgt im dritten Kapitel eine ausführliche Darstellung der beugungstheoretischen Beschreibung optischer Resonatoren. Desweitern werden die untersuchten Verfahren zur Berücksichtigung eines resonatorinternen Dichtegradienten vergleichend einander gegenüber gestellt und die wesentlichen Vorteile des neuentwickelten Verfahrens gegenüber dem Standardmodell theoretisch begründet.

Im vierten Kapitel werden Ergebnisse vorgestellt, anhand derer die Validierung des Programmteils zur Resonatorberechnung erfolgte. Dabei wurden mit dem hier beschriebenen Programmpaket Szenarien berechnet, die einen Vergleich der erzielten Ergebnisse mit früher veröffentlichten Resultaten anderer Autoren erlauben. Anhand der dargestellten Ergebnisse werden die unterschiedlichen Ansätze der beiden Modelle zur Beschreibung von Dichtegradienten im laseraktiven Medium veranschaulicht.

Einen Schwerpunkt dieser Arbeit bildet die Berechnung eines exemplarischen Strahlführungssystems, für die die einzeln erstellten und in den vorangegangenen Kapitel beschriebenen Programmteile zusammengefügt wurden. Um die Möglichkeiten des erstellten Programmpakets zu verdeutlichen und trotzdem eine übersichtliche Darstellung zu gewährleisten, wurden speziell ausgewählte typische Einflüsse im Strahlengang berücksichtigt. Dabei konnten nicht alle Möglichkeiten des Programms dargestellt werden, doch anhand der ausgewählten Beispiele wird klar, wie ein anders geartetes Strahlführungssystem mit dem vorliegenden Modell zu berechnen ist.

Anschließend folgt nach einer kurzen Zusammenfassung der Ergebnisse eine ebenso kurze Diskussion über eventuell in einer weiterführenden Arbeit noch zu erstellende Programmteile. Nach der Auflistung der Literaturzitate findet sich im Anhang eine Beschreibung verschiedener optischer Phänomene sowie eine Darstellung der einzelnen Schritte zur Berechnung des Strahldurchgangs durch eine fokussierende Linse als erklärendes Beispiel des verwendeten Raytracing-Algorithmus. Diese Teile wurden in den Anhang plaziert, um den Gedankengang im Hauptteil der Arbeit nicht unterbrechen zu müssen. Statt dessen finden sich dort an mehreren Stellen Hinweise auf die entsprechenden Teile des Anhangs.

2 Theorie

In der physikalischen Literatur gibt es drei grundsätzlich verschiedene Darstellungsarten für das Phänomen der *elektromagnetischen Strahlung*. In Fällen, in denen die Wellenlänge sehr klein ist im Vergleich zu Aperturen oder zu den Detektorflächen von Meßinstrumenten, beschreibt man die Ausbreitung der Strahlung im Rahmen der *geometrischen Optik*. Ist die Wellenlänge dagegen vergleichbar mit den Dimensionen der Beobachtungsinstrumente, so treten Effekte in Erscheinung, die sich mit Hilfe der *elektromagnetischen Wellentheorie*, in der die Strahlung als *elektromagnetische Welle* beschrieben wird, am einfachsten erklären lassen. Bei noch kleinen Wellenlängen und gleichzeitig hoher Energie verglichen mit der Auflösungsfähigkeit der verfügbaren Meßinstrumente kann der Wellencharakter der Strahlung wiederum vernachlässigt werden **[1]**. Der quantenmechanisch begründete Übergang zur *Korpuskulartheorie*, in der die Ausbreitung der elektromagnetischen Strahlung als ein Strom einzelner Energiepakete - *Photonen* genannt - aufgefaßt wird, liefert in diesem Energiebereich die beste Übereinstimmung mit den experimentell beobachteten Werten. Im Rahmen einer quantenmechanischen Beschreibung wird die Vorstellung einzelner Photonen mit der von Wellenpaketen endlicher Länge gleichgesetzt, um Beugungseffekte theoretisch miterfassen zu können. Das Gleichsetzen von Teilchen und Wellenpaket bezeichnet man mit dem Begriff *Wellen-Teilchen Dualismus*, wobei je nachdem, welche Darstellung der Beschreibung eines Phänomens nützlicher ist, zwischen den beiden Anschauungen gewechselt wird.

Zur Beschreibung der Ausbreitung über große Entfernungen sowie in optischen Resonatoren muß die Strahlung als elektromagnetisches Feld beschrieben werden. In Fällen, in denen die Wellennatur vernachlässigt werden kann, weil die Abmessungen strahlbeeinflussender Parameter groß gegenüber der Wellenlänge sind, wird im folgenden auf die vereinfachte Beschreibung im Rahmen der geometrischen Optik übergegangen.

2.1 Wellengleichung

Maxwell-Gleichungen

In der klassischen Wellentheorie wird Strahlung als elektromagnetisches Feld beschrieben **[1]**. Die Gleichungen für jedes elektromagnetische Feld sind die aus der Elektrodynamik bekannten Maxwellschen Gleichungen **[2]**. Sie lauten:

$$
\begin{aligned}
&\text{a) } \operatorname{rot} \vec{\mathcal{E}} &&= -\frac{\delta \vec{\mathcal{B}}}{\delta t}, \\
&\text{b) } \operatorname{rot} \vec{\mathcal{H}} &&= \vec{\mathcal{J}} + \frac{\delta \vec{\mathcal{D}}}{\delta t}, \\
&\text{c) } \operatorname{div} \vec{\mathcal{D}} &&= \rho, \\
&\text{d) } \operatorname{div} \vec{\mathcal{B}} &&= 0,
\end{aligned}
\tag{2.1}
$$

wobei $\vec{\mathcal{E}}$ die elektrische und $\vec{\mathcal{H}}$ die magnetische Feldstärke bezeichnen.

Dielektrische Verschiebung $\vec{\mathcal{D}}$

Die Erzeugung des elektrischen Feldes durch Ladungen in einem Medium mit der Ladungsdichte ρ beschreibt die dielektrische Verschiebung $\vec{\mathcal{D}}$. Durch die elektrische Feldstärke $\vec{\mathcal{E}}$ können in einem Medium elektrische Dipole induziert werden. Diese führen makroskopisch zu einer Polarisation des Mediums. Der Zusammenhang zwischen den Vektoren $\vec{\mathcal{E}}$ und $\vec{\mathcal{D}}$ ist daher abhängig von den jeweiligen Mediumseigenschaften.

$$\vec{\mathcal{D}} = \varepsilon_0 \vec{\mathcal{E}} + \vec{\mathcal{P}}, \tag{2.2a}$$

mit der Influenzkonstanten ε_0 und der Polarisation $\vec{\mathcal{P}}$.

Magnetische Induktion $\vec{\mathcal{B}}$

Genauso wie das elektrische kann auch das magnetische Feld Dipole in einem Medium induzieren. Die Wirkung dieser magnetischen Dipole bezeichnet man als Magnetisierung des Mediums. Für den Vektor der magnetischen Induktion $\vec{\mathcal{B}}$ ergibt sich somit analog zu Gleichung (2.2a):

$$\vec{\mathcal{B}} = \mu_0 \vec{\mathcal{H}} + \vec{\mathcal{M}}, \tag{2.2b}$$

mit der Induktionskonstanten μ_0 und der Magnetisierung $\vec{\mathcal{M}}$.

Stromdichte $\vec{\mathcal{J}}$, Ohmsches Gesetz

Die Stromdichte $\vec{\mathcal{J}}$ in einem Medium wird durch das Ohmsche Gesetz beschrieben. In vektorieller Schreibweise lautet es in seiner einfachsten Form:

$$\vec{\mathcal{J}} = \sigma \vec{\mathcal{E}}, \tag{2.3}$$

wobei die Materialkonstante σ die spezifische Leitfähigkeit des Mediums bezeichnet.

Poynting-Vektor $\vec{\mathcal{S}}$

Den Energiefluß durch eine beliebige Fläche gibt der Poynting-Vektor $\vec{\mathcal{S}}$ an. Er ist gegeben durch

$$\vec{\mathcal{S}} = \vec{\mathcal{E}} \times \vec{\mathcal{H}}. \tag{2.4}$$

In der Optik wird dieser durch $\vec{\mathcal{S}}$ definierte Energiefluß durch die Fortpflanzung elektromagnetischer Wellen bewirkt.

Im folgenden soll die Ausbreitung von Strahlung in nichtleitenden elektrisch neutralen Medien betrachtet werden. In diesem Fall gilt:

a) $\rho = 0$,
b) $\sigma = 0$,
c) $\vec{\mathcal{J}} = 0$.

Damit vereinfachen sich die Maxwell-Gleichungen (2.1a-d) zu

$$\begin{aligned} &\textbf{a)}\ \operatorname{rot} \vec{\mathcal{E}} = -\frac{\delta \vec{\mathcal{B}}}{\delta t}, \\ &\textbf{b)}\ \operatorname{rot} \vec{\mathcal{H}} = \frac{\delta \vec{\mathcal{D}}}{\delta t}, \\ &\textbf{c)}\ \operatorname{div} \vec{\mathcal{D}} = 0, \\ &\textbf{d)}\ \operatorname{div} \vec{\mathcal{B}} = 0. \end{aligned} \tag{2.5}$$

Wellengleichung

In diesen vereinfachten Maxwell-Gleichungen läßt sich die magnetische Feldstärke eliminieren. Das Differentialgleichungssystem 1.Ordnung (2.5) geht über in eine Differentialgleichung 2.Ordnung:

$$-\Delta\vec{\mathcal{E}} + \frac{1}{c_0^2}\frac{\partial^2\vec{\mathcal{E}}}{\partial t^2} = -\mu_0\frac{\partial^2\vec{\mathcal{P}}}{\partial t^2} - \text{rot}\left(\frac{\partial\vec{\mathcal{M}}}{\partial t}\right) - \text{grad div}\,\vec{\mathcal{E}} \qquad \textbf{(2.6)}$$

mit der Vakuumlichtgeschwindigkeit $c_0^2 = \frac{1}{\varepsilon_0\mu_0}$.

Diese Vektorgleichung bezeichnet man als *Wellengleichung der Optik.*

In homogenen und isotropen Medien besteht eine Proportionalität zwischen der elektrischen Feldstärke $\vec{\mathcal{E}}$ und der dielektrischen Verschiebung $\vec{\mathcal{D}}$ einerseits als auch zwischen der magnetischen Feldstärke $\vec{\mathcal{H}}$ und der magnetischen Induktion $\vec{\mathcal{B}}$ andererseits:

$$\vec{\mathcal{D}} = \varepsilon\,\varepsilon_0\,\vec{\mathcal{E}}\,, \qquad \textbf{(2.7a)}$$

$$\vec{\mathcal{B}} = \mu\,\mu_0\,\vec{\mathcal{H}}\,. \qquad \textbf{(2.7b)}$$

Den materialabhängigen Proportionalitätsfaktor ε bezeichnet man als Dielektrizitätskonstante, μ als Permeabilität des Mediums.

In diesem Fall folgt aus **div** $\vec{\mathcal{D}} = 0$ (2.5c) sofort **div** $\vec{\mathcal{E}} = 0$. Damit vereinfacht sich Gleichung (2.6) zu

$$-\Delta\vec{\mathcal{E}} + \frac{1}{v_P^2}\frac{\partial^2\vec{\mathcal{E}}}{\partial t^2} = 0\,, \qquad \textbf{(2.8)}$$

mit $v_P^2 = \frac{c_0^2}{n^2}$, der Ausbreitungsgeschwindigkeit der Welle im Medium und $n = \sqrt{\varepsilon\mu}$, der Brechzahl des Mediums.

In der Regel sind ε und μ und somit die Brechzahl n Funktionen der Wellenlänge λ. Diese Abhängigkeit bezeichnet man als *Dispersion.*

Gleichung (2.8) beschreibt alle optischen Phänomene in homogenen, isotropen, magnetisierbaren und polarisierbaren Medien. Nicht enthalten sind in dieser Gleichung die Ausbreitung von elektormagnetischer Strahlung in Plasmen sowie die Beschreibung der Phänomene der nichtlinearen Optik.

2.2 Ausbreitung von elektromagnetischer Strahlung im Vakuum

Im Vakuum gilt $\vec{\mathcal{P}} = 0$, $\varepsilon = 1$, $\mu = 1$. Die Wellengleichung (2.8) reduziert sich damit weiter zu

$$-\Delta\vec{\mathcal{E}} + \frac{1}{c_0^2}\frac{\partial^2\vec{\mathcal{E}}}{\partial t^2} = 0 \,. \tag{2.9}$$

Ebene Welle

Wenn man vereinfachend voraussetzt, daß sich die Welle nur in einer Richtung ausbreitet und senkrecht zur Ausbreitungsrichtung $\vec{z}$ unendlich ausgedehnt ist, so können Beugungseffekte vernachlässigt werden. Benutzt man kartesische Koordinaten, so ist die Lösung der Gleichung (2.9) die einer ebenen harmonischen Welle

$$\vec{\mathcal{E}} = \vec{\mathcal{E}_0}\cos(\phi_E \pm \vec{k_0}\vec{z} - \omega t) \,, \tag{2.10}$$

mit

$\vec{z}$	:	Ausbreitungsrichtung der Welle,
$k_0 = 2\pi/\lambda_0$	:	Wellenzahl,
$\vec{k_0} = \vec{i_z}\, k_0$	:	Wellenvektor,
λ_0	:	Wellenlänge im Vakuum,
$\omega = 2\pi\nu$	:	Kreisfrequenz,
$\nu = c_0/\lambda_0$	:	Frequenz der Strahlung,
ϕ_E	:	Startphase im Ursprung zur Zeit $t=0$.

Das positive Vorzeichen im Argument kennzeichnet eine nach rechts, das negative eine nach links laufende Welle.

Die magnetische Feldstärke ergibt sich dann analog dazu aus

$$\vec{\mathcal{H}} = \vec{\mathcal{H}_0}\cos(\phi_H \pm \vec{k_0}\vec{z} - \omega t) \,. \tag{2.11}$$

Die Intensität der Welle ist durch den Betrag des Poynting-Vektors gegeben (Gleichung 2.4):

$$I = |\vec{S}| = |\vec{\mathcal{E}} \times \vec{\mathcal{H}}| \,, \tag{2.12a}$$

wobei über die Periodendauer der Welle zu mitteln ist.

Aus div $\vec{\mathcal{D}} = 0$ und div $\vec{\mathcal{B}} = 0$ (Gleichung 2.5c,d) folgt, daß $\vec{\mathcal{D}}$ und $\vec{\mathcal{B}}$ senkrecht auf der Ausbreitungsrichtung der Strahlung stehen. In isotropen und homogenen Medien gilt dies ebenso für $\vec{\mathcal{E}}$ und $\vec{\mathcal{H}}$ (Gleichungen 2.7). Aus Gleichung (2.5b) folgt dann, daß $\vec{\mathcal{E}} \perp \vec{\mathcal{H}}$ ist. Aus diesen beiden Folgerungen läßt sich ableiten, daß für die Intensität $I = |\vec{\mathcal{E}} \times \vec{\mathcal{H}}| = E_0 H_0$ gilt, wobei E_0 und H_0 die Beträge der Vektoren bezeichnen. Desweiteren läßt sich Gleichung (2.5b) unter Beachtung von Gleichung (2.7a) schreiben als

$$\text{rot}\, \vec{\mathcal{H}} = H_0 \,\text{rot}\, \vec{i}_{\mathcal{H}} = \varepsilon\, \varepsilon_0 \frac{\delta \vec{\mathcal{E}}}{\delta t} = \varepsilon\, \varepsilon_0\, E_0 \frac{\delta \vec{i}_{\mathcal{E}}}{\delta t}\,,$$

wobei E_0 und H_0 die Beträge der Vektoren $\vec{\mathcal{E}}$ bzw. $\vec{\mathcal{H}}$ sowie $\vec{i}_{\mathcal{E}}$ und $\vec{i}_{\mathcal{H}}$ die Einheitsvektoren in Richtung der Feldvektoren bezeichnen.

Für die Vektorbeträge ergibt sich daraus die Beziehung:

$$H_0 = \varepsilon\, \varepsilon_0\, v_P\, E_0 = \sqrt{\frac{\varepsilon\, \varepsilon_0}{\mu\, \mu_0}}\; E_0\,.$$

mit der Ausbreitungsgeschwindigkeit v_P der Welle (Gleichung 2.8).

Somit ist $H_0 \sim E_0$ und für die Intensität I des Strahlungsfeldes gilt wegen $I = E_0 H_0$:

$$I \sim E_0^2\,. \qquad \textbf{(2.12b)}$$

Die Intensität I ist - wegen ihrer Zeitunabhängigkeit - die meßbare Größe des elektromagnetischen Feldes. Allen Angaben von Meßgeräten, z.B. Leistungsmeßgeräten in der Lasertechnik, beruhen auf ihr.

Die Gleichungen (2.10) und (2.11) der ebenen Welle können mit Hilfe der Euler-Relationen

$$e^{i\phi} = \cos\phi + i \sin\phi$$

$$\cos\phi = \frac{1}{2}\left(e^{i\phi} + e^{-i\phi}\right) \qquad \text{und}$$

als Exponentialfunktionen geschrieben werden. Eine nach rechts laufende Welle läßt sich damit in komplexer Schreibweise darstellen als

$$\vec{\mathcal{E}} = \frac{\vec{\mathcal{E}}_0}{2}\left(e^{i(\vec{k}_0 \vec{z} - \omega t + \phi_E)} + e^{-i(\vec{k}_0 \vec{z} - \omega t + \phi_E)} \right).$$

Es erweist sich als zweckmäßig, die zunächst beliebige Phase ϕ_E mit der Amplitude $\vec{\mathcal{E}}_0$ zusammenzufassen. Wegen der einfacheren mathematischen Handhabbarkeit wird im folgenden die komplexe Feldstärke

$$\vec{\mathbf{E}} = \vec{\mathbf{E}}_0 \, e^{i(\vec{k}_0\vec{z} - \omega t)} \tag{2.13}$$

benutzt, wobei die physikalisch relevante Feldstärke

$$\vec{\mathcal{E}} = \frac{1}{2}(\vec{\mathbf{E}} + \vec{\mathbf{E}}^*) = \mathrm{Re}(\vec{\mathbf{E}}) \tag{2.14}$$

der Realteil des komplexen Feldes $\vec{\mathbf{E}}$ ist und $\vec{\mathbf{E}}^*$ den konjugiert komplexen Feldvektor zu $\vec{\mathbf{E}}$ bezeichnet.

In der komplexen Schreibweise geht Gleichung (2.9) über in

$$\Delta\vec{\mathbf{E}} + n^2 k_0^2 \vec{\mathbf{E}} = 0 \; . \tag{2.15}$$

Für Phänomene der Optik, die unabhängig von der Vektoreigenschaft der Felder sind, können die skalaren Lösungen der Wellengleichung herangezogen werden. Im Vakuum lauten sie:

$$\mathbf{E}(\vec{z},t) = \mathbf{E}(\vec{z})\, e^{-i\omega t} = \mathbf{E}_0 \, e^{i(\vec{k}_0\vec{z} - \omega t)} \; , \tag{2.16a}$$

$$\mathbf{H}(\vec{z},t) = \mathbf{H}(\vec{z})\, e^{-i\omega t} = \mathbf{H}_0 \, e^{i(\vec{k}_0\vec{z} - \omega t)} \; . \tag{2.16b}$$

Das Verhältnis der Amplituden $\Omega_0 = \mathbf{E}_0/\mathbf{H}_0$ ist konstant und entspricht einem Ohmschen Widerstand. Es wird deswegen *Wellenwiderstand des Vakuums* genannt **[3]**,

$$\Omega_0 = \sqrt{\frac{\mu_0}{\varepsilon_0}} \; . \tag{2.17a}$$

Innerhalb eines Mediums bestimmen zusätzlich die Materialkonstanten ε und μ den Wellenwiderstand:

$$\Omega = \sqrt{\frac{\mu\mu_0}{\varepsilon\varepsilon_0}} \; . \tag{2.17b}$$

In den Gleichungen (2.16) sind die *Flächen konstanter Phase*, für die die Beziehung $\vec{k}_0\vec{z} = \omega t = \text{konstant}$ gilt, ebene Flächen im Raum, die sich mit der Geschwindigkeit v_P fortpflanzen (siehe Gleichung 2.8). Daher wird v_P als *Phasengeschwindigkeit* der Welle bezeichnet.

Kugelwelle

Die Lösung der Wellengleichung (2.9) in Kugelkoordinaten stellt im Gegensatz zur ebenen Welle (2.13) eine Kugelwelle dar:

$$\mathbf{E}(\vec{r},t) = \mathbf{E}(\vec{r})\, e^{-i\omega t} = \frac{1}{r}\, \mathbf{E}_0\, e^{i(\pm\vec{k}_0\vec{r} - \omega t)} \quad . \qquad (2.18)$$

Die Flächen konstanter Phasen sind in diesem Fall Kugelschalen. Ein positives Vorzeichen von $\vec{k}_0\vec{r}$ kennzeichnet hier eine aus-, ein negatives eine einlaufende Kugelwelle.

2.3 Geometrische Optik

Ein Phänomen bei der Ausbreitung von Strahlung ist dessen Beugung an Hindernissen. Der Wellencharakter der Strahlung braucht jedoch nicht berücksichtigt zu werden, wenn die Wellenlänge λ klein im Vergleich zu den Dimensionen von Aperturen in Ausbreitungsrichtung und zu den örtlichen Abmessungen von Brechzahländerungen des Mediums ist. Die Beugungseffekte werden unter dieser Voraussetzung vernachlässigt. Ohne Berücksichtigung der Beugung breitet sich die Strahlung bei hinreichend kleinen optischen Weglängen geradlinig aus. Da in diesem Fall die Gesetze der Geometrie auf die Berechnung der Propagation anwendbar sind, spricht man von *Geometrischer Optik*.

2.3.1 Eikonalgleichung der geometrischen Optik

Bei einer Ortsabhängigkeit des Brechnungsindex n sind ebene Wellen und Kugelwellen nicht mehr Lösungen der Wellengleichung. Vollständige Lösungen kann man nur für Sonderfälle angeben, wobei die Lösungen im allgemeinen sehr komplexe Formen annehmen.

Variiert n nur wenig, so setzt man aus der Störungsrechnung als Lösung eine der ungestörten Lösung (2.16) ähnliche Funktion

$$E(\vec{z})\, e^{-i\omega t} = E_0(\vec{z})\, e^{i(\vec{k}_0 L(\vec{z}) - \omega t)}$$

mit dem Störterm $L(\vec{z})$, dem sogenannten *Eikonal*, an. Mit diesem Ansatz folgt aus Gleichung (2.15) die Bedingung:

$$\left(\nabla L(\vec{z})\right)^2 - n^2 - \frac{\Delta E_0(\vec{z})}{k_0^{\,2} E_0(\vec{z})} - \frac{i}{k_0}\left(\Delta L(\vec{z}) + 2\,\frac{\nabla E_0(\vec{z})}{E_0(\vec{z})}\right) = 0\,.$$

Eikonalgleichung der Geometrischen Optik

Im Grenzfall der Geometrischen Optik gilt $\lambda \rightarrow 0$. Nach Gleichung (2.9) wächst damit die Wellenzahl k_0 über alle Maßen. Für $k_0 \rightarrow \infty$ geht obige Gleichung über in die Form

$$\left(\nabla L(\vec{z})\right)^2 = n^2\,. \tag{2.19}$$

Flächen mit konstantem $L(\vec{z})$ sind auch hier Flächen konstanter Phase und definieren somit *Wellenfronten*. Die Strahlrichtung $\vec{i}_z$ ist überall parallel zu dem Normalenvektor einer Wellenfront. Es gilt:

$$\vec{i}_z = \frac{\nabla L(\vec{z})}{|\nabla L(\vec{z})|}\,.$$

Für den Abstand ds zweier Wellenfronten, der durch die beiden Beziehungen L = konstant und L + ds = konstant gegeben ist, gilt:

$$dL = n(s)\, ds\,. \tag{2.20a}$$

Optischer Weg L_{OPT}

Das Integrieren dieser Differentialgleichung liefert die Beziehung

$$L_{OPT} = \int dL = \int n(s)\, ds\,. \tag{2.20b}$$

für den Abstand L_{OPT} in Abhängigkeit vom geometrischen Weg s und der Brechzahl n(s) des Mediums.

Die Aussage von Gleichung (2.20b) besteht im Kern in der Beantwortung der Frage, welche Zeit die elektromagnetische Strahlung in einem Medium mit der örtlich variierenden Brechzahl n(s) benötigt, die Strecke s zurückzulegen. Diese Zeit wird dabei durch den *optischen Weg* L_{OPT} ausgedrückt.

2.3.2 Fermatsches Prinzip

Auf Grund dieser Beziehung läßt sich ableiten, daß sich ein Strahl in einem Medium selbst bei wechselnder Brechzahl zwischen zwei Punkten stets so ausbreitet, daß der tatsächlich eingeschlagene Weg ein Extremum aller möglichen bildet. Dies wird als *Fermatsches Prinzip* der geometrischen Optik bezeichnet. Auf die entsprechende Ableitung wird aus Gleichung (2.20b) an dieser Stelle verzichtet, da sie von der Darstellung der für diese Arbeit wesentlichen theoretischen Aspekte zu weit wegführen würde. Sie ist jedoch, um eine einheitliche Notation zu gewährleisten, im Anhang A1 durchgeführt.

2.3.3 Reflexions- und Brechungsgesetz

Das Fermatsche Prinzip bildet die Grundlage zur Erklärung der Ausbreitung von elektormagnetischer Strahlung im Rahmen der geometrischen Optik, selbst in den Spezialfällen der Reflexion oder Brechung an Grenzflächen zweier Medien.

Reflexionsgesetz

Die Verhältnisse bei der Reflexion eines Strahls an einer Oberfläche werden durch das *Reflexionsgesetz* beschrieben. Bezüglich der Winkel, die der einfallende bzw. ausfallende Strahl mit der Flächennormale im Auftreffpunkt auf die Oberfläche bildet, besagt dieses physikalische Gesetz, daß der Einfallwinkel α_E stets gleich dem Ausfallwinkel α_A ist.

$$\alpha_E = \alpha_A \quad . \qquad \textbf{(2.21)}$$

Brechungsgesetz

Im Fall des Übergangs von elektromagnetischer Strahlung von einem Medium mit der Brechzahl n_1 in ein anderes mit n_2 wird sie an der Grenzfläche der beiden Medien gebrochen. Dabei gilt die Beziehung

$$n_1 \sin\alpha_1 = n_2 \sin\alpha_2 \qquad \textbf{(2.22)}$$

zwischen dem Einfallwinkel α_1 auf die Grenzfläche und dem Ausfallwinkel α_2. Die Ableitungen der Gleichungen (2.21) und (2.22) aus dem Fermatschen Prinzip (A1.1) finden sich im Anhang A1 im Anschluß an dessen Darstellung.

2.3.4 Reflexion und Brechung an gekrümmten Oberflächen

Ein wesentlicher Aspekt dieser Arbeit besteht in der Simulation des Einflusses, den abbildende Elemente auf einen sich ausbreitenden Laserstrahl ausüben. Die dieser Simulation zugrunde liegenden optischen Phänomene sind neben Gleichung (2.20) das Reflexions- und das Brechungsgesetz (Gleichungen (2.21) und (2.22)). Da die meisten abbildenden Elemente (Linsen, Spiegel) gekrümmte Oberflächen besitzen und eine plane Oberfläche als Spezialfall einer gekrümmten mit unendlich großem Krümmungsradius aufgefaßt werden kann, wird die Reflexion und Brechung am Beispiel gekrümmter Oberflächen untersucht. Auf deren ausführliche Diskussion wird an dieser Stelle zu Gunsten einer kompakten Darstellung der im Rahmen dieser Arbeit benötigten theoretischen Grundlagen verzichtet und auf die entsprechenden Abschnitte im Anhang A1 verwiesen.

Für unter kleinem Einfallwinkel auf sphärisch gekrümmte Oberflächen einfallende Strahlen läßt sich die *Abbildungsgleichung für sphärische Spiegel* ableiten. Sie lautet:

$$\frac{1}{g} + \frac{1}{b} = \frac{2}{R} \,. \tag{2.23}$$

Darin werden die Gegenstandsweite g und die Bildweite b bei der Abbildung eines Punktes in Beziehung gesetzt zum Krümmungsradius R der Oberfläche (Bild A1.4).

Beim Durchgang durch eine Linse erfolgt an beiden Oberflächen des Linsenkörpers eine Brechung des Strahls. Unter der Voraussetzung, daß die Dicke der betrachteten Linse sehr viel kleiner als deren Brennweite ist, wird im Anhang A1 die *Abbildungsgleichung für dünne Linsen* aus dem Brechungsgesetz (2.22) abgeleitet. Befindet sich die Linse mit der Brechzahl n_2 in einem Medium mit n_1, so ergibt sich für Gegenstands- und Bildweite die Beziehung

$$\frac{1}{g} + \frac{1}{b} = \frac{n_2 - n_1}{n_1}\left(\frac{1}{R_1} - \frac{1}{R_2}\right) = \frac{1}{f} \,, \tag{2.24}$$

wobei R_1 den Krümmungsradius der ersten und R_2 den der zweiten Oberfläche bezeichnen. In der Form ähnelt obige Beziehung der Abbildungsgleichung (2.23) bei der Reflexion an einer sphärischen Oberfläche. Die

Vorzeichenkonvention ist in beiden Fällen so gewählt, daß eine Oberfläche mit konvergierender Wirkung auf die Strahlung durch einen positiven Krümmungsradius charakterisiert wird, eine Oberfläche mit aufweitender Wirkung dagegen durch einen negativen. So hat bei der Betrachtung der Reflexion an einer Spiegeloberfläche eine in Ausbreitungsrichtung der Strahlung konkave Oberfläche eine fokussierende Wirkung (Bild A1.4) und somit einen positiven Krümmungsradius. Beim Durchgang durch eine Linse (Bild A1.7) sind die Verhältnisse komplizierter. In der Regel besitzt der Linsenkörper eine höhere Brechzahl als das ihn umgebende Medium. In diesem Fall wird der auf die Linse treffende Strahl beim Übergang vom optisch dünneren ins optisch dichtere Medium ($n_1 < n_2$) an einer konvexen Oberfläche zur optischen Achse hin gebrochen. Bei der Brechung an der zweiten Linsenoberfläche, an der der ausfallende Strahl ins optisch dünnere Medium übertritt ($n_2 > n_1$), kehren sich die Verhältnisse um, so daß dort eine konkav geformte zweite Oberfläche fokussierend wirkt. Im folgenden wird - auch im Hinblick auf eine einfachere Formulierung in einem Rechenalgorithmus - der Radius einer Linsenoberfläche dann mit einem positiven Vorzeichen gekennzeichnet, wenn entlang der Ausbreitungsrichtung des Lichts der Scheitelpunkt der gekrümmten Oberfläche vor dem Krümmungsmittelpunkt liegt. Befindet sich dagegen der Scheitelpunkt hinter dem Mittelpunkt der Krümmung, so wird der Radius negativ angegeben.

Gilt für den Abstand Δ der beiden Linsenoberflächen nicht mehr $\Delta \ll f$, so bezeichnet man die Linse - im Gegensatz zur dünnen - als *dicke Linse*. Unter der Berücksichtigung der Linsenmittendicke können die oben abgeleiteten Beziehungen auch in disem Fall angewendet werden. Wenn die Voraussetzung der kleinen Winkel und der kleinen Objekt- und Bildhöhen dagegen nicht gegeben ist, wird der Geltungsbereich der gaußschen Optik verlassen. In diesem Fall gelten die oben abgeleiteten Beziehungen nicht mehr und Bildfehler müssen berücksichtigt werden. Da die Strahlqualität von Laserstrahlen durch Abbildungsfehler im Strahlengang befindlicher optischer Elemente negativ beeinflußt wird, muß deren Einfluß auf den Bearbeitungsprozeß am Werkstück abgeschätzt und gegebenenfalls bei der Simulation der Strahlführung berücksichtigt werden. Bei einfachen Verhältnissen kann ihr Einfluß analytisch berechnet werden (siehe Anhang A2), in der Regel sind jedoch andere Verfahren zu deren Berücksichtigung notwendig, auf die später in dieser Arbeit eingegangen wird.

2.4 Wellenoptik

Optische Phänomene wie die Beugung an Hindernissen oder auch das Auftreten von Interferenzeffekten sind nicht im Rahmen der *geometrischen Optik* beschreibbar. Sie beruhen auf der Wellennatur der elektromagnetischen Strahlung.

2.4.1 Interferenz

Interferenzerscheinungen werden durch die ungestörte Überlagerung von Wellen beschrieben, wobei man annimmt, daß die beteiligten Wellen sich unbeeinflußt von einander ausbreiten. In diesem Fall ergibt sich aus dem Fresnelschen *Superpositionsprinzip*, daß sich das resultierende Strahlungsfeld aus der vektoriellen Addition der Einzelfeldstärken errechnet. Dieses *Superpositionsprinzip* gilt allgemein für ausreichend kleine Feldstärken. Bei großen Amplituden dagegen, wie sie z.B. im Fokus von Laserlicht hoher Leistung erzeugt werden, treten zusätzliche *nichtlineare optische Effekte* auf **[4]**.

Solche nichtlinearen Effekte werden hier nicht berücksichtigt. Zur weiteren Vereinfachung der mathematischen Beschreibung beschränkt sich die Darstellung auf polarisierte, monochromatische Wellen, die zeitlich und räumlich unendlich ausgedehnt sind. In der komplexen Schreibweise von Wellen (Gleichungen (2.13) sowie (2.14)) ergibt sich somit das resultierende Feld $\vec{\mathbf{E}}$ bei der Überlagerung zweier Wellen $\vec{\mathbf{E}}_1$ und $\vec{\mathbf{E}}_2$ zu:

$$\vec{\mathbf{E}} = \vec{\mathbf{E}}_1 + \vec{\mathbf{E}}_2 = (\vec{\mathbf{E}}_{01} + \vec{\mathbf{E}}_{02})\, e^{i(\vec{k}_0 \vec{z} - \omega t)} .$$

Die Intensität des Strahlungsfeldes ergibt sich aus dieser Gleichung unter Berücksichtigung von Gleichung (2.17b) zu

$$I = \frac{1}{\Omega}\overline{(\vec{\mathbf{E}})^2}^{t} = \frac{1}{\Omega}\overline{(\vec{\mathbf{E}}_{01}+\vec{\mathbf{E}}_{02})^2}^{t} = \frac{1}{2\Omega}\left(|\vec{\mathbf{E}}_{01}|^2 + |\vec{\mathbf{E}}_{02}|^2 + 2\mathrm{Re}(\vec{\mathbf{E}}_{01}\cdot\vec{\mathbf{E}}_{02}^{*})\right), \qquad \textbf{(2.25)}$$

wobei über die Zeit zu mitteln ist.

Gleichung (2.25) kann geschrieben werden als

$$I = I_0 \left(1 + 2 \frac{\mathrm{Re}(\vec{E}_{01} \cdot \vec{E}_{02}^*)}{|\vec{E}_{01}|^2 + |\vec{E}_{02}|^2}\right) \quad (2.26)$$

mit

$I_0 = \frac{1}{2\Omega} \left(|\vec{E}_{01}|^2 + |\vec{E}_{02}|^2\right)$: skalare Überlagerung der Einzelintensitäten,

Ω : Wellenwiderstand des Mediums (vgl. Gleichung (2.17b)).

Der zweite Term in Gleichung (2.26) wird als *Interferenzterm* bezeichnet. Der Zähler dieses Terms läßt sich bei gleicher Ausbreitungsrichtung beider Wellen umformen in:

$$\mathrm{Re}(\vec{E}_{01} \cdot \vec{E}_{02}^*) = \mathrm{Re}(E_{01} \cdot E_{02} \cdot \vec{i_1} \cdot \vec{i_2} \cdot e^{i\beta}) = E_{01} \cdot E_{02} \cdot \vec{i_1} \cdot \vec{i_2} \cdot \cos\beta$$

mit

E_{0i}, $i=1,2$: Betrag des Vektors $\vec{E}_{01}$ bzw. $\vec{E}_{02}$,

$\vec{i_i}$, $i=1,2$: Einheitsvektoren in Richtung der Feldstärken,

$\beta = (\vec{k_1} - \vec{k_2})\,\vec{z} + \phi_{E1} - \phi_{E2}$: Phasenunterschied beider Wellen,

$\vec{k_i}$, $i=1,2$: Wellenvektoren,

$\vec{z}$: Ausbreitungsrichtung der Wellen,

ϕ_{Ei}, $i=1,2$: Startphasen in den Strahlungsquellen zur Zeit $t=0$.

Daraus läßt sich ablesen, daß der Interferenzterm genau dann einen Beitrag zur resultierenden Intensität liefert,

- wenn beide Wellen nicht senkrecht zueinander polarisiert sind, d.h. wenn für die Einheitsvektoren $\vec{i_1} \cdot \vec{i_2} \neq 0$ gilt sowie
- wenn der Phasenunterschied β beider Wellen nicht $\pi/2$ beträgt.

Maximale Intensität tritt auf, wenn die Polarisationsrichtungen beider Wellen parallel oder antiparallel ausgerichtet sind und β ein Vielfaches von 2π ist. Minimale Intensität ergibt sich, wenn der Phasenunterschied β ein ungeradzahliges Vielfaches von π beträgt.

Die Überlagerung von Wellen unterschiedlicher Frequenz führt zu komplizierteren Interferenzmustern, den aus der Akustik bekannten *Schwebungen*. In der Optik sind sie auf Grund der höheren Frequenzen allerdings viel schwerer nachzuweisen **[3]**.

2.4.2 Kohärenz

In herkömmlichen Strahlungsquellen werden Atome durch Zufuhr von Energie thermisch angeregt. Diese thermische Anregungsenergie wird nach einer gewissen Zeit spontan wieder abgestrahlt. Dabei emittiert jedes Atom sowohl unabhängig von den anderen in der Strahlungsquelle als auch statistisch zu einem individuellen Zeitpunkt. Somit besteht keine feste Phasenbeziehung zwischen den Emissionen der einzelnen Atome, die Phasendifferenz $\phi_{E1} - \phi_{E2}$ der Wellen zweier Quellen variiert zeitlich. Im zeitlichen Mittel liefert somit der Interferenzterm in Gleichung (2.26) keinen Beitrag, die resultierende Intensität ergibt sich aus der Summe der Einzelintensitäten. Solche Strahlungsquellen nennt man *inkohärent*. Nur Wellen, deren Phasenunterschied zeitlich konstant ist, sind *kohärent*, d.h. interferenzfähig.

Die Zeitdauer τ eines Emissionsaktes ist beschränkt, die emittierten Wellen haben daher eine endliche Länge $L = c\tau$, wobei c die Lichtgeschwindigkeit im Medium bezeichnet. Wellen endlicher Länge nennt man *Wellenzüge*. Ein Wellenzug ist auf seiner gesamten Länge interferenzfähig. An einem festen Ort kann somit ein passierender Wellenzug nur innerhalb der Zeitspanne τ mit anderen kohärenten Wellenzügen interferieren; L wird daher als *Kohärenzlänge* bezeichnet, τ als *Kohärenzzeit* **[2,3,4]**.

In einer Laserstrahlungsquelle emittieren die einzelnen Atome nicht spontan, sondern ein Wellenzug *stimuliert* in der Nähe befindliche Atome, ihre Anregungsenergie synchron zum Wellenzug abzugeben. Daher haben auslösende und ausgelöste Wellenzüge bei der *stimulierten Emission* im laseraktiven Medium eine feste Phasenbeziehung zueinander, sie sind kohärent **[2]**.

2.4.3 Beugung

Als *Beugung* bezeichnet man jede Abweichung der Ausbreitung elektromagnetischer Strahlung von den Gesetzen der geometrischen Optik. Beugung tritt immer dann auf, wenn die Ausbreitung der Wellen von Hindernissen gestört wird. In den vorhergehenden Abschnitten bzw. in den dazugehörigen des Anhangs wurden senkrecht zur Ausbreitungsrichtung unendlich ausgedehnte Wellen betrachtet. Jede seitliche Begrenzung von Strahlung erzeugt jedoch

Beugung. Je nach Größe der Störung der Wellenausbreitung durch seitliche Begrenzungen sind die daraus entstehenden Beugungseffekte unterschiedlich stark ausgeprägt, so daß im Einzelfall entschieden werden muß, ob sie berücksichtigt werden müssen oder ob sie vernachlässigbar sind.

Huygenssches Prinzip

Beugungseffekte können durch das *Huygenssche Prinzip* der Überlagerung von Kugelwellen erklärt werden. Das Huygenssche Prinzip beschreibt die Ausbreitung von Wellen derart, daß von jedem Punkt einer Wellenfront eine kugelförmige Elementarwelle ausgeht. Die Einhüllende aller Elementarwellen ergibt die ausbreitende Wellenfront zu einem späteren Zeitpunkt **[5]**. Das Strahlungsfeld an einem Punkt der Wellenfront entsteht durch phasenrichtige Überlagerung - also Interferenz - aller diesen Punkt erreichender Elementarwellen.

Interferenz tritt auf, wenn zwischen zwei sich überlagernde Wellen innerhalb ihrer Kohärenzlänge ein fester Wegunterschied besteht. In der Optik kann solch ein Wegunterschied nicht nur durch unterschiedliche Ausbreitungswege sondern auch durch Änderungen der Polarisationsrichtung auftreten. Bei der Beschreibung von Beugungseffekten, die durch eine seitliche Begrenzung eines Strahlungsfeldes entstehen, kann die örtliche Änderung der Polarisation vernachlässigt werden. In der Regel ist daher die Beschreibung in diesem Fall unabhängig vom Vektorcharakter des Feldes und es genügt eine skalare Darstellung.

Fresnelzahl

Das Ausmaß von Beugungseffekten kann durch eine skalare Größe, die sogenannte *Fresnelzahl* angegeben werden. Zu deren Ableitung wird im folgenden exemplarisch der Durchgang einer ebene Welle durch eine kreisförmige Öffnung betrachtet.

Zwischen der Blende mit dem Öffnungsradius a (Bild 2.1) und dem Beobachtungsort im Abstand L von der Öffnung wird Gleichung (2.18) als Lösung der Wellengleichung angesetzt. Es genügt eine skalare Formulierung, da die Beugungseffekte in diesem Fall im wesentlichen von Phasenunterschieden herrühren. Da die einfallende ebene Welle senkrecht zur Ausbreitungsrichtung begrenzt wird, bietet sich die Darstellung in Zylinderkoordinaten an:

$$\mathbf{E}(\vec{r},\vec{z},t) = \mathbf{E}(\vec{r},\vec{z})\, e^{i(\vec{k}_0\vec{z} - \omega t)} .$$

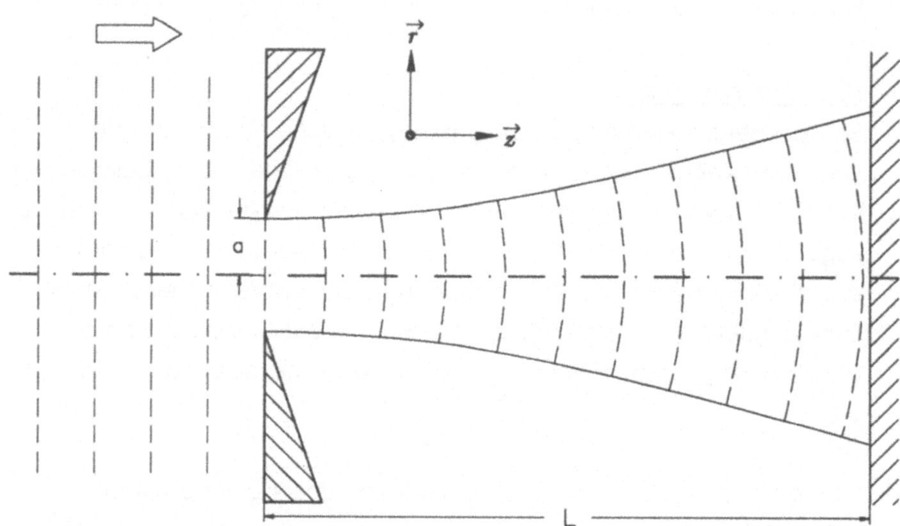

Bild 2.1 Beugung an einer Blende mit dem Öffnungsradius a.

Die ebene Phasenfläche wird durch Beugung gekrümmt. Dies führt zu einer Strahlaufweitung und damit zu einer Vergrößerung des Strahldurchmessers am Beobachtungsort in der Entfernung L von der Öffnung. Zur Veranschaulichung ist die Orientierung der Vektoren $\vec{r}$ und $\vec{z}$ eingezeichnet.

Unter der Voraussetzung, daß $\partial E/\partial z \ll k_0 E$ ist, kann die zweite Ableitung von E nach z vernachlässigt werden. Anschaulich bedeutet dies, daß sich die Amplitude des Strahlungsfeldes bei Ausbreitung in z-Richtung innerhalb einer Wellenlänge nur wenig ändern darf. Diese Näherung wird als *SVE-Näherung* - nach der englischen Abkürzung für *S*low *V*arying *E*nvelope - bezeichnet **[6]**. Das Einsetzen des obigen Lösungsansatzes in die Wellengleichung (2.7) liefert in der SVE-Näherung:

$$\frac{\partial^2 \mathbf{E}}{\partial r^2} + \frac{1}{r}\frac{\partial \mathbf{E}}{\partial r} + \frac{1}{r^2}\frac{\partial^2 \mathbf{E}}{\partial \varphi^2} + 2ik_0\frac{\partial \mathbf{E}}{\partial z} - \frac{1}{v_P^2}\frac{\partial^2 \mathbf{E}}{\partial t^2} = 0 .$$

Drückt man r und z in Einheiten von a bzw. L aus und ersetzt k_0 durch $2\pi/\lambda$, so ergibt sich die Gleichung

$$\frac{\partial^2 \mathbf{E}}{\partial (r/a)^2} + \frac{1}{(r/a)}\frac{\partial \mathbf{E}}{\partial (r/a)} + \frac{1}{(r/a)^2}\frac{\partial^2 \mathbf{E}}{\partial \varphi^2} + 4\pi i\, N \frac{\partial \mathbf{E}}{\partial (z/L)} - \frac{\lambda N L}{v_P^2}\frac{\partial^2 \mathbf{E}}{\partial t^2} = 0 .$$

Man bezeichnet den Faktor $N = \frac{a^2}{\lambda L}$, der alle die Beugung bestimmenden Größen zusammenfaßt, als *Fresnelzahl*. **(2.27)**

Diese Größe ist charakteristisch für das Beugungsbild elektromagnetischer Strahlung der Wellenlänge λ in der Entfernung L von der beugenden Öffnung mit dem Radius a. Ähnliche Beugungsbilder ergeben sich immer dann, wenn gleiche Werte für N vorliegen. Dies wird als *Ähnlichkeitsgesetz der Beugung* bezeichnet.

Durch die Beugung einer ebenen Welle an einer Öffnung weitet sich das Strahlungsfeld hinter der Öffnung auf, wie in Bild 2.1 dargestellt ist. Nach dem Huygensschen Prinzip gehen von jedem Punkt der Aperturfläche Kugelwellen aus, die sich zu einer resultierenden Wellenfront überlagern. In großer Entfernung von einer beugenden Öffnung entspricht die resultierende Wellenfront einer Halbkugelwelle mit dem Zentrum der beugenden Öffnung als Ausgangspunkt. Projiziert man den Rand der beugenden Öffnung nach den Gesetzen der geometrischen Optik auf eine Ebene in großer Entfernung, also ohne Berücksichtigung der Strahlaufweitung, so gibt die Fresnelzahl N die Wegdifferenz in Einheiten der halben Wellenlänge an, die die sich vom Zentrum der beugenden Öffnung ausbreitende Kugelwelle vom Rand des geometrischen Bildes der Apertur hat, wenn die Wellenfront die Ebene auf der optischen Achse erreicht.

Diese anschauliche Deutung der Fresnelzahl ist in Bild 2.2a skizziert. Die Strecke Δ bezeichnet dort den Abstand der Welle vom Rand des Bildes in dem Augenblick, in dem die Welle das Zentrum der Öffnung erreicht. Der Radius der Wellenfront entspricht der Entfernung L zwischen der Apertur und der Beobachtungsebene. Der Abstand der Ebene vom Zentrum P ist dann $L+\Delta$. Der Mitten- und der Randstrahl bilden einen Winkel φ, der durch $\cos\varphi = L/(L+\Delta)$ gegeben ist. Daraus folgt für Δ die Beziehung $\Delta = L(1/\cos\varphi - 1)$. Durch Ersetzen von $1/\cos\varphi$ durch $\sqrt{1+\tan^2\varphi}$ folgt $\Delta = (\sqrt{1+\tan^2\varphi} - 1)L$. Ebenso gilt aber $\tan\varphi = a/L$. Somit ist der Wegunterschied von Mitten- und Randstrahl durch $\Delta = (\sqrt{1+a^2/L^2} - 1)\,L$ gegeben. Da P weit entfernt von der Öffnung ist, gilt für nicht zu große Öffnungen sicherlich $a \ll L$. Beim Entwickeln der Wurzel nach Potenzen von a gilt dann die Näherung $\Delta \approx (1+a^2/2L^2 - 1)\,L = a^2/2L = N\,\lambda/2$ mit $N = a^2/\lambda L$, wenn die Reihenentwicklung nach dem quadratischen Term abgebrochen wird.

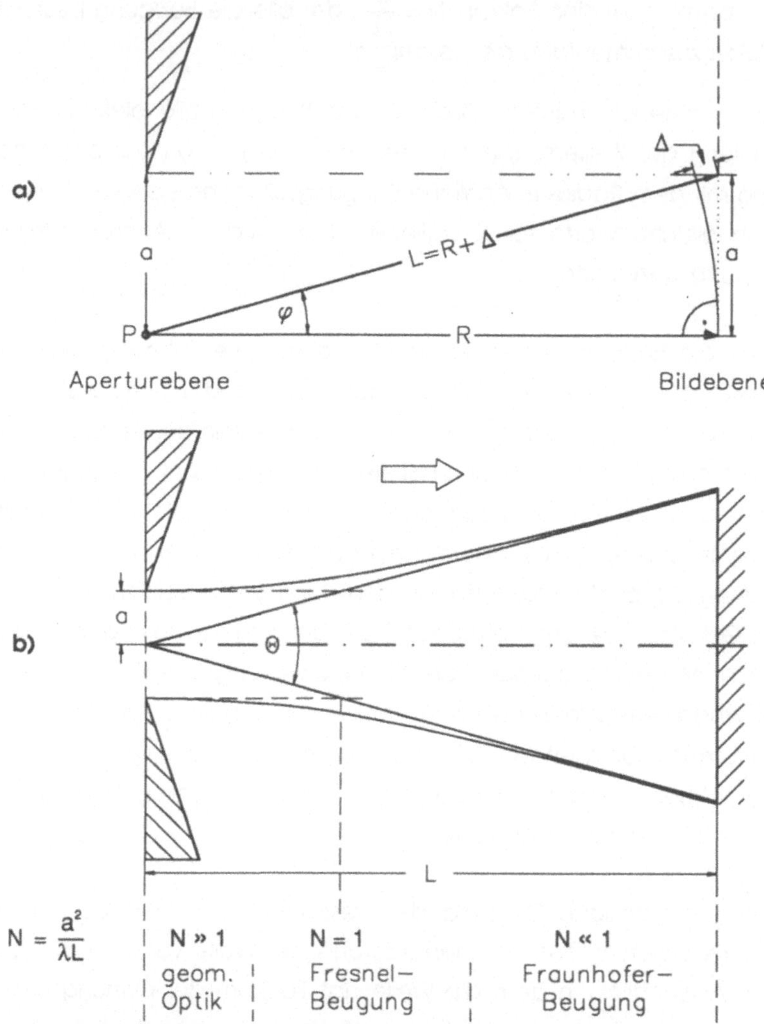

Bild 2.2 Zur Deutung der Fresnelzahl N bei der Beugung einer ebenen Welle an einer kreisförmigen Blende.

In der oberen Abbildung **(a)** ist die anschauliche Bedeutung der Fresnelzahl als Wegdifferenz im Fernfeld des Mitten- und des Randstrahls ausgehend vom Zentrum P der Apertur skizziert. Betrachtet man für ein festes Verhältnis a^2/λ die Strahlausbreitung bei wachsendem Abstand von der beugenden Öffnung (**(b)**), so erfolgt nahe der Blende ($N \gg 1$) die Strahlausbreitung nahezu geradlinig. Man befindet sich im Geltungsbereich der geometrischen Optik. Weit entfernt von der Apertur, wo $N \ll 1$ gilt, beschreibt man die auftretenden Beugungseffekte als Fraunhoferbeugung. Im Bereich dazwischen beschreibt die Fresnelsche Beugungstheorie die Ausbreitung der Strahlung. In großer Entfernung von der Öffnung weitet sich der Strahl mit dem Winkel Θ, dem *Fernfeldöffnungswinkel* auf.

Bei der Beobachtung des Durchgangs einer ebenen Welle der Wellenlänge λ durch eine Blende mit dem Öffnungsradius a (Bild 2.2b) ist nahe der Apertur, d.h. für hinreichend kleine Werte des Abstandes L von der Aperturebene, $N \gg 1$ wegen $N \sim 1/L$ bei festem a und λ. In diesem Fall kann die Beugung vernachlässigt und die Ausbreitung nach den Gesetzen der geometrischen Optik beschreiben werden. Befindet sich im Gegensatz dazu der Beobachtungsort weit entfernt von der Öffnung, so bestimmt die Beugung wesentlich die Struktur des Strahlungsfeldes. N nimmt in diesem Fall sehr kleine Werte an. Die auftretenden Beugungseffekte identifiziert man als *Fraunhofer-Beugung*. Im Übergangsbereich für Werte von $N \cong 1$ bezeichnet man dagegen auftretende Beugungseffekte als *Fresnel-Beugung*. Im Fernfeld weit entfernt von der beugenden Öffnung ergibt sich für den Winkel Θ zwischen Randstrahl und optischer Achse in Bild 2.2b die Beziehung

$$\Theta \sim \lambda/a \,. \tag{2.28}$$

Die Größe Θ wird als *Fernfeldöffnungswinkel* bezeichnet. Die von diesem Winkel aufgespannten Tangenten schneiden das geometrische Schattenbild der Öffnung im Abstand $L = a^2/\lambda$, d.h. am Ort $N = 1$.

Kirchhoff-Fresnel Näherung

Im Gegensatz zur differentiellen Darstellung im vorhergehenden Abschnitt ist unter bestimmten Randbedingungen eine integrale Formulierung vorteilhafter. Diese integrale Darstellung wird im folgenden bei der Ableitung der *Kirchhoff-Fresnel Beugung* angewendet.

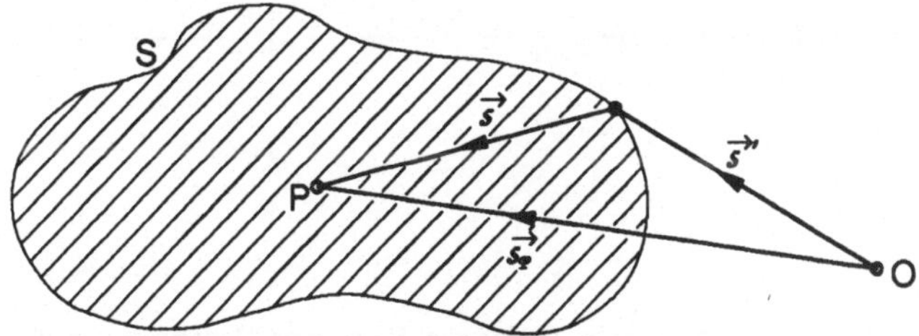

Bild 2.3 Zur Ableitung des Beugungsintegrals.

Es sei $\mathcal{E}_P$ eine Lösung der Wellengleichung in einem beliebigen Gebiet mit der Umrandung S (Bild 2.3) und $\mathcal{E}_S$ das Feld auf dem Rand. Dann läßt sich mit Hilfe der Greenschen Funktion folgende Beziehung für das Strahlungsfeld $\mathcal{E}_P$ im Punkt P innerhalb der Berandung S aufstellen [7]:

$$\mathcal{E}_P(\vec{s_P}) = -\frac{1}{4\pi}\oint_S \frac{e^{-ik_0 s}}{s}\left\{\nabla\mathcal{E}_S + \mathcal{E}_S\, ik_0\left(1+\frac{i}{k_0 s}\right)\frac{\vec{s}}{s}\right\} d\vec{l}\,. \qquad \textbf{(2.29)}$$

Bei Kenntnis der Werte auf dem Rand S sowie deren Normalenableitungen kann das Feld mit obiger Beziehung in jedem Punkt des Innern berechnet werden.

Zur Beschreibung von Beugungseffekten betrachtet man eine Öffnung B in der Umrandung (Bild 2.4). Eine Punktlichtquelle Q im Abstand R von der Öffnung B erzeuge in dieser eine Feldstärke $\mathcal{E}_S$ so, als ob keine Umrandung vorhanden sei. Diese Annahme ist dann gerechtfertigt, wenn das Strahlungsfeld durch die Öffnung nicht zu sehr gestört wird. Dies gilt dann, wenn die Abmessungen der Öffnung B groß im Vergleich zur Wellenlänge der auftreffenden Strahlung sind. Als weitere vereinfachende Annahme wird eingeführt, daß am Beobachtungsort P gilt: $\mathcal{E}_S \equiv 0$ und $\nabla\mathcal{E}_S \equiv 0$. Das ist im Grunde falsch, da sich aus dieser Bedingung sofort nach der Riemannschen Funktionentheorie ergibt, daß im ganzen Raum $\mathcal{E}_P \equiv 0$ gilt.

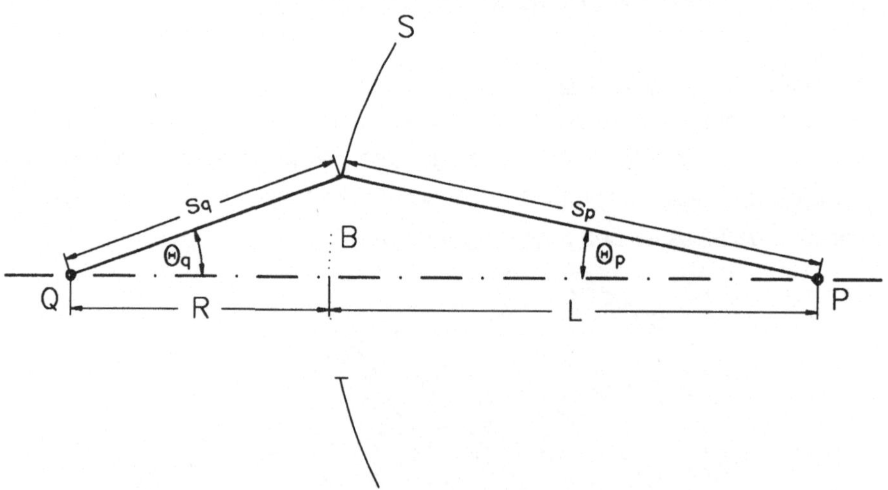

Bild 2.4 Beugung an einer Öffnung B in der Umrandung S.

In Ausbreitungsrichtung für kleine Raumwinkel Θ_p und Θ_q erweist sich diese Annahme jedoch als gute Näherung **[8]**. In diesem Fall ist der Term $1/k_0 s$ vernachlässigbar gegen 1 und aus Gleichung (2.29) ergibt sich mit Hilfe des Gaußschen Integralsatzes **[9]** folgendes Integral, das die Beugung an einer Öffnung B durch das Huygenssche Prinzip beschreibt:

$$\mathcal{E}_P = -\frac{i}{\lambda_0} \iint\limits_B \mathcal{E}_S \frac{\cos\Theta_p}{s_p} e^{-ik_0 s} dB , \tag{2.30}$$

wobei über die Fläche der Öffnung integriert wird.

Der Faktor $\cos\Theta_p$ beschreibt die bevorzugte Beugung der Strahlung in Richtung der Flächennormale. Dies ist die Aussage des *Lambertschen Gesetzes der Flächenhelligkeit.* Für einen hinreichend großen Abstand s_p wird Θ_p sehr klein und $\cos\Theta_p$ kann gegen 1 genähert werden. Ebenso kann dann s_p näherungsweise durch den Mittelpunktsabstand L des Punktes P von der Öffnung B ersetzt werden. Durch das Herausziehen dieser Konstanten vor den Integralkern ergibt sich das *Kirchhoff-Fresnel Beugungsintegral*

$$\mathcal{E}_P = -\frac{i}{\lambda_0 L} \iint\limits_B \mathcal{E}_S e^{-ik_0 s} dB . \tag{2.31}$$

Für eine rechteckige Öffnung mit den Abmessungen $2b_X$ und $2b_Y$ lautet das Kirchhoff-Fresnel Beugungsintegral

$$\mathcal{E}_P(x_p,y_p) = -\frac{i}{\lambda_0 L} \int_{-b_X}^{+b_X} \int_{-b_Y}^{+b_Y} \mathcal{E}_S(x,y) e^{-ik_0 s} dx\, dy .$$

In quadratischer Näherung kann $k_0 s$ ersetzt werden durch den Ausdruck

$$k_0 s_p \approx k_0 L - \frac{k_0}{L}\left(x x_p + y y_p - \frac{x^2+y^2}{2} \right).$$

Durch Einführen der normierten Koordinaten

$$\bar{x}, \bar{x}_p = x/b_X, x_p/b_X \quad \text{sowie} \quad \bar{y}, \bar{y}_p = y/b_Y, y_p/b_Y$$

kann das Integral umgeformt werden in

$$\mathcal{E}_P(\bar{x}_p,\bar{y}_p) = -i\sqrt{N_X N_Y}\, e^{-ik_0 L} \iint\limits_{-1}^{+1} \mathcal{E}_S(\bar{x},\bar{y})\, e^{-i\Phi} d\bar{x}\, d\bar{y} . \tag{2.32}$$

mit

$$\Phi = \pi \left[N_X\left(2\bar{x}\bar{x}_p - \bar{x}^2 \right) + N_Y\left(2\bar{y}\bar{y}_p - \bar{y}^2 \right) \right] \quad \text{sowie}$$

$N_X = \frac{b_X^2}{\lambda_0 L}$, $N_Y = \frac{b_Y^2}{\lambda_0 L}$, den Fresnelzahlen in x- bzw. y-Richtung.

Fraunhofer Näherung

Mit zunehmendem Abstand des Beobachtungspunktes von der beugenden Öffnung nehmen die Fresnelzahlen in Gleichung (2.32) immer kleinere Werte an. Während die Integrationsvariablen $\bar{x}$ und $\bar{y}$ stets den Bereich von -1 bis +1 durchlaufen, werden wegen der Aufweitung des Strahlungsfeldes die Beobachtungskoordinaten $\bar{x}_p$ und $\bar{y}_p$ sehr groß. Damit folgt, daß $(\bar{x}\,\bar{x}_p)/L \gg \bar{x}^2/L$ bzw. $(\bar{y}\,\bar{y}_p)/L \gg \bar{y}^2/L$ gilt. Ausgedrückt durch die entsprechenden Fresnelzahlen ist dies gleichbedeutend mit $N_X \ll 1$ und $N_Y \ll 1$ (siehe Bild 2.2). In diesem Fall kann sowohl $\bar{x}^2$ als auch $\bar{y}^2$ gegen die Terme $\bar{x}\,\bar{x}_p$ bzw. $\bar{y}\,\bar{y}_p$ vernachlässigt werden. Führt man außerdem die Winkel $\alpha_X \approx x_p/L$ sowie $\alpha_Y \approx y_p/L$ ein, so vereinfacht sich die Integralgleichung zum *Fraunhofer Beugungsintegral*

$$\mathcal{E}_F(\alpha_X,\alpha_Y) = c \int_{-b_X}^{+b_X}\int_{-b_Y}^{+b_Y} \mathcal{E}_S(\bar{x},\bar{y})\, e^{-ik_0(\alpha_X\bar{x}+\alpha_Y\bar{y})}\, d\bar{x}\, d\bar{y} \qquad \textbf{(2.33)}$$

für N_X, $N_Y \ll 1$.

Das Fraunhofer Beugungsintegral ist bis auf eine Konstante die zweidimensionale Fouriertransformierte des Feldes $\mathcal{E}_S$ **[5]**. Dies bedeutet, daß bei Beleuchtung einer Öffnung mit einer ebenen Welle das Beugungsbild im Fernfeld die Fouriertransformierte des Feldes in der beugenden Öffnung ist.

3 Berechnung optischer Resonatoren

Ein Resonator ist - allgemein ausgedrückt - ein System, zwischen dessen festen Begrenzungen sich stehende Wellen mit charakteristischen Eigenfrequenzen, den sogenannten *Resonanzfrequenzen* ausbilden können. Optische Resonatoren werden durch zwei Spiegel gebildet, die die Strahlung im Resonator gefangen halten. Im einfachsten Fall bilden die Spiegelberandungen die seitlichen Begrenzungen des Resonators. Die Theorie zur Beschreibung der in solch einem Resonator auftretenden Schwingungsformen haben zuerst Fox & Li **[10]** (1960), ausgehend von der Beschreibung von Hohlraumresonatoren in der Elektrotechnik, veröffentlicht. Die Schwingungsformen der Eigenfrequenzen - *Moden* genannt - sind in dem Grenzfall seitlich unbegrenzter Resonatoren analytische Lösungen der Schwingungsgleichung. Bei einer Beeinflussung der Strahlungsfeldausbreitung durch Beugung, hervorgerufen durch seitliche Begrenzungen des Resonators, sind die entstehenden Schwingungsformen dagegen nur numerisch berechenbar.

Eine in einem Resonator gefangene Strahlungswelle wird durch die in jedem System vorhandenen Verluste gedämpft, eine sich selbst aufrechterhaltende Schwingung ist nicht möglich. Um von einem optischen Resonator zu einer *Laser*quelle (nach dem englischen Akronym für *L*ight *A*mplification by *S*timulated *E*mission of *R*adiation - Lichtverstärkung durch stimulierte Emission von Strahlung) zu gelangen, müssen die stets vorhandenen Energieverluste der Strahlungswelle ausgeglichen werden. Dies geschieht durch Einbringen eines *laseraktiven Mediums* in den vormals *leeren* optischen Resonator. Die Beschreibung des Laservorgangs in solchen Medien ist im einzelnen nur im Rahmen der Quantenmechanik und Quantenelektrodynamik möglich. Zu einer anschaulichen Beschreibung genügt allerdings eine semiklassische Theorie. Die zum Ausgleich der Resonatorverluste benötigte Energie wird dem laseraktiven Medium von außen zugeführt. Sie wird vom Medium in Form von Anregungsenergie von Atomen bzw. Molekülen gespeichert. Solch angeregte Systeme, bei denen in der klassischen Theorie Elektronen durch die absorbierte Energie zu höheren Energieniveaus angehoben wurden, geben diese in vielfältiger Weise wieder ab, so daß statistisch betrachtet die Hälfte aller angeregten Atome oder Moleküle nach der sogenannten *Lebensdauer* τ wieder im energetischen Grundzustand angelangt ist. Diese von außen unbeeinflußte, nur durch systemcharakte-

der Energieabgabe wird als *spontane Emission* bezeichnet, da für ein einzelnes System (Atom, Molekül) nicht vorhergesagt werden kann, wann und in welcher Form es die in sich gespeicherte Energie abgibt. In einer Laserquelle werden durch entsprechende Wahl der Anregung die Atome bzw. Moleküle des laseraktiven Mediums in solch höhere Energieniveaus angehoben, daß bei deren Rückkehr in den Grundzustand zumindest einmal ein optischer Strahlungspuls emittiert wird. Solch ein spontan emittierter Puls regt das laseraktive Medium in seinem Einflußbereich an, die dort gespeicherte Anregungsenergie mit der gleichen Frequenz phasensynchron zum auslösenden Puls abzugeben. Daher bezeichnet man diesen Vorgang als *stimulierte Emission*. Regt ein Strahlungspuls bei seinem Weg durch laseraktive Medien die stimulierte Emission weiterer Pulse an, bevor er selbst wieder absorbiert wird oder den Resonator verläßt, so kann bei mehreren Umläufen dieser Strahlungspulse im Resonator durch Reflexion an den Spiegeln eine lawinenartige Verstärkung erfolgen. Damit Lasertätigkeit einsetzen kann, muß das aktive Medium bevorzugt in ein bzw. in mehrere eng benachbarte Energieniveaus angeregt werden. Um diese Lasertätigkeit aufrecht erhalten zu können, muß *Inversion* erzeugt werden, d.h. in diesen sogenannten *oberen Laserniveaus* wird eine *Überbesetzung* gegenüber den Energieniveaus erzielt, welche die Atome bzw. Moleküle nach Energieabgabe einnehmen. Konsequenterweise wird dieses Zielniveau als *unteres Laserniveau* bezeichnet. Eine detailliertere Beschreibung der hier nur stark vereinfacht möglichen Darstellung findet sich z.B. in **[3,4]**.

Die in einem Laserresonator mit einem in jeder Hinsicht homogenen laseraktiven Medium entstehenden Schwingungsformen gleichen denen des entsprechenden leeren Resonators, in dem von Umlauf zu Umlauf die Energieverluste kompensiert werden. Inhomogenitäten des laseraktiven Mediums, die sowohl durch inhomogene Anregung oder Verteilung des Mediums als auch durch konkurrierende Ausnutzung des Mediums durch unterschiedliche Moden hervorgerufen werden können, beeinflussen die sich im Gleichgewicht einstellenden Schwingungsformen, so daß zur Simulation realer Lasersysteme, insbesondere bei Hochleistungslasern, die Berücksichtigung solcher Inhomogenitäten unabdingbar ist.

3.1 Laserresonatoren im Bild der geometrischen Optik

Obwohl eine vollständige Beschreibung der Strahlungsausbreitung in optischen Resonatoren und der dabei auftretenden Feldstrukturen nur beugungstheoretisch möglich ist, liefert eine Darstellung im Rahmen der geometrischen Optik Anhaltspunkte über generelle Charakteristiken eines Resonators.

Optische Resonatoren werden durch Spiegel an den Enden begrenzt. Um einen Teil der gespeicherten elektromagnetischen Strahlung auszukoppeln, kann man beispielsweise einen teildurchlässigen Resonatorspiegel verwenden, der einen bestimmten Prozentsatz der auftreffenden Strahlung transmittiert. Der reflektierte Anteil muß hoch genug sein, um die Lasertätigkeit im Innern aufrecht erhalten zu können. Daneben gibt es auch andere Verfahren, auf die weiter unten noch ausführlicher eingegangen wird. Optische Resonatoren werden entsprechend ihrer optischen Charakteristiken generell in zwei Hauptklassen - *optisch stabile* und *optisch instabile* Resonatoren - eingeteilt.

3.1.1 Stabile Resonatoren

Einen Resonatortyp bezeichnet man als *optisch stabil*, wenn sich im Grenzfall unendlich ausgedehnter Spiegel der Strahlradius innerhalb des Resonators von Umlauf zu Umlauf reproduziert. Die räumliche Ausdehnung bleibt radial begrenzt.

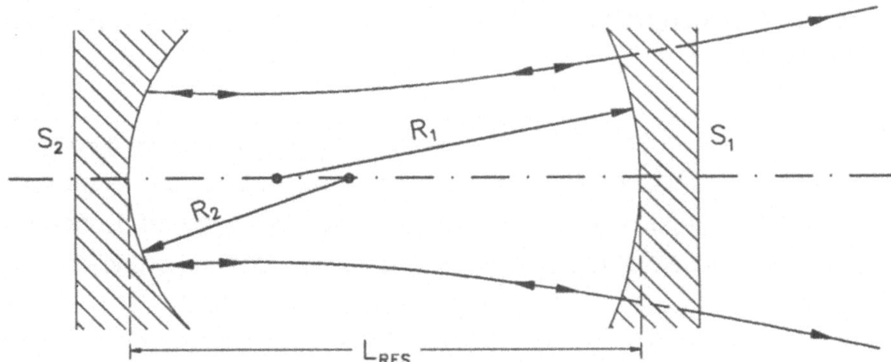

Bild 3.1 Geometrischer Strahlverlauf in einem stabilen Resonator mit unendlich ausgedehnten Spiegel.

In Bild 3.1 ist die Strahlausbreitung im Bild der geometrischen Optik innerhalb eines stabilen Resonators der Länge L_{RES} dargestellt, der durch zwei sphärische Spiegel S_1 und S_2 mit den Krümmungsradien R_1 bzw. R_2 begrenzt wird. Die geometrischen Größen L_{RES}, R_1 bzw. R_2 werden zu *Resonatorparametern* zusammengefaßt **[11]**:

$$g_i = 1 - \frac{L_{RES}}{R_i}, \quad i=1,2 . \tag{3.1}$$

Die radiale Ausdehnung des resonatorinternen Laserstrahls bleibt dann begrenzt, wenn für die Resonatorparameter g_i gilt:

$$0 \leq g_1 g_2 \leq 1 .$$

Zu dieser Beziehung gelangt man, wenn man die Ausbreitung von Strahlenbündeln im Resonator im Rahmen der geometrischen Optik analysiert. Demzufolge wird ein Resonator als optisch stabil bezeichnet, wenn in ihm ein Strahlenbündel existiert, das nach einer gewissen Anzahl von Umläufen wieder mit dem anfänglichen Bündel zur Deckung gelangt, sich also nach einer immer gleichen Anzahl von Reflexionen an den Resonatorspiegeln wieder reproduziert. Faßt man alle sich daraus ergebenden Beziehungen zusammen, so ergibt sich unter Verwendung der Parameter g_i des Resonators obige Bedingung.

So zeigt es sich u.a., daß solche sich reproduzierende Strahlenbündel nur in Resonatoren existieren, für die $L_{RES} \leq (R_1 + R_2)$ gilt. Dabei entspricht der Grenzfall $L_{RES} = R_1 + R_2$ ausgedrückt durch die Resonatorparameter der Bedingung $g_1 g_2 = 1$. Da bei diesen speziellen Resonatoren die Spiegel einen gemeinsamen Krümmungsmittelpunkt besitzen, bezeichnet man sie als *konzentrische Resonatoren.*

In dem sogenannten *g-Diagramm* (Bild 3.2), in dem die beiden g-Parameter eine Ebene aufspannen, wird der Bereich optisch stabiler Resonatoren durch eine gleichseitige Hyperbel, für die $g_1 g_2 = 1$ gilt, eingegrenzt. Daher kennzeichnen die beiden Hyperbelkurven die konzentrischen Resonatoren.

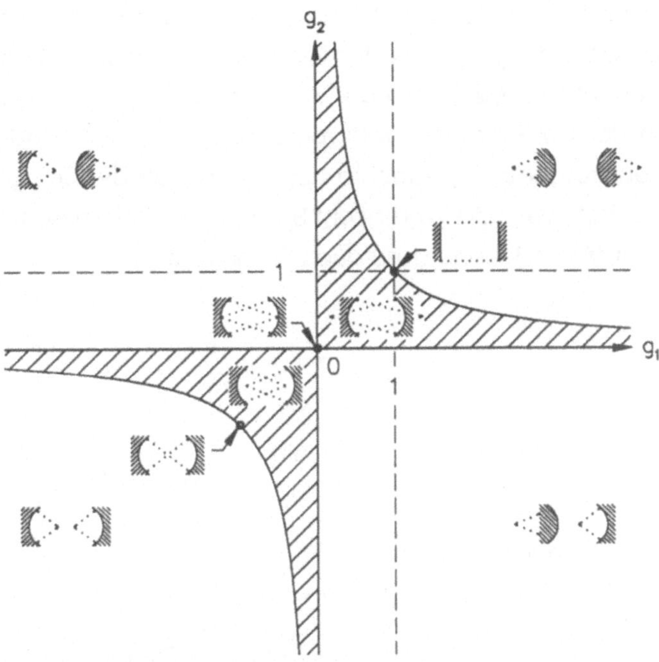

Bild 3.2 Resonatoren im g-Diagramm.
Der stabile Bereich ist schraffiert hervorgehoben. Für die einzelnen Bereiche sind typische Konfigurationen eingezeichnet **[12]**.

In einem realen Resonator sind beide Spiegel seitlich begrenzt. Diese Begrenzungen bewirken Beugungseffekte. In welchem Maße sie zur Beschreibung der Resonatorcharakteristiken berücksichtigt werden müssen, läßt sich anhand der Fresnelzahlen des Resonators abschätzen. Im Fall eines Resonators mit zwei sphärischen Spiegeln, deren Durchmesser durch $2a_1$ bzw. $2a_2$ gekennzeichnet werden, ergeben sich die Fresnelzahlen für die Resonatorspiegel nach Gleichung (2.27) zu **[13]**:

$$N_i = \frac{a_i^2}{\lambda L_{RES}}, \quad i=1,2 \tag{3.2}$$

mit

L_{RES} : Resonatorlänge,
λ : Laserwellenlänge.

Bei der Definition der Fresnelzahlen wird von der Vorstellung ausgegangen, daß die Resonatorspiegel soweit voneinander entfernt sind, daß sie als Punktquellen von sich im Resonatorraum ausbreitenden Kugelwellen angesehen werden können. Trotz dieser im Grunde unzulässigen Näherung, durch die

die mathematische Beschreibung entscheidend vereinfacht, ist die Fresnelzahl eine wichtige Größe zur Charakterisierung des Beugungseinflusses auf die Strahlausbreitung in begrenzten Resonatoren. In diesem Szenario (vgl. Bild 2.2) geben die Fresnelzahlen N_i den Abstand in Einheiten der halben Wellenlänge an, den der Randstrahl einer vom Zentrum des jeweils anderen Resonatorspiegels ausgehend gedachte Kugelwelle von der Spiegelebene des Spiegels S_i hat, wenn die Wellenfront S_i auf der optischen Achse diese gerade erreicht (Bild 3.3, siehe dazu auch Seiten 30,31).

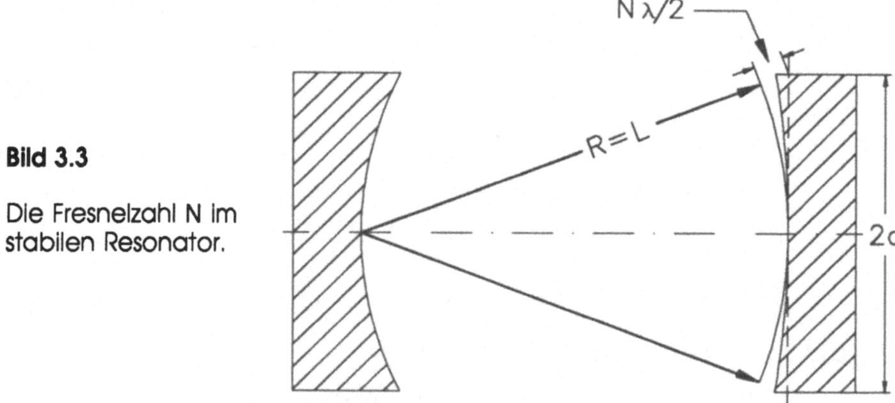

Bild 3.3

Die Fresnelzahl N im stabilen Resonator.

3.1.2 Äquivalenter symmetrischer Resonator

In der Regel sind die Krümmungsradien der beiden Resonatorspiegel und somit auch die beschreibenden g-Parameter verschieden. In diesem Fall bezeichnet man den Resonator als *asymmetrisch* im Gegensatz zum *symmetrischen* mit zwei identischen Spiegeln. Man kann zeigen, daß sich die Beschreibung beliebiger asymmetrischer Resonatoren jeweils auf die eines *äquivalenten symmetrischen* Resonators zurückführen läßt **[14,15]**. Der Umlauf eines Strahlungsfeldes im asymmetrischen Resonator ausgehend vom Auskoppelspiegel S_1 in Bild 3.1 über den Spiegel S_2 zurück zu S_1 entspricht dann einem einfachen Durchgang von einem Spiegel zum anderen im äquivalenten symmetrischen Resonator. Der Resonatorparameter der beiden identischen Spiegel des äquivalenten symmetrischen Resonators wird einfachheitshalber mit G bezeichnet und ergibt sich aus denen des asymmetrischen zu:

$$G = 2g_1g_2-1 \ . \qquad \textbf{(3.3)}$$

Dabei ist die Resonatorlänge L'_{RES} des äquivalenten symmetrischen Resonators gegeben durch

$$L'_{RES} = 2\, L_{RES}\, g_2 \, .$$

Die Ableitung dieser Beziehungen erfolgt durch Analogiebetrachtungen und ist z.B. in **[16,17,18,19,20]** durchgeführt.

Lassen sich zwei asymmetrische Resonatoren auf den gleichen äquivalenten symmetrischen Resonator zurückführen, so sind die Strahleigenschaften der durch diese Resonatoren erzeugten Laserstrahlen gleich. Somit läßt sich die Beschreibung der Vielzahl der möglichen Resonatoren einschränken auf diejenige der jeweils äquivalenten symmetrischen. Dies gilt sowohl für stabile **[16,17]** als auch für optisch instabile Resonatoren **[18]**, auf die im folgenden Abschnitt noch näher eingegangen wird. Bei stabilen Resonatoren entsprechen die seitlichen Dimensionen der Resonatorspiegel des jeweils äquivalenten symmetrischen - im Fall von radialsymmetrischen Spiegeln gekennzeichnet durch den Aperturradius a' - denen des asymmetrischen Resonators. Bei asymmetrischen optisch instabilen Resonatoren, bei denen die Spiegelfläche des einen Resonatorspiegels kleiner ist als die des anderen (Bild 3.4a-d), bestimmt dessen Apertur durch Beugung im wesentlichen die Strahlform. Daher wird bei der Bestimmung der Fresnelzahl der größere der beiden Resonatorspiegel meist als unbegrenzt angesehen. In diesem Fall ergibt sich die Apertur des äquivalenten symmetrischen Resonators aus den Abmessungen der kleineren der beiden Spiegelflächen des asymmetrischen Resonators.

Zusammengefaßt ergibt sich für radial symmetrische Spiegel die Fresnelzahl N_C des äquivalenten symmetrischen Resonators nach Gleichung (3.2) zu:

$$N_C = \frac{a'^2}{\lambda\, L'_{RES}} = \frac{a'^2}{2\lambda\, L_{RES}\, g_2} \, . \qquad \textbf{(3.4)}$$

Die anschauliche Bedeutung der Fresnelzahl N_C des äquivalenten symmetrischen Resonators entspricht der der Fresnelzahl N im asymmetrischen Resonator. Beide kennzeichnen die Wegdifferenz zwischen Rand- und Achsstrahl einer vom Zentrum des einen Spiegels ausgehenden Kugelwelle zur Spiegelebene des gegenüberliegenden Spiegels (Bilder 2.2 und 3.3).

Durch die Angabe der Parameter g_i und der Fresnelzahl sind optische Resonatoren im Rahmen der geometrischen Optik vollständig gekennzeichnet. Aus diesem Grund werden diese Größen als charakteristische Parameter bei der Beschreibung eines Resonators in der Literatur verwendet.

3.1.3 Instabile Resonatoren

Für die Fälle $g_1g_2 < 0$ sowie $g_1g_2 > 1$ treten im Resonator divergierende Strahlenbündel auf, deren Durchmesser nur durch die Spiegelabmessungen begrenzt sind. In diesen Fällen nennt man die Resonatoren *optisch instabil.* Den Wertebereich $g_1g_2 < 0$ bezeichnet man dabei als *negativen Ast*, $g_1g_2 > 1$ als *positiven Ast.* In Abbildung 3.4 sind einige Realisierungsmöglichkeiten instabiler Resonatoren aufgezeigt.

In den Abbildungen 3.4b-d werden *konfokale optisch instabile* Resonatoren skizziert, deren Besonderheit in der Parallelität des ausgekoppelten Strahlenbündels liegt. Dies gilt nur im Rahmen der geometrischen Optik, denn aufgrund von Beugungseffekten erzeugt auch ein konfokaler Resonator ein divergierendes Strahlungsfeld. Durch die *Konfokalitätsbedingung,* die sich durch die Gleichung $g_1 + g_2 = 2g_1g_2$ beschreiben läßt, ergibt sich eine vereinfachte Beschreibung gerade dieser Resonatoren im Bild der geometrischen Optik.

Charakteristisch für einen instabilen Resonator ist neben den g-Parametern das Maß der Aufweitung, die ein Strahlenbündel bei einem Umlauf im Resonator erfährt (Bild 3.5a). Dieser Vergrößerungsfaktor, meist als *geometrische Vergrößerung* M (nach dem englischen *magnification*) bezeichnet, ist gegeben durch **[20]**:

$$M = G \pm \sqrt{G^2-1} \qquad \textbf{(3.5)}$$

mit $G = 2g_1g_2 - 1$, dem Resonatorparameter des äquivalenten symmetrischen Resonators.

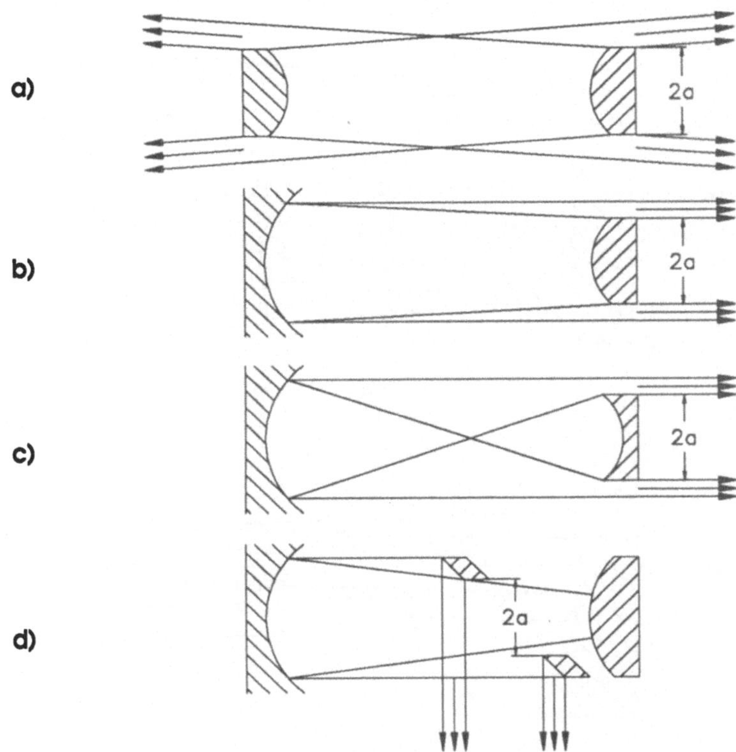

Bild 3.4 Instabile Resonatoren nach **[19]**

(a) Symmetrischer Resonator, beide Spiegel begrenzt. Durchmesser 2a. Der Laserstrahl tritt nach beiden Seiten aus. In der Praxis ist dieser Aufbau ohne Bedeutung.

(b) Konfokaler Resonator, ein Spiegel unbegrenzt, Brennpunkte der Spiegel fallen zusammen und liegen außerhalb des Resonators. Die Laserstrahlung tritt um die Berandung des kleinen Auskoppelspiegels aus und ist in geometrischer Näherung ein paralleles Strahlenbündel.

(c) Wie **(b)**, jedoch Brennpunkte innerhalb des Resonators. Dadurch Bereiche stark überhöhter Intensität.

(d) Begrenzung des Strahls durch schrägstehenden, durchbohrten Spiegel (*scraper plate*). Vorteil: keine weiteren speziellen Spiegel notwendig. Bei der Verwendung von Metalloptiken im Resonator (Hochleistungslaser) einzige Möglichkeit, Strahl auszukoppeln.

Die Energieauskopplung ist durch Pfeile angedeutet. Bei den oben skizzierten, asymmetrischen Resonatoren wird nur an einer Seite um den kleineren der beiden Resonatorspiegel ausgekoppelt. Dieser kleinere Spiegel - in den Abbildungen **(b)-(d)** rechts - wird daher als *Auskoppelspiegel* bezeichnet, wobei beim Aufbau **(d)** die Öffnung des Scrapers dessen effektive Fläche bestimmt. Der größere der beiden Resonatorspiegel - in den Abbildungen **(b)-(d)** links - wird zur Unterscheidung im folgenden *Endspiegel* genannt.

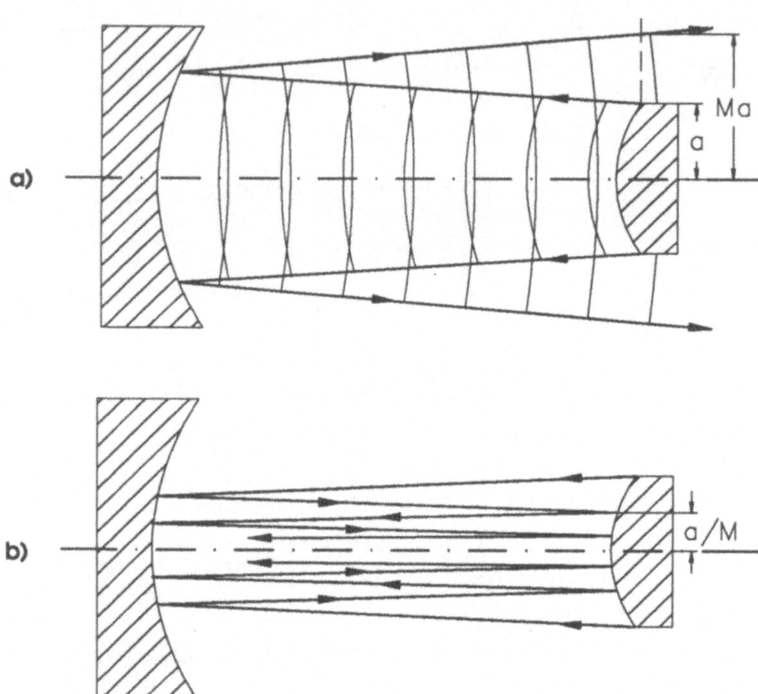

Bild 3.5 Divergierende **(a)** und konvergierende **(b)** Strahlen in instabilen Resonatoren.

Die divergierenden Strahlenbündel weiten sich bei jedem Umlauf um den Vergrößerungsfaktor M auf. Es existieren jedoch auch ausgezeichnete konvergierende Strahlen, die durch Beugungseffekte an den Spiegelberandungen hervorgerufen werden **[21]**. Sie laufen auf den Bahnen des divergierenden Strahlenbündels nach innen, so daß ihr Achsabstand sich mit jedem Umlauf um den Faktor **M** verkleinert. Das in der Näherung der geometrischen Optik Konzentrieren dieser Strahlen auf der optischen Achse nach unendlich vielen Umläufen wird durch die Beugung begrenzt, so daß aus den konvergierenden nach einer gewissen Anzahl von Umläufen divergierende Strahlen werden.

Neben den divergierenden (Bild 3.5a) existieren auch konvergierende Strahlenbündel (Bild 3.5b), die von Beugungseffekten am Rand des Auskoppelspiegels **[21]** herrühren. Diese konvergierenden Strahlen verkleinern ihren Achsabstand in der Näherung der geometrischen Optik von Umlauf zu Umlauf um den Faktor **M**, bis sie sich auf der optischen Achse konzentrieren. Dieses Zusammenlaufen wird jedoch durch Beugung begrenzt, so daß nach einer gewissen Anzahl von Umläufen im Resonator auch diese Strahlenbündel den Resonator verlassen **[21,22]**.

Nach Gleichung (3.5) ist die Vergößerung M allein durch die Krümmungsradien der Spiegel und durch die Resonatorlänge L_{RES} bestimmt. In Bild 3.6 ist M sowohl für divergierende als auch für konvergierende Strahlenbündel als Funktion von G aufgetragen. Beim Übergang vom instabilen in den stabilen Bereich gilt **M** = 1.

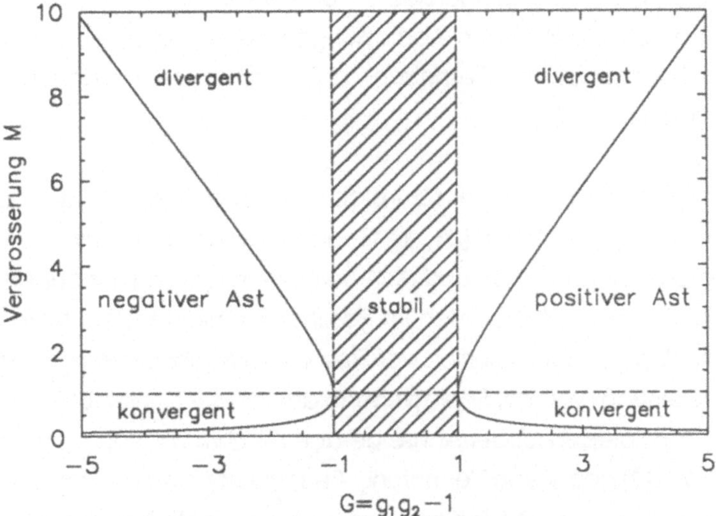

Bild 3.6 Vergrößerung **M** für konvergierende und divergierende Kugelwellen als Funktion des Resonatorparameters G = $2g_1g_2$−1.
An der Grenze des stabilen Bereichs (schraffiert) ist die Vergrößerung beider Wellenanteile 1 (gestrichelte Linien) **[19]**.

Bei jedem Umlauf verläßt ein Teil der gespeicherten Energie entsprechend dem Vergrößerungsfaktor **M** den Resonatorraum (Bild 3.5). Dieser Verlust V an resonatorinterner Energie ist proportional zum Verhältnis zwischen zurückreflektierender Spiegeloberfläche und ausgeleuchteter Fläche:

$$V = \left(1 - \frac{1}{M^2}\right) \cdot 100\% . \tag{3.6a}$$

Der Anteil, der im Resonator verbleibt, wird durch den Verlustfaktor v beschrieben und ergibt sich zu:

$$v = \frac{1}{M^2} . \tag{3.6b}$$

Ebenso wie im Fall des stabilen Resonators läßt sich zu jedem asymmetrischen instabilen Resonator ein entsprechender äquivalenter symmetrischer angeben. Die Definitionen der Fresnelzahl N des asymmetrischen (Bild 3.7a) bzw. N_C des äquivalenten symmetrischen Resonators (Bild 3.7b) entsprechen denen des stabilen Resonators (Gleichungen (3.2) und (3.4), Bild 3.3). Da im Fall des asymmetrischen optisch instabilen Resonators, bei dem sich die Abmessungen der beiden Resonatorspiegel deutlich unterscheiden, die Beugung im wesentlichen durch die seitlichen Abmessungen des Auskoppelspiegels bestimmt wird, wird meist dessen Fresnelzahl als Fresnelzahl des gesamten Resonators angegeben.

Als ein weiterer Parameter für instabile Resonatoren wird die *äquivalente Fresnelzahl* N_{eq} eingeführt **[23]**. Im Gegensatz zu den Fresnelzahlen N bzw. N_C in den Gleichungen (3.2) und (3.4) berücksichtigt man mit der Angabe von N_{eq} die Phase der tatsächlich im Resonator umlaufenden Welle (Bild 3.7c) **[10,24]**. Wie bei der Definition der Fresnelzahl N gibt auch N_{eq} den Abstand der Wellenfront von der Spiegelebene am Ort des Randstrahls an, wenn die Welle den Spiegel auf der Achse gerade berührt. Die von Anan'ev **[21]** und Siegman **[12]** geäußerte Vermutung, Beugungseffekte am Rand des Auskoppelspiegels und davon initiierte konvergierende Wellenanteile würden die äquivalente Fresnelzahl bestimmen, wurde von Streifer **[24]** allgemein und von Bergstein **[11]** speziell für konfokale Resonatoren theoretisch sowie von Hodgson **[25]** experimentell widerlegt.

N_{eq} kann als Funktion der Vergrößerung M und der Fresnelzahl N_C des äquivalenten symmetrischen Resonators angegeben werden. Sie berechnet sich nach **[14,20]** zu:

$$N_{eq} = N_C \frac{M^2-1}{2M} = N_C \sqrt{G^2-1} \,. \qquad \textbf{(3.7a)}$$

Mit Hilfe von Gleichung (3.5) läßt sich die äquivalente Fresnelzahl damit auch als Funktion der Fresnelzahl N_1 des Auskoppelspiegels S_1, der Vergrößerung M sowie des Resonatorparameters g_2 des Endspiegels ausdrücken:

$$N_{eq} = \frac{N_1}{2g_2} \frac{M^2-1}{2M} = \frac{a^2}{2\lambda L_{RES}\, g_2} \frac{M^2-1}{2M} \,. \qquad \textbf{(3.7b)}$$

Dabei wird - wie in Abbildung 3.7 - mit dem Index 1 der Auskoppelspiegel S_1, mit dem Index 2 dagegen der Endspiegel S_2 gekennzeichnet.

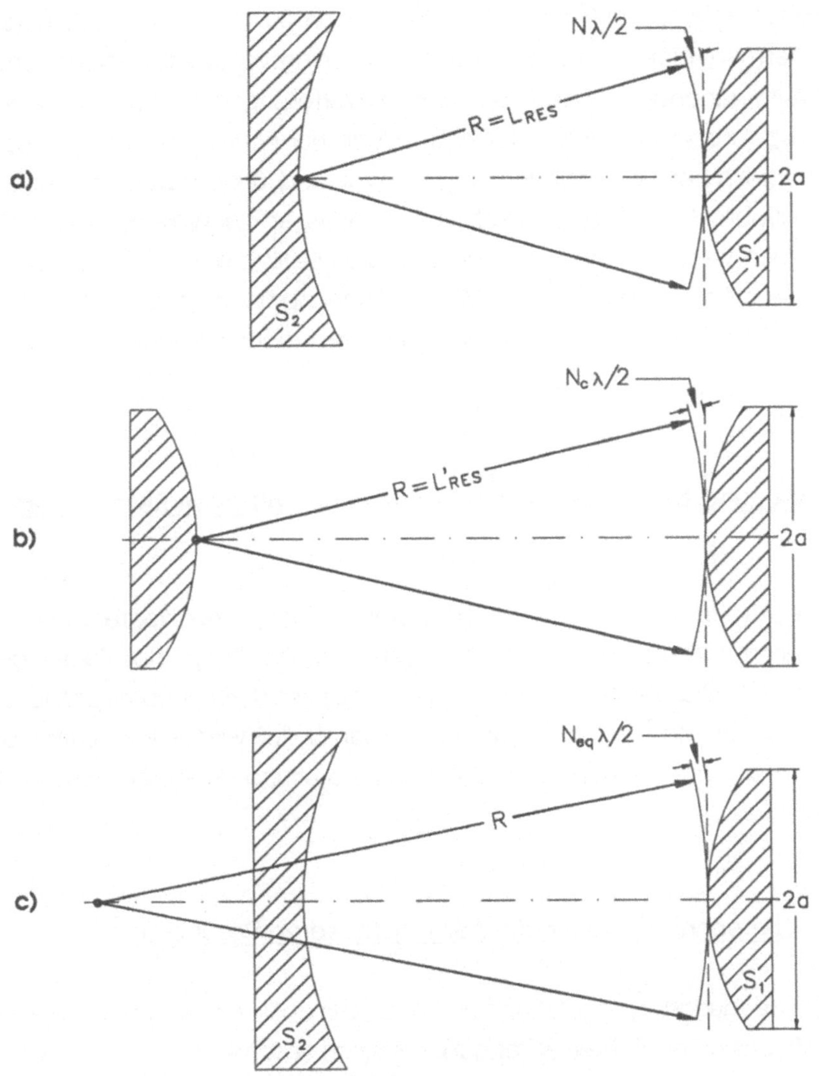

Bild 3.7 Definition der Fresnelzahl im instabilen Resonator

Die Fresnelzahl N beschreibt die Wegdifferenz zwischen Achsen- und Randstrahl am Auskoppelspiegel S_1 einer vom Zentrum des Endspiegels S_2 ausgehend gedachten Kugelwelle in Einheiten der halben Wellenlänge **(a)** (vgl. Bild 3.3). Analog dazu ist N_C im äquivalenten symmetrischen Resonator definiert **(b)**. In beiden Fällen bleibt die Phase der umlaufenden Welle unberücksichtigt. Bei Beachtung der Phase der tatsächlich im Resonator umlaufenden Welle ergibt sich in geometrischer Näherung eine Kugelwelle mit anderem Krümmungsradius **(c)**. Die sich bei der Rechnung vom Startpunkt dieser Kugelwelle ergebende Fresnelzahl wird als *äquivalente Fresnelzahl* N_{eq} bezeichnet **[13,24]**.

Mit Hilfe der oben aufgeführten Resonatorparameter lassen sich die Eigenschaften optischer Resonatoren abschätzen. So haben z.B. instabile Resonatoren mit gleichem **M** und N_{eq} gleiche Beugungsverluste am Spiegelrand **[12]**. Weitergehende Aussagen über die Feldverteilungen im Resonator sowie des ausgekoppelten Laserstrahls sind jedoch nur im Rahmen einer beugungstheoretischen Beschreibung möglich. Während für den Spezialfall unbegrenzter stabiler Resonatoren geschlossene Lösungen der Wellengleichung angegeben werden können, ist dies in realen seitlich begrenzten Resonatoren nicht möglich. Lösungen der Wellengleichung sind numerisch nur iterativ zu erhalten und damit im allgemeinen äußerst rechenintensiv.

3.2 Beugungsbegrenzte Strahlausbreitung in optischen Resonatoren

Im realen Resonator ist das Strahlungsfeld seitlich immer begrenzt. Durch die dadurch auftretenden Beugungseffekte wird die Phase des Feldes gestört. Beeinflußt wird die Strahlungsausbreitung ebenso durch Inhomogenitäten des laseraktiven Mediums im Resonator. Dessen Einfluß wird jedoch im folgenden zunächst vernachlässigt und die Strahlausbreitung im leeren Resonator beschrieben.

3.2.1 Berechnung der Feldverteilung im leeren Resonator

Die beugungsbegrenzte Strahlausbreitung in optischen Resonatoren kann mit Hilfe des Kirchhoff-Fresnel Beugungsintegrals beschrieben werden **[10,26]**. Die Näherung von Gleichung (2.30) durch Gleichung (2.31) ist in den meisten Fällen zulässig **[27]**, da Abweichungen von der Lösung der korrekten Gleichung (2.30) nur bei großen Achsabständen festgestellt werden können. Daher wird Gleichung (2.31) aus Gründen der einfacheren mathematischen Handhabung im folgenden verwendet.

Schwingungsgleichung eines Resonators

Die resultierende Feldstärke $\mathbf{E_2}$ in einem Punkt $P(x_2,y_2)$ auf der Fläche S_2 ergibt sich aus der Beugungstheorie allgemein als Flächenintegral aller Feldstärken auf S_1 (Bild 3.8):

$$E_2(x_2,y_2) = \int_{S_1} K(x_1,y_1,x_2,y_2)\, E_1(x_1,y_1)\, dx_1\, dy_1 \;,$$

wobei der Integralkern $K(x_1,y_1,x_2,y_2)$ die Phasendifferenz aller Punkte $P(x_1,y_1)$ zum Zielpunkt $P(x_2,y_2)$ unter der Berücksichtigung der 1/r-Abschwächung einer sich ausbreitenden Kugelwelle beschreibt.

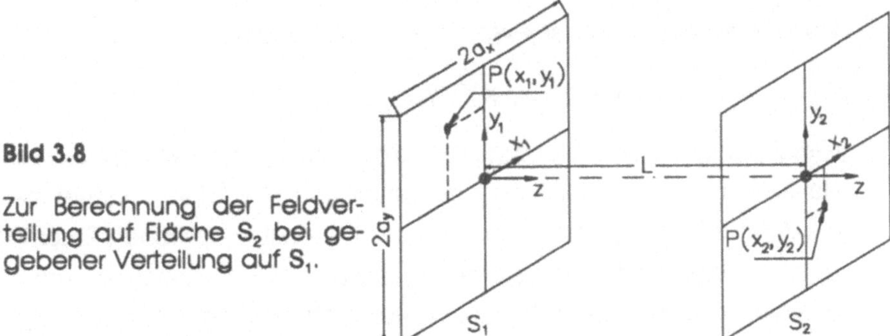

Bild 3.8

Zur Berechnung der Feldverteilung auf Fläche S_2 bei gegebener Verteilung auf S_1.

Sowohl Gleichung (2.31), die die Strahlausbreitung in der Kirchhoff-Fresnel Näherung beschreibt als auch Gleichung (2.33) in der Fraunhofer-Näherung entsprechen formal obiger Integralgleichung. Zur Beschreibung der Feldverteilungen in optischen Resonatoren, bei denen die zu betrachtenden Abstände nicht zu groß sind, bietet sich die Formulierung in der Kirchhoff-Fresnel Näherung an. In ihr lautet nach Gleichung (2.31) obige Beziehung in kartesischen Koordinaten:

$$E_2(x_2,y_2) = -\frac{i}{\lambda_0 L_{RES}} \int_{-a_x}^{+a_x} \int_{-a_y}^{+a_y} E_1(x_1,y_1)\, e^{-ik_0 s}\, dx_1\, dy_1 \;, \tag{3.8}$$

wobei die Integralgrenzen a_i nach Bild (3.8) definiert sind und s den Abstand der Punkte $P(x_1,y_1)$ und $P(x_2,y_2)$ bezeichnet. In die Berechnung dieses Abstandes gehen die Spiegelkrümmungen, wie in Bild 3.9 gezeigt ist, ein.

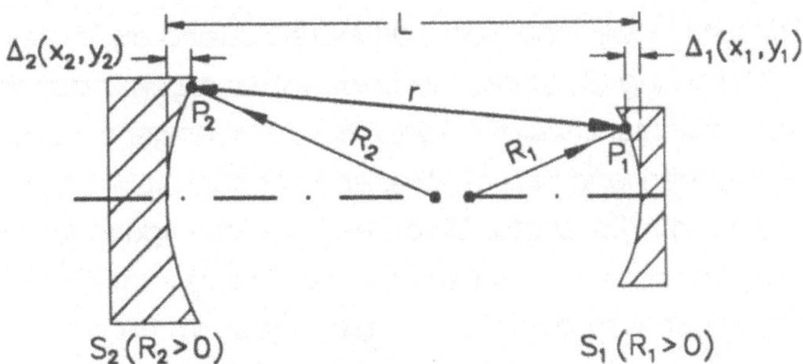

Bild 3.9 Berechnung des Abstandes s zweier Punkte $P_1(x_1,y_1)$ und $P_2(x_2,y_2)$ auf den Oberflächen der Resonatorspiegel **[27]**.

Für die Abstände Δ_1, Δ_2 von den Auftreffpunkten auf den Spiegeloberflächen bis zur jeweiligen Koordinatenebene gilt:

$$\Delta_i\,(x_i,y_i) = R_i\left(1-\sqrt{\frac{R_i^2-x_i^2-y_i^2}{R_i^2}}\right),\quad i=1,2$$

mit R_i, $i=1,2$: Krümmungsradien der Spiegel S_1 bzw. S_2.

Damit errechnet sich der jeweilige Punktabstand s zu:

$$s = \sqrt{(L_{RES}-\Delta_1-\Delta_2)^2+(x_1-x_2)^2+(y_1-y_2)^2}\,. \tag{3.9}$$

Gleichung (3.8) beschreibt allgemein die Strahlungsausbreitung zwischen zwei Flächen im Rahmen der Kirchhoff-Fresnel Theorie. Wird sie angewendet, um die Ausbreitung der Strahlung bei einem Umlauf in optischen Resonatoren zu beschreiben, wird sie als *Schwingungsgleichung* bezeichnet, um auszudrücken, daß in diesem Fall die im Resonator auftretenden Schwingungsformen beschrieben werden.

Eigenwerte der Schwingungsgleichung, Moden

In jedem rückgekoppelten System existieren Resonanzfrequenzen, die charakteristisch für dieses System sind. Diese werden auch als *Eigenfrequenzen* des Systems bezeichnet und sind durch die *Eigenwerte* der jeweiligen Schwingungsgleichung - in der Optik durch Gleichung (3.8) - gegeben **[28]**.

In einem optischen Resonator hat sich ein stationärer Zustand eingestellt, wenn sich das Feld von Umlauf zu Umlauf bis auf einen Faktor κ reproduziert. Nach einem Umlauf im stationären Fall gilt somit nach Gleichung (3.8):

$$\kappa E(x_2,y_2) = -\frac{i}{\lambda_0 L_{RES}}\int_{-a_x}^{+a_x}\int_{-a_y}^{+a_y}\mathbf{E}\,(x_1,y_1)\;e^{-ik_0 s}\,dx_1\,dy_1\,. \tag{3.10}$$

In einem Resonator wird solch ein stationärer Zustand als *Mode* bezeichnet. Die durch Gleichung (3.10) beschriebenen stationären Zustände senkrecht zur Ausbreitungsrichtung werden *transversale Moden* genannt. Im Gegensatz dazu kennzeichnen *longitudinale Moden* stehende Wellen entlang der Ausbreitungsrichtung im Resonator. Da deren Berücksichtigung zur Beschreibung der Strahleigenschaften im Hinblick auf den Einsatz in der Materialbearbeitung belanglos ist, wird auf longitudinale Moden im Rahmen dieser Arbeit nicht eingegangen. Daher werden im folgenden die transversalen Eigenschwingungen eines Resonators kurz als *Moden* bezeichnet.

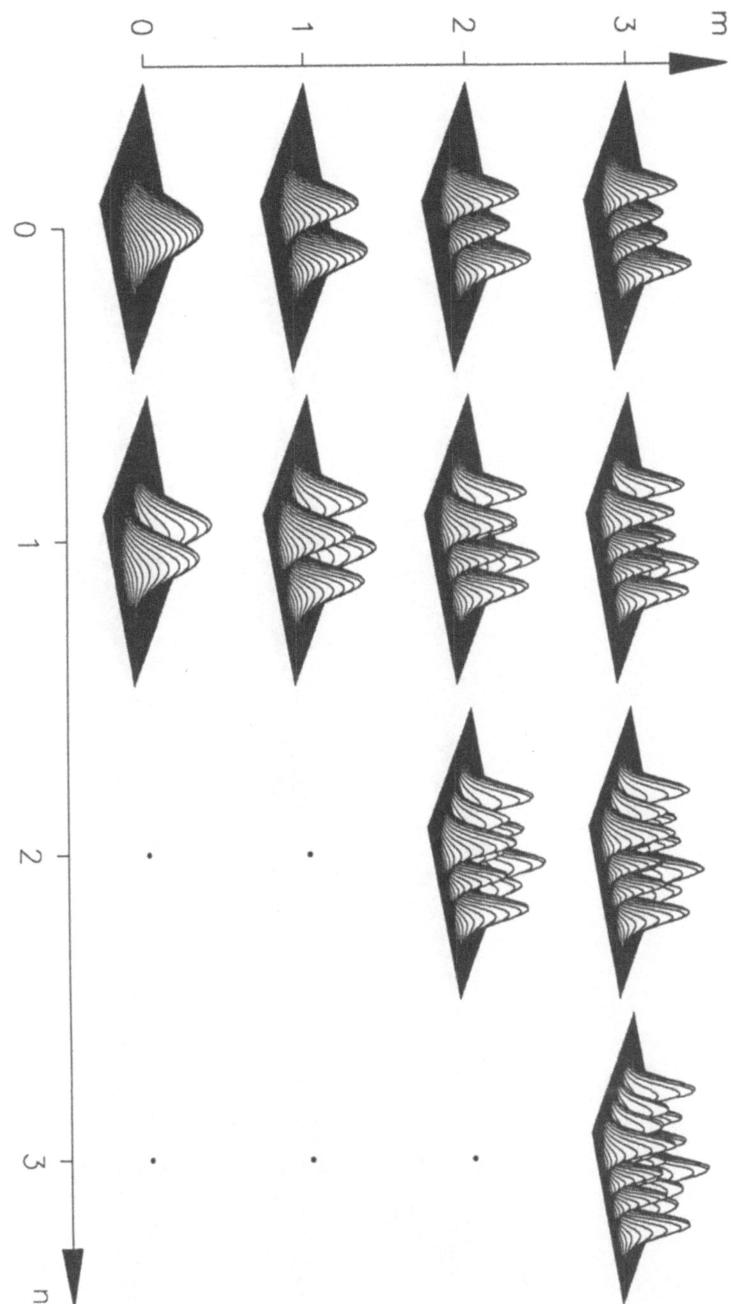

Bild 3.10a
Intensitätsverteilungen einiger TEM$_{mn}$-Moden unbegrenzter stabiler Resonatoren mit Rechtecksymmetrie. Die Intensitätsverteilungen ergeben sich aus dem Produkt von Hermite-Polynomen der entsprechenden Ordnungen. Die Darstellungen sind bezüglich Höhe und Breite normiert.

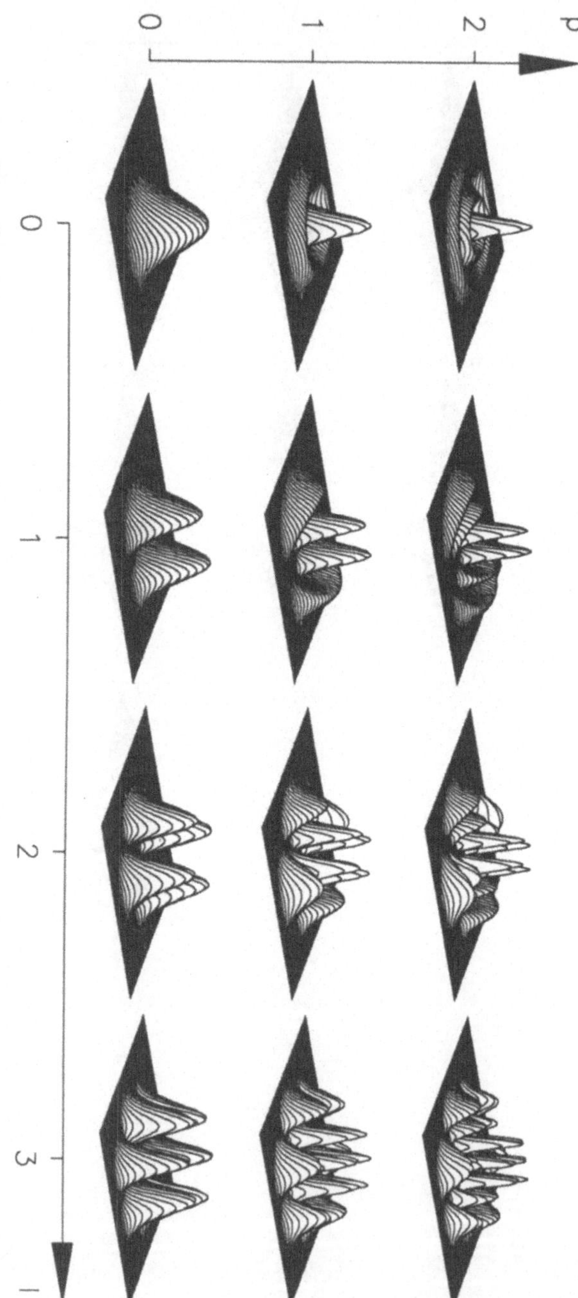

Bild 3.10b

Intensitätsverteilungen einiger TEMpl-Moden unbegrenzter stabiler Resonatoren mit Radialsymmetrie. Die Intensitätsverteilungen ergeben sich als Laguerre-Polynomen der entsprechenden Ordnungen. Die Darstellungen sind bezüglich Höhe und Breite normiert.

In den Abbildungen (3.10) sind die Intensitätsverteilungen einiger Moden eines unbegrenzten stabilen Resonators dargestellt. Gleichung (3.10) ist für unbegrenzte Spiegel in stabilen Resonatoren - wie oben erwähnt - analytisch lösbar und je nach Geometrie des Resonators - Rechteck- oder Radialsymmetrie - ergeben sich als Eigenlösungen Hermite- (Bild 3.10a) bzw. Laguerrepolynome (Bild 3.10b) **[10,29]**. Je nach Ordnung der Polynome werden die Moden als TEM_{mn}- bzw. TEM_{pl}-Moden - eine Abkürzung für *T*ransversal *E*lektro*M*agnetisch - bezeichnet, wobei die Indizes m, n und p, l die Ordnung des Polynoms in den jeweiligen Koordinaten kennzeichnen.

Beugungsverlust eines Resonators

Der Beugungsverlust V einer Mode ergibt sich aus dem Eigenwert κ der Integralgleichung (3.10) zu:

$$V = (1 - \kappa\kappa^*) \cdot 100\% \;, \qquad \textbf{(3.11a)}$$

wobei κ^* die zu κ konjugiert komlexe Größe bezeichnet.

Dem entsprechend gilt für den Verlustfaktor v (vgl. Gleichung (3.6)):

$$v = \kappa\kappa^* \;. \qquad \textbf{(3.11b)}$$

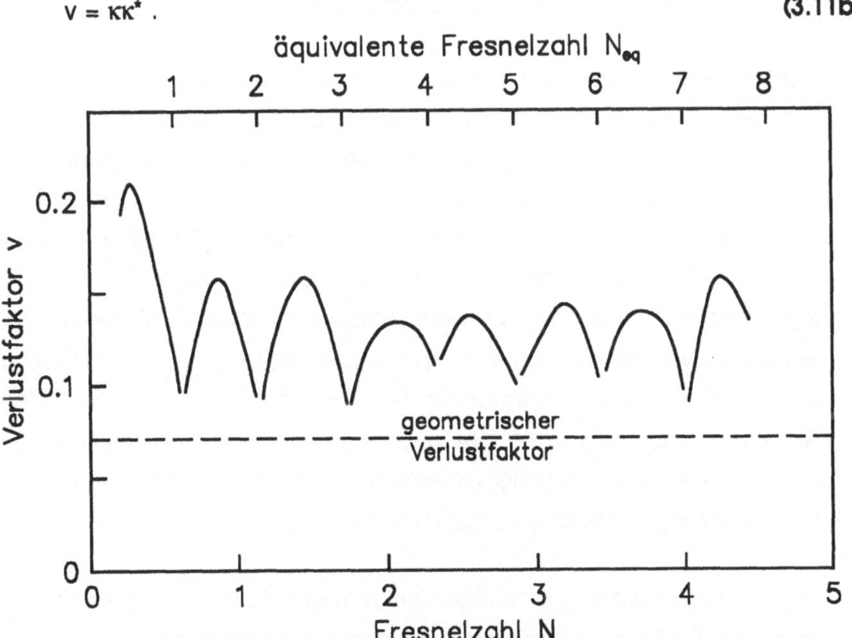

Bild 3.11 Verlustfaktor v eines instabilen Resonators als Funktion der Fresnelzahl N bzw. der äquivalenten Fresnelzahl N_{eq} des Auskoppelspiegels bei festem Resonatorparameter G = 2,0192 **[19,20]**.

Die waagrechte Linie kennzeichnet den von N unabhängigen Verlustfaktor in geometrischer Näherung aus Gleichung (3.6b).

In Bild 3.11 ist für einen festen Wert des Resonatorparameters G des äquivalenten symmetrischen Resonators der Verlustfaktor v eines instabilen Resonators als Funktion der Fresnelzahl aufgetragen. Die beugungstheoretische Analyse ergibt bei kleinen Fresnelzahlen deutliche Strukturen, die Verluste sind deutlich geringer als die Abschätzung in geometrischer Näherung erwarten läßt. Trägt man den Verlustfaktor über der äquivalenten Fresnelzahl N_{eq} auf, so variiert v mit der Periode 1. Die Verlustmaxima liegen bei ganzzahligen Werten von N_{eq}, die Verluste vermindern sich deutlich für halbzahlige Werte. Beim Überschreiten dieser Werte ändert sich die Feldverteilung im Resonator grundlegend, eine andere Resonatormode wird dominant **[13,30]**.

Bei sehr großen Fresnelzahlen konvergiert der Verlustfaktor gegen den geometrischen Wert **[13]**. Bei Annäherung an den stabilen Bereich nimmt das Ausmaß der Verluständerungen insgesamt ab, so daß für $G \rightarrow 1$ der Verlustfaktor ebenfalls gegen den geometrischen Wert konvergiert **[13,20]**.

3.2.2 Numerische Lösung der Eigenwertgleichung

Mathematisch betrachtet handelt es sich bei Gleichung (3.10) um ein Eigenwertproblem des Fredholmschen Typs **[31,32]**. Der Operator des Integralkerns K ist symmetrisch, d.h. zwischen K und dem Kern K^T des transponierten Operators gilt die Beziehung $K(x,y) = K^T(x,y) = K(y,x)$. Er ist allerdings nicht hermitesch **[10]** so daß zwar der Kern $\bar{K}$ des adjungierten Operators symmetrisch zum Kern K^* des konjugiert komplexen, aber eben ungleich K ist, d.h. $K^*(x,y) = \bar{K}(x,y) \neq K(x,y)$. Deswegen lassen sich die aus der Funktionentheorie bekannten Aussagen über die Existenz von Eigenwerten von hermiteschen Operatoren bei den hier zu untersuchenden Integralgleichungen nicht anwenden **[28]**. Auf Grund der Symmetrie des zugehörigen Integraloperators lassen sich dennoch einige weitergehende Aussagen gewinnen und unter bestimmten Voraussetzungen sogar Lösungswege aufzeigen.

Allgemein gilt: Wenn f eine Eigenfunktion des Kerns K mit dem Eigenwert κ ist, so ist f^* die zu f komplex konjugierte Eigenfunktion des adjungierten Operators $\bar{K}$ mit dem zu κ konjugiert komplexen Eigenwert κ^* **[33]**. Aus der Symmetrieeigenschaft des Integraloperators folgt jedoch, daß alle existierenden Eigenwerte reell sind, d.h. $\kappa = \kappa^*$. Betrachtet man zwei Eigenfunktionen

f_1 und f_2 von K mit den Eigenwerten κ_1 und κ_2, so sind f_1^* und f_2^* die entsprechenden Eigenfunktionen des adjungierten Operators $\bar{K}$. Somit gilt zum einen $<f_2^*, Kf_1> = \kappa_1 <f_2^*, f_1>$. Nach der Definition des adjungierten Operators ist aber $<f_2^*, Kf_1> = <\bar{K} f_2^*, f_1> = \kappa_2 <f_2^*, f_1>$. Aus dem Vergleich der beiden Gleichungen folgt $\kappa_1 <f_2^*, f_1> = \kappa_2 <f_2^*, f_1>$. Für verschiedene Eigenwerte $\kappa_1 \neq \kappa_2$ erfordert dies, daß $<f_2^*, f_1> = 0$ gilt. Dies bedeutet aber, daß zwei Eigenfunktionen von K mit verschiedenen Eigenwerten orthogonal sind **[31]**, ihr Skalarprodukt verschwindet:

$$<f_2^*, f_1> = 0 \quad \text{für} \quad \kappa_1 \neq \kappa_2 .$$

Entsprechend der üblichen Definition des Skalarprodukts folgt damit die Orthogonalitätsrelation für Eigenfunktionen von symmetrischen Kernen in der Integralschreibweise:

$$\int f_1 f_2 \, dx = 0 \quad \text{für} \quad \kappa_1 \neq \kappa_2 .$$

Dies ist die von Fox & Li angegebene Relation **[10]**. Weitergehende allgemeingültige Aussagen sind nicht möglich. Doch im Fall von endlichen Integralgrenzen - hier in Gleichung (3.10) - folgt zusammen mit der Stetigkeit des Integralkerns K aus dessen Symmetrie dessen Kompaktheit. Dieser Begriff der Funktionalanalysis besagt im Bezug auf die Existenz von Eigenwerten, daß es abzählbar unendlich viele Eigenwerte gibt. Anschaulich bedeutet dies neben dem Beweis der Existenz von Lösungen unter anderem, daß alle Lösungen der Integralgleichung auch tatsächlich Lösungen des Eigenwertproblems darstellen. Im speziellen Fall von Gleichung (3.10) gilt dies für alle beschränkten Resonatoren sowohl des stabilen **[10]** als auch des instabilen Typs **[18]**.

Zur Lösung von Gleichung (3.10) kann somit ein allgemein übliches iteratives Rechenverfahren benutzt werden. Beginnend mit einer zufällig gewählten Verteilung $\Psi(q)$ wird wiederholt der Integraloperator K auf Ψ angewendet. Wird die Startverteilung als Entwicklung in ihre Eigenfunktionen entsprechend

$$\Psi^{(0)} = \Sigma c_i \kappa_i f_i$$

dargestellt, so ergibt sich nach wiederholter Anwendung von K auf Ψ:

$$\Psi^{(n+1)} = K\Psi^{(n)} .$$

In der Skalarproduktschreibweise ergibt sich nach anschließender Renormierung von $\Psi^{(n+1)}$ durch

$$<\Psi^{*(n+1)},\Psi^{(n+1)}> = \sum c_i^{(n+1)} \kappa_i^{(n+1)} <f_i^*, f_i>$$

im Grenzwert die Beziehung

$$<\Psi^{*(n+1)},\Psi^{(n+1)}> \approx \kappa_0^2 <f_0^*, f_0> .$$

Durch diese iterative Anwendung der Rechenvorschrift können somit der betragsgrößte Eigenwert, der den Verlustfaktor des Resonators nach Gleichung (3.11) charakterisiert, sowie die zugehörige Eigenfunktion, die die Feldverteilung im Resonator angibt, bestimmt werden.

Zur numerischen Lösung von Gleichung (3.8) werden die kontinuierlichen Integrale als diskrete Summen genähert. Das sich daraus ergebende Quadraturproblem hat die Form

$$\mathbf{E}_2 (x_2,y_2) = -\frac{i}{\lambda_0 L} \sum_0^{b_x} \sum_0^{b_y} \mathbf{E}_1 (x_1,y_1)\, e^{-ik_0 s(x_1,y_1,x_2,y_2)}\, \Delta A , \qquad \mathbf{(3.12)}$$

wobei x_i,y_i die Koordinaten der diskreten Gitterpunkte und $\Delta A = \Delta x \Delta y$ die Fläche einer Elementarzelle des Gitters bezeichnen (Bild 3.12).

Die Feldgröße $\mathbf{E}_2$ im Punkt (x_2,y_2) wird durch phasenrichtiges Überlagern der Feldgrößen $\mathbf{E}_1$ aller Punkte (x_1,y_1) des Startgitters berechnet, wobei auf Grund der diskreten Darstellung der Feldwert innerhalb einer Elementarzelle als konstant angesehen wird.

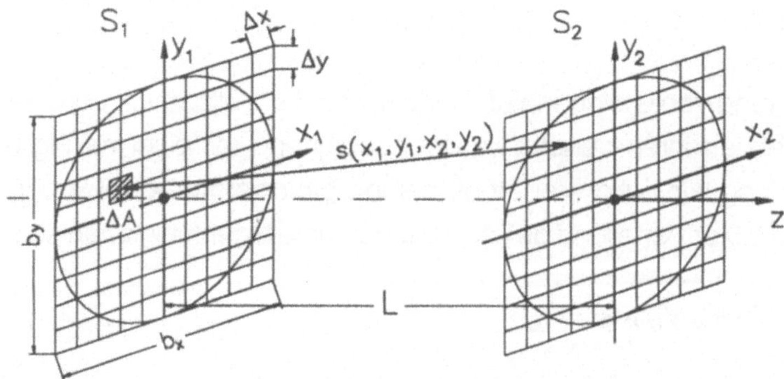

Bild 3.12 Numerische Berechnung der Feldverteilung bei diskreten Rechengittern.

Eine Steigerung der Auflösung und damit Reduzierung der Näherungsfehler kann durch Reduzierung der Fläche der Elementarzelle - bei entsprechender Erhöhung des Rechenaufwandes - erreicht werden. Die Berücksichtigung der jeweiligen Spiegelkrümmungen geht in die Berechnung des Punktabstandes s gemäß Gleichung (3.9) ein.

Die iterative Berechnung der resonatorinternen Feldverteilung wird solange durchgeführt, bis sich die Verteilungen nur noch durch einen konstanten Faktor von denen des vorhergehenden Umlaufs unterscheiden.

3.2.3 Berechnung von Nah- und Fernfeld

Die Feldverteilung eines ausgekoppelten Laserstrahls am Ort des Auskoppelspiegels wird als *Nahfeld* bezeichnet, die Verteilung, die sich im Unendlichen einstellt, entsprechend als *Fernfeld*.

Bei einem stabilen Resonator mit einem teildurchlässigen Auskoppelspiegel entspricht die Intensitätsverteilung des Nahfeldes derjenigen auf dem Auskoppelspiegel im Innern des Resonators. Zur Berechnung der Phasenlage des Strahls muß der Einfluß des bei der Transmission als Linse wirkenden Auskoppelspiegels berücksichtigt werden. Im Fall eines instabilen Resonators, bei dem nur die Außenbereiche des resonatorinternen Feldes ausgekoppelt werden (Bild 3.4), unterscheidet sich dagegen die Verteilung im Nahfeld grundlegend von der im Resonatorinnern. In Abbildung 3.13 ist die Auskopplung bei einem instabilen Resonator mit den entsprechenden Rechenebenen skizziert.

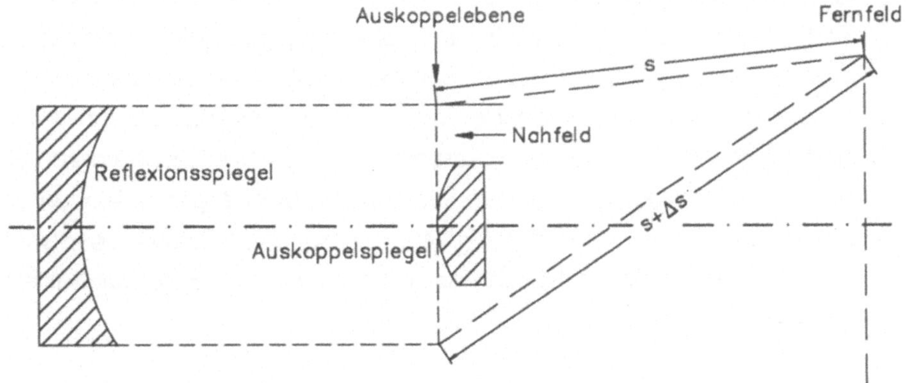

Bild 3.13 Auskopplung bei einem instabilen Resonator.

Die durch die Austrittsapertur des Resonators begrenzte Fläche wird als *Auskoppelebene* bezeichnet. Um die Nahfeldverteilung zu erhalten, muß das Feld nicht nur auf der Oberfläche des Auskoppelspiegels, sondern auch auf der gesamten Auskoppelebene bekannt sein. In Bild 3.14a ist die Intensitätsverteilung in der Auskoppelebene eines instabilen Resonators dargestellt. Dabei ergibt sich der ausgekoppelte Strahlungsanteil im Nahfeld in der Fläche, die außen durch die Austrittsapertur des Resonators und innen durch den Rand des Auskoppelspiegels begrenzt wird (Bild 3.14b).

Zur Berechnung der Fernfeldverteilung (Bild 3.14c) aus einem gegebenen Nahfeld als Startverteilung kann Gleichung (2.33) direkt verwendet werden. Zur Verwendung in einem numerischen Berechnungsverfahren ist allerdings Gleichung (2.31) bzw. ihre numerische Darstellung (3.12) flexibler, da sie die Berechnung der Feldverteilung in nahezu beliebiger Entfernung vom Nahfeld gestattet. Wie in der Ableitung von Gleichung (2.33) gezeigt, geht sie aus Gleichung (2.31) im Grenzfall unendlich großer Entfernung von der Startebene hervor. Es ist zur numerischen Berechnung der Fernfeldverteilung ausreichend, die Entfernung der Zielebene vom Nahfeld bei der Benutzung des Kirchhoff-Fresnel Formalismus (Gleichung 3.12) hinreichend groß zu wählen. Bei einem Abstand s, bei dem der Phasenunterschied Δs der von der Nahfeldebene ausgehenden Randstrahlen zum Zielpunkt nicht mehr als $\lambda/100$ beträgt (Bild 3.13), weicht das Resultat der Berechnung durch Gleichung (2.31) von dem Ergebnis, das Gleichung (2.33) liefert, in jedem Punkt des Fernfeldes nicht mehr als 2‰ ab **[27]**.

Die Eignung eines Lasers für ein bestimmtes Bearbeitungsverfahren ist neben vielen anderen Parametern durch die Intensitätsverteilung des Strahls im Fokus einer Bearbeitungsoptik gekennzeichnet. Bei einem bestimmten zu bearbeitenden Material sowie vorgegebener Bearbeitungsgeometrie und Wellenlänge ist die Leistungsdichte sowie die örtliche Verteilung der Leistung des Strahls am Werkstück von entscheidender Bedeutung für die Verfahrensentwicklung. Die theoretisch bestmögliche Fokussierbarkeit der Strahlleistung durch eine ideale Linse bei einem gegeben Strahldurchmesser ergibt sich, wenn die Intensitätsverteilung der einer TEM_{00}-Mode entspricht. Je besser die tatsächliche Verteilung dieser entspricht, desto höher wird die Strahlqualität eines Lasers bewertet.

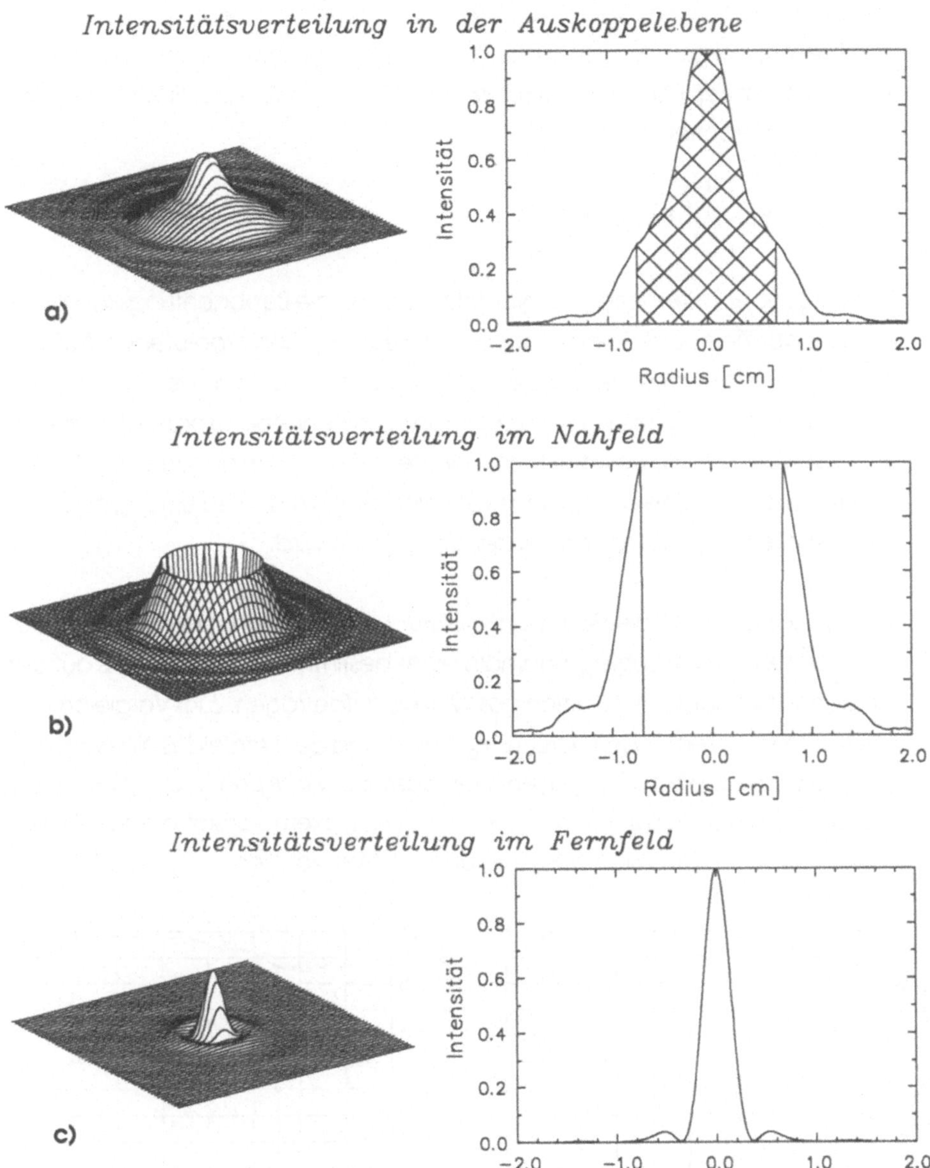

Bild 3.14 Normierte Darstellungen der Intensitätsverteilungen in der Auskoppelebene **(a)**, im Nahfeld **(b)** sowie im Fernfeld **(c)** eines konfokalen instabilen Resonators mit M=2 und N_{eq}=0,5.

Der Durchmesser des Auskoppelspiegels beträgt 14,85 mm (in Schnittbild **(a)** schraffierter Bereich), die äußere Apertur des Resonators 40 mm. Dargestellt ist jeweils die räumliche Struktur sowie ein Schnitt durch die jeweilige Verteilung.

Um die Intensitätsverteilungen instabiler Resonatoren, deren Struktur grundlegend von denen stabiler verschieden ist, ebenso beurteilen zu können, betrachtet man allgemein den prozentualen Leistungsinhalt des Strahls innerhalb einer bestimmten Fläche. Die Strahlleistung P_L innerhalb einer Fläche mit dem Radius R errechnet sich zu

$$P_L(R) = \int_0^R \int_0^{2\pi} |E(r,\varphi)|^2 \, r \, dr \, d\varphi \, .$$

Mit steigender Entfernung vom Nahfeld nehmen die Beobachtungskoordinaten auf der Zielebene wegen der durch Beugung hervorgerufenen Aufweitung des Strahlungsfeldes stark zu. Betrachtet man jedoch den Durchgang durch eine Linse, die die Fernfeldstruktur in ihrer Brennebene erzeugt, so treten in Fokusnähe sehr kleine Koordinatenwerte auf. Eine von den Absolutabmessungen unabhängige Darstellung ergibt sich, wenn man die Leistung betrachtet, die in einen bestimmten Winkel abgestrahlt wird.

In Abbildung 3.15 ist die *Raumwinkelleistung* - die Leistung, die sich, von der Startebene aus betrachtet, innerhalb eines bestimmten Raumwinkels auf der Zielebene befindet - als Funktion des Winkels aufgetragen. Zum Vergleich sind die Raumwinkelleistungen einer TEM_{00}-Mode und des Fernfeldes eines instabilen Resonators einander gegenüber gestellt. Die Apertur des Nahfeldes betrug in beiden Fällen 40 mm. Die Daten des exemplarisch ausgewählten instabilen Resonators sind aus Abbildung 3.14 ersichtlich.

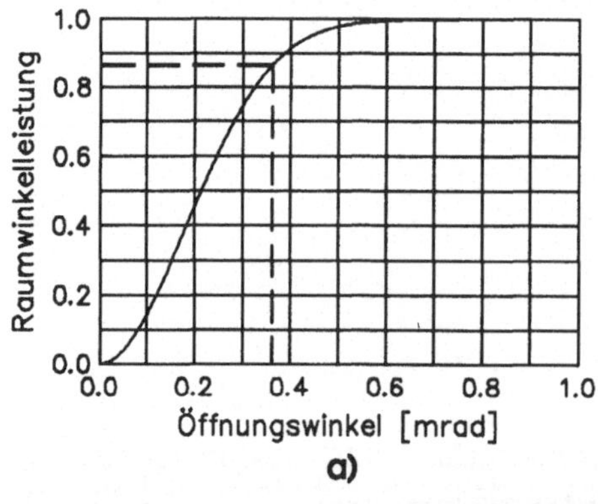

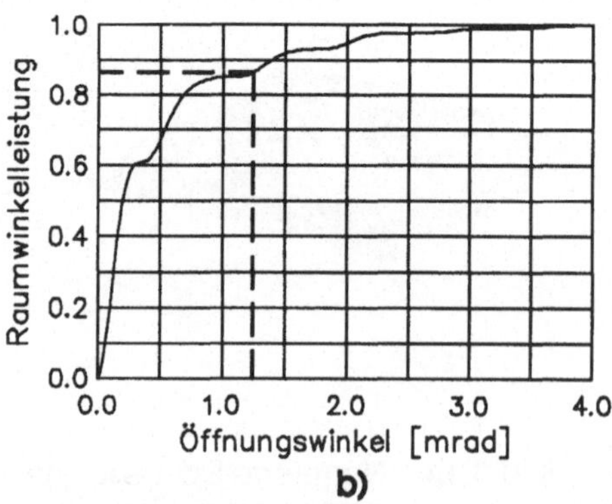

Bild 3.15 Raumwinkelleistung im Fernfeld einer TEM_{00}-Mode eines stabilen **(a)** und die eines instabilen Resonators **(b)**.

Die Resonatorparameter des instabilen Resonators entsprechen denen aus Bild 3.14. In beiden Fällen beträgt der Strahldurchmesser im Nahfeld 40 mm.

Nach einem DIN-Normenvorschlag **[34]** wird derjenige Radius als Strahlradius bezeichnet, in dem $(1-1/e^2)\cdot 100\% \approx 86{,}4\%$ der Strahlleistung enthalten sind. Nach dieser Definition beträgt in Abbildung 3.15 der Fernfeldöffnungswinkel der TEM_{00}-Mode **0,36 mrad** (gestrichelte Linie in Bild 3.15a). Bei dem exemplarisch aufgeführten instabilen Resonator verteilen sich **86,4%** der Leistung im Fernfeld dagegen über einen Winkel von **1,4 mrad** (Bild 3.15b). Der Leistungsinhalt der Beugungsringe im Fernfeld (Bild 3.14c) ist deutlich am stufigen Verlauf der Raumwinkelleistung zu erkennen. Je weniger Leistung sich in den Nebenmaxima befindet, desto größer ist der Leistungsanteil im Hauptmaximum und umso höher bewertet man die Qualität des Laserstrahls.

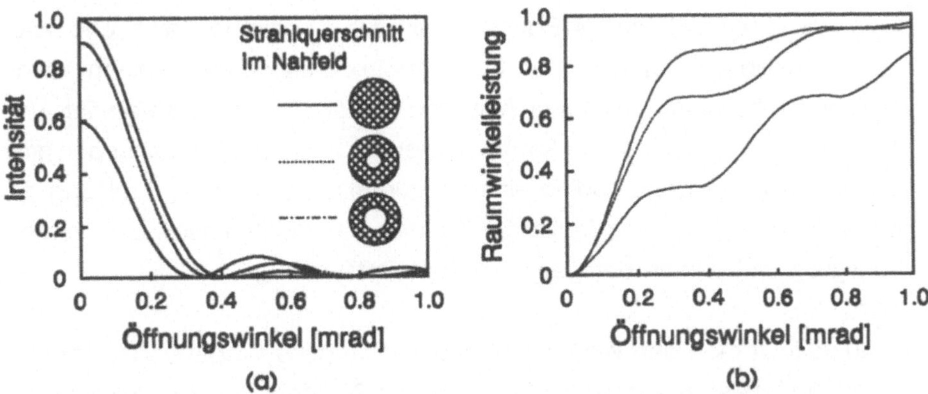

Bild 3.16 Intensitätsverteilung **(a)** und Raumwinkelleistung **(b)** im Fernfeld in Abhängigkeit von der geometrischen Vergrößerung M **[35]**.

In Abbildung **(a)** sind zur Veranschaulichung die Strahlquerschnitte der entsprechenden Nahfelder eingezeichnet.

Abbildung 3.16 zeigt die Abhängigkeit der Intensitätsverteilung (Bild 3.16a) sowie der Raumwinkelleistung (Bild 3.16b) von der geometrischen Vergrößerung M. Im Grenzfall $M \rightarrow \infty$ ergibt sich das *Airy-Profil* **[5]**, das der Fernfeldbeugungsfigur einer kreisförmigen Öffnung entspricht, auf die eine ebene Welle fällt.

Das Beugungsmuster des Airy-Profils wird durch Beugung am äußeren Strahlrand bestimmt, für endliche Werte von **M** überlagert sich dieser Beugung die an der inneren Begrenzung. Der Fernfeldöffnungswinkel verhält sich somit reziprok zu **M**, die Strahlqualität des Lasers steigt mit zunehmender geometrischer Vergrößerung des Resonators.

3.3 Berechnung optischer Systeme durch Strahlverfolgung

In vielen Fällen ist der Resonatorraum eines Lasers durch ein transmittives optisches Element abgeschlossen, so beim stabilen Resonator durch den teildurchlässigen Auskoppelspiegel. Auch bei instabilen Resonatoren, bei denen das laseraktive Medium aus einem Gasgemisch besteht, muß der Resonatorraum gegenüber der Umgebung durch ein Fenster abgeschlossen sein. Trotz hoher optischer Qualität absorbieren diese Elemente einen geringen Anteil der transmittierten Laserenergie. Diese Absorption führt zu Temperaturgradienten im Material, die ihrerseits zu Dichteänderungen und Deformation des Elements führen **[36]**. Um die Eigenschaften des ausgekoppelten Strahls möglichst exakt berechnen zu können, ist die Berücksichtigung der dadurch hervorgerufenen Phasenstörung daher zwingend. Da die Apertur des Elements und die Ausdehnungen der durch Absorption verursachten Dichteänderungen groß gegen die Wellenlänge sind, ist eine beugungstheoretische Beschreibung der Lichtausbreitung über die Dicke der Komponente nicht sinnvoll, eine Berücksichtigung im Rahmen der geometrischen Optik genügt.

Dazu verfolgt man den Weg aller von der Startebene ausgehenden Strahlen durch die optische Komponente bis hin zur Zielfläche. Diese Methode der Verfolgung einzelner Strahlen, die man erst in einer Zielfläche phasenrichtig zum vollständigen Bild wiedervereinigt, bezeichnet man als *Raytracing* **[37,38]**. Die Grundlage zur Berechnung der Abbildung durch beliebige optische Elemente im Rahmen der geometrischen Optik bilden das Reflexions- (2.21) und das Brechungsgesetz (2.22). Im folgenden wird ein Raytracing Verfahren **[39]** ausführlicher am Beispiel transmittiver Komponenten dargestellt und schließlich ein Algorithmus zur Berechnung der Transformationseigenschaften solcher Elemente beschrieben.

3.3.1 Grundgleichungen

In der Näherung der geometrischen Optik ist die Ausbreitungsrichtung von Strahlen eindeutig durch die Angabe der Winkel definiert, die sie an einer Stelle zu einem beliebigen aber raumfesten Koordinatensystem bilden. Man faßt diese drei Raumwinkel zu einem die Ausbreitungsrichtung charakterisierenden Einheitsvektor zusammen. Bei der Brechung eines Strahls an einer Oberfläche wird dessen Ausbreitungsrichtung gemäß dem Brechungsgesetz (2.22) geändert - der Einheitsvektor $\vec{i}_E$ des einfallenden geht über in den Einheitsvektor $\vec{i}_A$ des gebrochenen Strahls. Damit lautet die vektorielle Formulierung des Brechungsgesetztes:

$$n_2\,(\vec{i}_A \times \vec{i}_R) = n_1\,(\vec{i}_E \times \vec{i}_R)$$

mit

$\vec{i}_E$: Einheitsvektor des einfallenden Strahls,
$\vec{i}_A$: Einheitsvektor des gebrochenen Strahls,
$\vec{i}_R$: Einheitsvektor des Einfallslots,
$n_{1,2}$: Brechzahlen der Medien (vgl. Bild A1.3).

Diese Vektorgleichung läßt sich umschreiben in:

$$n_2 \cdot \vec{i}_A - n_1 \cdot \vec{i}_E = \vec{i}_R \cdot [n_2\,(\vec{i}_A \cdot \vec{i}_R) - n_1\,(\vec{i}_E \cdot \vec{i}_R)]\ . \qquad \textbf{(3.13)}$$

Die Skalarprodukte der Einheitsvektoren spannen dabei Einfall- und Ausfallwinkel α_E bzw. α_A auf (siehe Bild A1.3):

$$\vec{i}_E \cdot \vec{i}_R = \cos\,\alpha_E\ ,$$
$$\vec{i}_A \cdot \vec{i}_R = \cos\,\alpha_A\ .$$

Abbildung 3.17 zeigt die oben eingeführten Größen exemplarisch beim Durchgang durch eine planparallele Platte, die zwei Medien mit unterschiedlichen Brechzahlen trennt. Der Strahl trifft aus einem Medium mit der Brechzahl n_1 kommend auf die Plattenoberfläche auf, wobei für die Brechzahl der Platte $n_P > n_1$ gelte. Demzufolge wird die Strahlung an dieser Stelle zum Einfallslot hingebrochen. Innerhalb der als optisch homogen angenommenen Platte breitet sich der Strahl geradlinig aus. Gilt an der zweiten Begrenzungsfläche $n_P > n_2$, wobei n_2 die Brechzahl des sich an die Platte anschließenden Mediums bezeichnet, so erfolgt an dieser Stelle eine Richtungsänderung des Strahls vom Einfallslot weg.

Aus der schematischen Darstellung 3.17 wird das schrittweise Vorgehen bei der Berechnung des Strahlungsdurchgangs durch optische Komponenten mit dem Strahlverfolgungsalgorithmus deutlich. Zunächst wird die Brechung an der ersten Grenzfläche gemäß dem Brechungsgesetz (2.22) berücksichtigt und aus der ursprünglichen Strahlrichtung $\vec{i}_E$ wird die Richtung $\vec{i}_A$ des Strahls in der Komponente bestimmt.

Bild 3.17

Brechung eines Strahls beim Durchgang durch eine planparallele Platte, die zwei Medien mit unterschiedlichen Brechzahlen n_1 und n_2 trennt. In der Darstellung wurde exemplarisch angenommen, daß $n_2 < n_1 < n_P$ gilt.

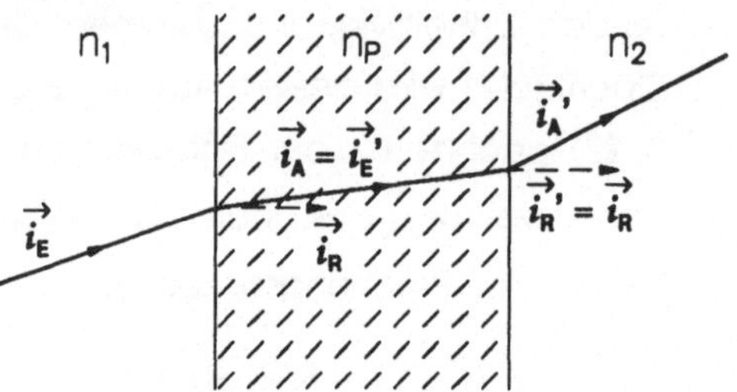

Dieser Vektor $\vec{i}_A$ ist bei optisch homogenen Medien identisch mit dem Einfallvektor $\vec{i}_E$ an der folgenden Grenzfläche. Die Strahlrichtung im sich anschließenden Medium ergibt sich analog zu der beschriebenen Vorgehensweise.

Im Fall einer gekrümmten Oberfläche erweitert sich der oben beschriebene Algorithmus um die Bestimmung des Normalenvektors $\vec{i}_R$. Für eine sphärische Oberfläche mit dem Krümmungsradius R und der Krümmung $c = 1/R$ ergibt sich für den Einheitsnormalenvektor als Komponentendarstellung in kartesischen Koordinaten:

$$\vec{i}_R = (X_R, Y_R, Z_R) = (-cx, -cy, 1-cz) \ . \tag{3.14}$$

Setzt man dies in Gleichung (3.13) ein, so erhält man für die einzelnen Richtungscosini des gebrochenen Strahls $\vec{i}_A = (X_A, Y_A, Z_A)$ in Abhängigkeit von denen des einfallenden Strahls $\vec{i}_E = (X_E, Y_E, Z_E)$:

$$n_2 \begin{pmatrix} X_A \\ Y_A \\ Z_A \end{pmatrix} = n_1 \begin{pmatrix} X_E \\ Y_E \\ Z_E \end{pmatrix} + K \begin{pmatrix} -cx \\ -cy \\ 1-cz \end{pmatrix} \tag{3.15}$$

$$\text{mit} \quad K = n_2 \cos\alpha_A - n_1 \cos\alpha_E \ .$$

Mit Hilfe dieser Vektorgleichung läßt sich nun für jeden auf eine sphärische Oberfläche fallenden Strahl die Richtung des gebrochenen Strahls ermitteln.

Zur Berechnung des Lichtweges wird ein Verfahren vorgestellt, das die Koordinaten und Richtungscosini der Strahlen, die auf einer Startfläche gegeben sind, in diejenigen auf einer vorgegebenen Zielfläche überführt **[39]**. Dieses Verfahren bietet gegenüber anderen einige Vorteile in der mathematischen Formulierung und ist auf Grund seines modularen Charakters einfach in einen computergerechten Algorithmus überzuführen **[37,40,41]**.

3.3.2 Raytracing durch eine sphärische Linse

Beim Durchgang durch eine Linse wird ein Strahl an beiden Oberflächen entsprechend dem Brechungsgesetz gebrochen. Für den Fall, daß sich der Linsenkörper mit der Brechzahl n_2 in einem Medium mit der Brechzahl n_1 befindet, wird das Problem der Strahlverfolgung durch die Linse schrittweise gelöst. Diese Vorgehensweise ist ausführlich im Anhang A3 dargestellt. Bild 3.18 zeigt schematisch den Ablauf der Berechnung.

Im ersten Schritt der Berechnung wird die optische Weglänge bestimmt, die ein Strahl vom Startpunkt P_{-1} auf der Startfläche F_A bis zum Auftreffpunkt P' auf der Linsenoberfläche im Medium mit der Brechzahl n_1 zurücklegt. Dabei ist die Startrichtung des Strahls durch die Flächennormale auf der Wellenfront im Punkt P_{-1} festgelegt. Innerhalb des Linsenkörpers mit der Brechzahl n_2 wird unter Berücksichtung der Brechung an der Oberfläche (Gleichung (2.22)) die Weglänge bis zum Austrittspunkt P" auf der gegenüberliegenden Oberfläche bestimmt. Unter der Voraussetzung der optischen Homogenität des Linsenkörpers erfolgt darin die Strahlausbreitung im Bild der geometrischen Optik geradlinig.

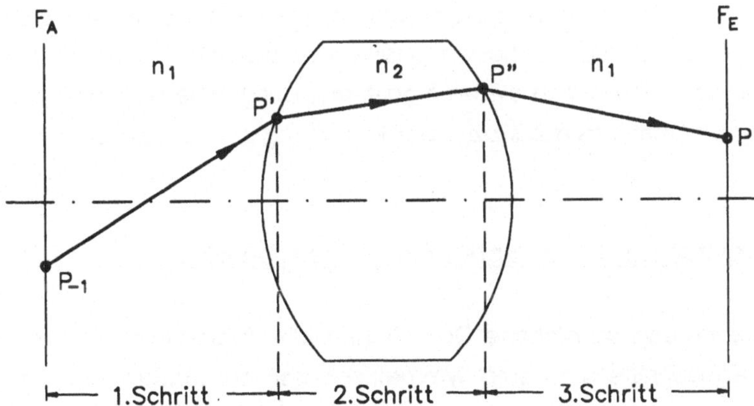

Bild 3.18 Schrittweises Vorgehen beim Raytracing durch eine Linse.

Nach erneutem Anwenden des Brechungsgesetzes wird entlang der sich daraus ergebenden Strahlrichtung der Weg bis zum Punkt P auf der Zielfläche F_E berechnet. Die resultierende gesamte optische Weglänge vom Ausgangs- bis zum Endpunkt ergibt sich somit aus der Summe der Einzelwegstrecken:

$$L_{OPT} = L_{OPT1} + L_{OPT2} + L_{OPT3} \; .$$

Um die Wirkung einer Linse auf ein Strahlungsfeld, das auf der Startfläche gegeben ist, zu simulieren, wird diese Berechnungsvorschrift auf jeden Punkt P_{-1} der Startfläche F_A angewendet, in dem sowohl Intensität als auch Phase bekannt sind. Somit bietet sich ein idealer Verknüpfungspunkt zum Berechnungsverfahren des Strahlungsfeldes im Resonator bzw. nach Propagation über größere Entfernungen, welches im vorhergehenden Abschnitt dargestellt wurde. Dort lag das Ergebnisfeld als Wertematrix auf einem diskreten Gitter einer Ebene vor, von dem aus mit dem hier dargestellten Verfahren der Durchgang durch ein optisches Element simuliert werden kann. Das Ergebnisfeld kann anschließend wiederum als Eingangsfeld für das Kirchhoff-Fresnel Verfahren dienen, um nach Bedarf eine weitere Propagation zu berechnen.

Jeder andere sphärische Linsentyp als der oben exemplarisch gewählte läßt sich mit dem dargestellten Rechenverfahren genauso berücksichtigen. Voraussetzung ist dafür die richtige Wahl des Vorzeichens der Krümmung der jeweiligen Linsenoberfläche. Die Krümmung einer konkaven, dem Strahl hin offenen Sphäre ist dabei stets negativ zu setzen, die einer konvexen, dem Strahl abgewandten dagegen positiv. Der spezielle Fall einer Planfläche (siehe Bild 3.17) läßt sich diesen Algorithmus durch eine Fläche mit unendlich großem Krümmungsradius bzw. der Krümmung $c = 0$ darstellen.

3.3.3 Raytracing durch asphärische Linsenoberflächen

Sphärische und asphärische Oberflächen, die durch Rotation entsprechender Kegelschnitte um deren Symmetrieachsen entstanden sind, lassen sich in Form der *allgemeinen "Quadrik"* **[39]** zusammenfassen:

$$z = \frac{c}{2}\,(x^2 + y^2 + \varepsilon z^2) \qquad \textbf{(3.16)}$$

Dabei ergeben sich für die unten angegebenen Wertebereiche des Parameters ε folgende Rotationsflächen:

$0<\varepsilon<1, \varepsilon>1$: Ellipsoid,

$\varepsilon=1$: Sphäre,

$\varepsilon=0$: Parabel,

$\varepsilon<0$: Hyperboloid.

Setzt man Gleichung (3.16) einer allgemeinen Quadrik anstelle Gleichung (A3.1) in den Raytracing-Algorithmus ein, so ergibt sich für den Abstand Δ die Beziehung:

$$\Delta = \frac{F}{G+\sqrt{G^2-cF[1+(1-\varepsilon)Z^2]}}$$

mit den schon in Gleichung (A3.1) aufgeführten Definitionen für G und F.

Die allgemeine Komponentendarstellung des Einfallslots auf eine Quadrik lautet

$$\vec{i}_R = (X_R, Y_R, Z_R) = \frac{(-cx, -cy, 1-\varepsilon cz)}{\sqrt{c^2x^2+c^2y^2+(1-\varepsilon cz)^2}} ,$$

aus der sich Gleichung (3.14) als Spezialfall für $\varepsilon \rightarrow 1$ ergibt. Dem entsprechend lautet die allgemeinere Form von Gleichung (A3.3):

$$\cos \alpha_E = \vec{i} \cdot \vec{i}_R = \frac{-cXx-cYy+Z(1-\varepsilon cz)}{\sqrt{c^2x^2+c^2y^2+(1-\varepsilon cz)^2}} .$$

Durch Einsetzen der Quadrikgleichung in den Raytracing-Algorithmus lassen sich auf diese Weise alle Linsen mit aus Kegelschnitten entstandenen Rotationsflächen als Oberflächenformen berücksichtigen **[39,38]**.

Für asphärische Oberflächen höherer Ordnung, für die keine geschlossenen analytischen Lösungen angegeben werden können, existieren iterative Berechnungsverfahren **[39,37,40]**, auf die im weiteren nicht näher eingegangen wird. Diese Algorithmen sind im Grunde dem oben beschriebenen äquivalent. Die besondere Oberflächenform wird jeweils in der Berechnung des Abstandes Δ, des Normalenvektors $\vec{i}_R$ im Auftreffpunkt auf die Oberfläche sowie bei der Berechnung des Einfallwinkels α_E entsprechend genähert.

3.3.4 Dejustierung durch Achsversatz

Dejustierung optischer Elemente führt zu Abbildungsfehlern und damit zur Verschlechterung der Strahlqualität. Zur realitätsnahen Simulation optischer Systeme ist es daher notwendig, eventuell auftretende Positionierfehler der einzelnen optischen Elemente berücksichtigen zu können. Die in der Praxis häufigsten Abbildungsfehler sind schematisch im Anhang A2 beschrieben.

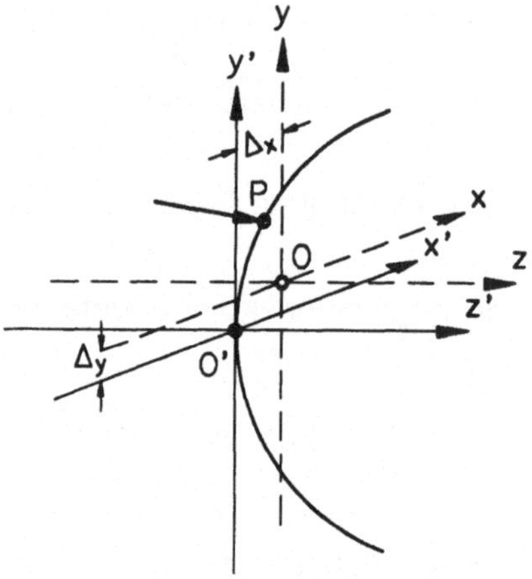

Bild 3.19

Berücksichtigung des Achsversatzes einer Linse durch Parallelverschiebung des linsenimmanenten Koordinatensystems

Eine Dejustierung durch Achsversatz wird durch Verschieben des optischen Elements parallel zu seiner Symmetrieachse erzeugt, welche im justierten Fall mit der optischen Achse des Strahlenfeldes übereinstimmt. Der Achsversatz einer Linse entspricht somit einer Parallelverschiebung des linsenfesten Koordinatensystems. Solch eine Verschiebung kann in dem dargestellten Verfahren durch eine entsprechende Koordinatentransformation der Punkte des Rechennetzes berücksichtigt werden.

In Bild 3.19 ist die Situation einer durch Achsversatz dejustierten Linse schematisch dargestellt. Das Koordinatensystem des Strahls wird durch das Vektortripel (x,y,z) gekennzeichnet, wobei die z-Achse die optische Achse des Strahlenfeldes bezeichnet. Die Symmetrieachse der Linse definiert dagegen die Lage der z'-Achse des linsenfesten Koordinatensystems (x',y',z'). Ein Achsversatz um $(\Delta x,\Delta y)$ der Linse gegenüber dem Strahlungsfeld wird im dargestellten Formalismus durch die Koordinatentransformation $(x,y,z) \rightarrow (x',y',z')$ berücksichtigt. Sie lautet in Vektorschreibweise:

$$\begin{pmatrix} x' \\ y' \\ z' \end{pmatrix} = \begin{pmatrix} x \\ y \\ 0 \end{pmatrix} + \begin{pmatrix} \Delta x \\ \Delta y \\ 0 \end{pmatrix}.$$

3.3.5 Dejustierung durch Verkippung

Der Einfluß einer verkippten Linse ist ebenfalls - analog zu einer verschobenen - durch eine Koordinatentransformation des strahlimmanenten Koordinatensystems in ein linsengebundenes berechenbar, wobei die Lage der z'-Achse des transformierten Koordinatensystems durch die Symmetrieachse der Linse definiert ist.

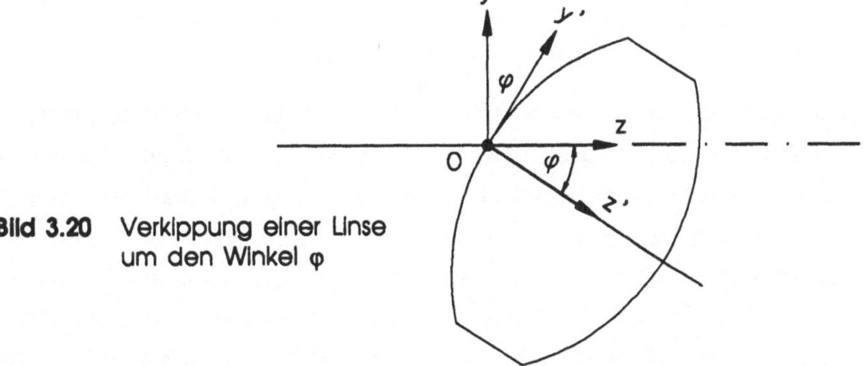

Bild 3.20 Verkippung einer Linse um den Winkel φ

Die Verkippung einer Linse um den Ursprung O des strahleigenen Koordinatensystems (x,y,z) entspricht einer reinen Drehung (Bild 3.20). In der obigen Abbildung ist aus Gründen der Anschaulichkeit lediglich eine Verkippung in der yz-Ebene um den Winkel φ dargestellt. Die Drehung ist dabei um die senkrecht zur Zeichenebene zu denkende x-Achse erfolgt.

Eine Rotation des Koordinatensystems beeinflußt anders als die Translation nicht nur die Koordinaten der Auftreffpunkte auf der Linsenoberfläche, sondern auch die Darstellung der jeweiligen Richtungsvektoren im gedrehten Koordinatensystem (x',y',z'). Eine Verkippung der Linse ist mathematisch durch eine Transformationsmatrix beschreibbar. Durch die nachfolgende Gleichung wird eine Drehung um die y-Achse des strahleigenen Koordinatensystems mit dem Winkel ϑ und anschließend eine Drehung um die nach der ersten

Drehung neu entstandene x'-Achse mit dem Winkel φ beschrieben [14]. Die Koordinaten des gedrehten Koordinatensystems ergeben sich aus den ursprünglichen durch

$$\begin{pmatrix} x' \\ y' \\ z' \end{pmatrix} = \underline{M}R_X \cdot \underline{M}R_Y \cdot \begin{pmatrix} x \\ y \\ z \end{pmatrix} = \underline{M}R_{XY} \cdot \begin{pmatrix} x \\ y \\ z \end{pmatrix} \tag{3.17}$$

mit

$$\underline{M}R_X = \begin{pmatrix} 1 & 0 & 0 \\ 0 & \cos\varphi & \sin\varphi \\ 0 & -\sin\varphi & \cos\varphi \end{pmatrix},$$ Drehung um die x-Achse mit dem Winkel φ

$$\underline{M}R_Y = \begin{pmatrix} \cos\vartheta & 0 & -\sin\vartheta \\ 0 & 1 & 0 \\ \sin\vartheta & 0 & \cos\vartheta \end{pmatrix},$$ Drehung um die y-Achse mit dem Winkel ϑ

$$\underline{M}R_{XY} = \begin{pmatrix} \cos\vartheta & 0 & -\sin\vartheta \\ \sin\vartheta\sin\varphi & \cos\varphi & \cos\vartheta\sin\varphi \\ \sin\vartheta\cos\varphi & -\sin\varphi & \cos\vartheta\cos\varphi \end{pmatrix}.$$

Die Wirkung der einzelnen Matrizen ist in Bild 3.21 schematisch dargestellt. Es läßt sich zeigen, daß diese Kombination der Drehungen äquivalent zu einer Drehung um die x-Achse mit dem Winkel φ und einer anschließenden Drehung um die ursprüngliche y-Achse mit dem Winkel ϑ ist. Eine Vertauschung der Reihenfolge der Drehungen um die einzelnen Achsen liefert eine andere Transformationsmatrix und somit ein anderes Koordinatensystem. Dieses ist jedoch durch eine zusätzliche Drehung um die z'-Achse, die die optische Achse des ausfallenden Strahls darstellt, in das durch die Vektorgleichung (3.17) beschriebene zu überführen.

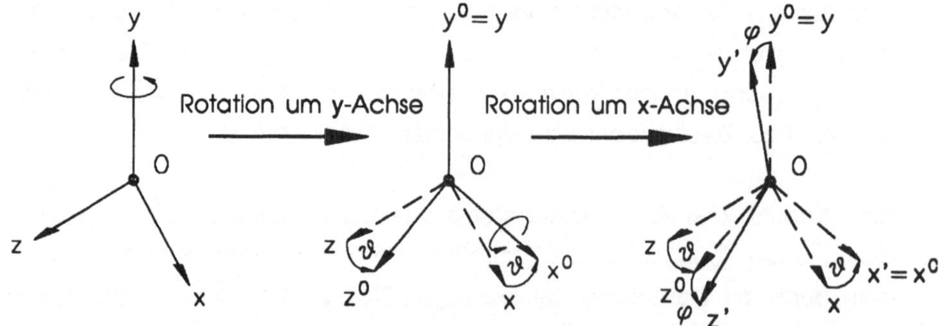

Bild 3.21 Räumliche Drehung eines Koordinatensystems (x,y,z) um den Ursprung O durch kombinierte Drehung um die y-Achse mit dem Winkel ϑ und anschließender Drehung um die bereits gedrehte x'-Achse mit dem Winkel φ.

Diese Abhängigkeit von der Reihenfolge der Drehachsen ist demnach irrelevant, da die Zielfläche auf einer Ebene definiert ist, deren Normalenvektor durch die Symmetrieachse der Linse gegeben ist. Eine Drehung dieser Ebene um ihren Normalenvektor läßt das Resultat einer sich anschließenden Propagationsrechnung unverändert.

Liegt der Drehpunkt der Verkippung nicht auf der optischen Achse, so läßt sich die zugehörige Koordinatentransformation als Kombination einer Verschiebung der Linse in den Drehpunkt mit anschließender Verkippung darstellen. Durch entsprechende Kombination der im vorhergehenden Abschnitt beschriebenen Dejustierung durch Achsversatz mit der in diesem Abschnitt dargestellten Verkippung ist somit die Beschreibung jeder denkbaren Dejustierung einer Linse im Raum möglich **[40,41]**.

Die Dejustierung eines optischen Elementes beeinflußt die Ausbreitungsrichtung der zentralen Achse des Strahlungsfeldes nach dem Durchgang. Der Verkippungswinkel der resultierenden Strahlrichtung gegenüber der des einfallenden Feldes ist im allgemeinen Fall analytisch nicht berechenbar. Weicht die Phasenfront hinter dem Element aber nicht zu sehr von einer Sphäre ab, wird ihre Ausbreitungsrichtung durch die Flächennormale im Intensitätsschwerpunkt einer an die Phasenfront angenäherten Sphäre hinreichend gut angegeben **[42]**.

Mit Hilfe des dargestellten Verfahrens der Strahlverfolgung ist es nicht nur möglich, die Beeinflussung der Phase durch Auskoppelspiegel und Fenster zu berücksichtigen. Die Wirkung komplexerer optischer Systeme auf die Strahleigenschaften ist damit ebenso beschreibbar wie die immaterieller aerodynamischer Fenster, einer Entwicklung, die zunehmend Beachtung bei der Konstruktion von Hoch- und Höchstleistungslasern findet **[43]**.

3.4 Berücksichtigung des resonatorinternen Mediums

Die Energieeinkopplung in das resonatorinterne Medium zur Erzeugung der zur Lasertätigkeit notwendigen Besetzungsinversion führt zu Temperaturgradienten. Durch die je nach Art der Anregung mehr oder weniger stark lokal variierende Temperatur entstehen jedoch Dichtegradienten. Mit steigender Dichte nimmt die Brechzahl des Mediums zu, so daß bei einer Ausbreitung eines Strahlungsfeldes unter solchen Bedingungen die Phase entsprechend beeinflußt wird. Je größer die Dichtegradienten sind, desto wichtiger ist daher deren Beachtung bei der Auslegung eines Laserresonators. Gerade bei Hochleistungslasern ist eine Berücksichtigung der auftretenden Dichtegradienten unumgänglich. Dies gilt sowohl für Festkörperlaser, bei denen mit steigender Energieeinkopplung sich immer stärker eine thermische Linsenwirkung des laseraktiven Kristalls bemerkbar macht, als auch bei Lasern mit gasförmigen laseraktiven Medien **[44]**. Daher wurde die Berechnung der Phasenbeeinflussung durch Dichtegradienten im resonatorinternen Medium zu einem zentralen Punkt dieser Arbeit.

Betrachtet man eine sich zeitlich ändernde Energieeinkopplung bei Gaslasern (Bild 3.21), so wird deutlich, daß nach Einsetzen der Entladung sich eine Dichtewelle im Medium ausbildet (Bild 3.21b), die sich bei anhaltender Entladung verstärkt (Bild 3.21c). Nach Aussetzen der Entladung wird der Verdünnungsstoß mit der Gasströmung aus dem Resonatorraum herausgetragen (Bild 3.21d). Bei entsprechend langen Zeitabständen zwischen den einzelnen Entladungspulsen herrschen für die Entladung gleiche Anfangsbedingungen. Durch Erhöhen der Repetitionsrate überlagern sich die einzelnen Stoßwellen immer mehr, so daß ein komplizierter Dichteverlauf entsteht (Bild 3.21e). Dessen Betrachtung wird durch die Berücksichtigung von Reflektionen der Stoßfronten an den Resonatorwänden noch weiter erschwert. Im kontinuierlichen Betrieb (*cw*-Betrieb, aus dem Englischen von *continuous wave*) bei stetiger Entladung oder wenn die Einzelpulse der Entladung schneller als die Zeitkonstante des Mediums aufeinanderfolgen, stellt sich ein stationärer Zustand ein (Bild 3.21f).

In den Abbildungen (3.22) sind die angesprochenen unterschiedlichen Szenarien am Beispiel eines quergeströmten Gaslasers dargestellt, bei dem das Gas den Resonatorraum senkrecht zur optischen Achse durchströmt (Bild 3.22a) **[45]**.

Eine örtlich variierende Brechzahl n(r) des Mediums führt nach Gleichung (2.20b) zur einer Änderung des optischen Weges L_{OPT} zwischen den Punkten P_1 und P_2:

$$L_{OPT} = \int_{P_1}^{P_2} n(s)\, ds \; . \qquad \textbf{(3.18)}$$

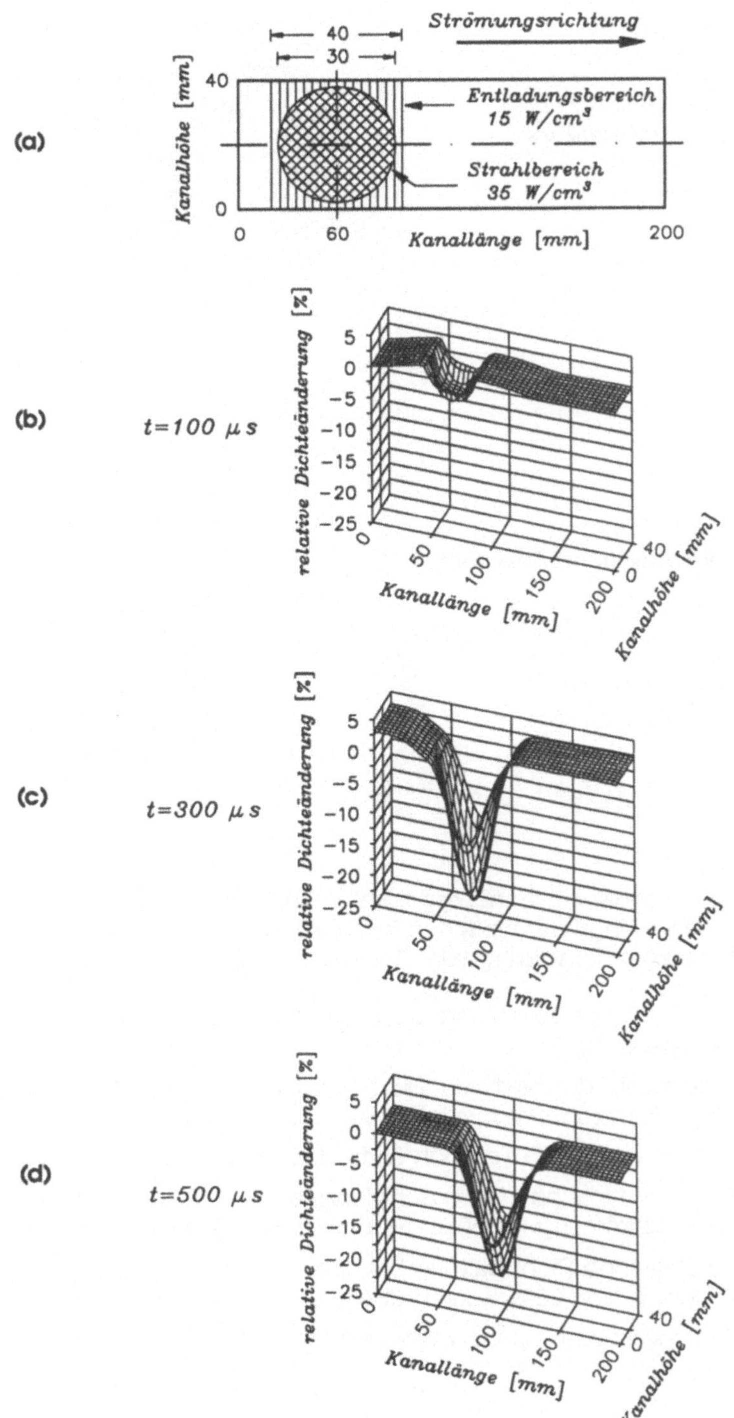

(a)
Strömungsrichtung
40
30
Entladungsbereich
15 W/cm³
Strahlbereich
35 W/cm³
Kanalhöhe [mm]
40
0
0
60
Kanallänge [mm]
200
(b)
t=100 µs
(c)
t=300 µs
(d)
t=500 µs
relative Dichteänderung [%]
5
0
-5
-10
-15
-20
-25
0
50
100
150
200
Kanallänge [mm]
40
0
Kanalhöhe [mm]

(e) 

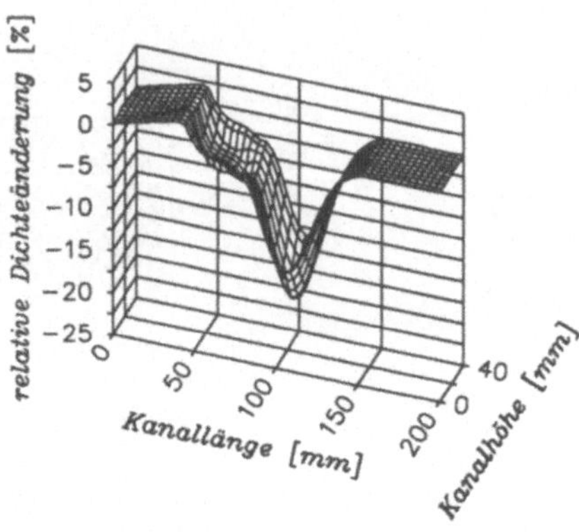

(f) *kontinuierliche Entladung*

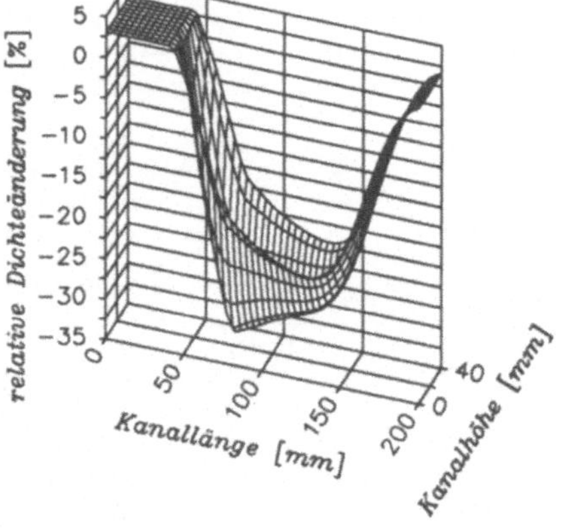

Bild 3.22 Dichteänderung im quergeströmten Resonator bei einem für CO_2-Hochleistungslaser typischen Betriebsdruck von 120 hPa und einer Gaszusammensetzung von 75% He, 20% N_2 und 5% CO_2 **[45]**.

(a) Schematische Darstellung der Berechnungsgeometrie (nicht maßstabsgerecht).

(b) Darstellung der relativen Dichteänderung im Resonator 100 µs nach Einsetzen eines Entladungspulses.

(c) Wie **(b)**, jedoch 50 µs nach Ende des Entladungspulses.

(d) Bei einer typischen Gasgeschwindigkeit von 100 m/s transportiert die Gasströmung in 250 µs die Dichtestörung ca. 30 mm weit.

(e) Resultierende Dichtestörung bei einer Pulsfrequenz von 2 KHz und Pulsdauer von 250 µs durch Überlagerung der Einzelpulse.

(f) Stationärer Zustand bei kontinuierlicher Entladung.

Zur Berücksichtigung der Beeinflussung der Strahlungsausbreitung in einem Medium mit Dichtegradienten genügt die Betrachtung des Phasenterms e^{ikr} aus Gleichung (3.8), wobei $k \cdot r$ durch den Ausdruck $k_0 \cdot r_{OPT}$ aus obiger Gleichung ersetzt wird. Die Aussage von Gleichung (3.18) ist in Bild 3.23 skizziert. Aus Gründen der Anschaulichkeit ist die Situation bei einem längs der optischen Achse variierenden Dichteprofil dargestellt, wie es typischerweise in längsgeströmten Gaslasern auftritt. Die anhand der folgenden Darstellung gezogenen Schlüsse gelten jedoch allgemein.

Bild 3.23

Schematisch dargestelltes Dichteprofil n(s) in einem längsgeströmten Resonator.

Die dargestellte Dichtevariation zwingt die Strahlung bei der Ausbreitung vom Punkt P_1 nach P_2 entlang der Bahn s. Die geometrische Verbindungslinie s_0 der beiden Punkte ist als gestrichelte Kurve eingezeichnet.

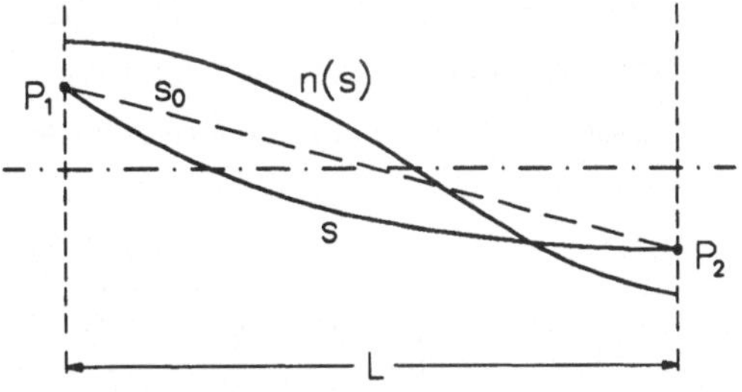

Gleichung (3.18) läßt sich in die für eine numerische Darstellung günstige Form

$$L_{OPT}(P_1,P_2) = \int_{P_1}^{P_2} n(s)\,ds = s_0(P_1,P_2) \int_{P_1}^{P_2} \frac{n(s)}{s_0}\,ds = s_0(P_1,P_2) \cdot n_{EFF}(P_1,P_2) \qquad \textbf{(3.19)}$$

mit

$L_{OPT}(P_1,P_2)$: optische Weglänge zwischen den Punkten P_1 und P_2 ,

$s_0(P_1,P_2)$: Länge der geometrischen Verbindungslinie zwischen P_1 und P_2 (punktierte Linie in Bild 3.23),

umschreiben. Die Unterschiede der einzelnen Verfahren zur Berücksichtigung eines Dichteprofils im resonatorinternen Medium bestehen dabei in der jeweiligen Näherung der *effektiven Brechzahl* n_{EFF} der einzelnen Bahnen. Numerisch wird die Berechnung des Integrals wie schon bei der Umsetzung von Gleichung (3.8) nach Gleichung (3.12) in die Berechnung einer Summe überführt:

$$n_{EFF}(P_1,P_2) = \int_{P_1}^{P_2} \frac{n(s)}{s_0}\,ds \rightarrow \frac{1}{m}\sum_{i=1}^{m} n_i \frac{\Delta s_i}{s_0} . \qquad \textbf{(3.20)}$$

Eine Berechnung von Gleichung (3.20) ist zwar prinzipiell möglich, da jedoch sowohl s_0 als auch n_{EFF} Funktionen der Lage von Start- und Zielpunkt sind, sprengt das benötigte Speichervolumen den Rahmen der meisten verfügbaren Rechenmaschinen. Somit ist eine Datenreduktion unumgänglich.

Zunächst wird ein in der Literatur oft beschriebenes **[46,47,48]**, im folgenden als *Standardmodell* bezeichnetes Verfahren dargestellt, dessen prinzipielle Nachteile allerdings zu einer neuartigen Lösung des Problems zwangen.

3.4.1 Standardmodell

In diesem Modell zur Berücksichtigung von Dichtegradienten im laseraktiven Medium wird, anschaulich dargestellt, der Resonatorraum in einzelne äquidistante Bereiche unterteilt. Der Einfluß des innerhalb eines einzelnen dieser Bereiche auftretenden Dichteprofils wird jeweils auf eine äquivalente Phasenstörung auf einer infinitesimal dünnen Ebene reduziert (Bild 3.24).

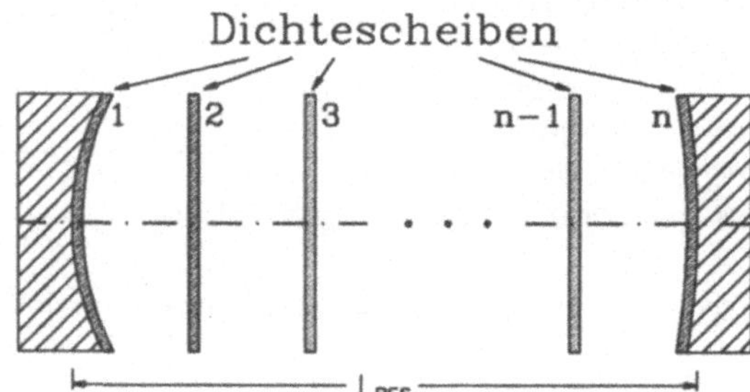

Bild 3.24 Schematische Darstellung des Standardverfahrens zur Berücksichtigung eines Dichteprofils im laseraktiven Medium. Die beiden Dichtescheiben an den Enden des Resonatorraums sind auf den Spiegeloberflächen definiert.

Auf diese Weise wird der tatsächliche Dichteverlauf in den Teilabschnitten zwischen den einzelnen Dichtescheiben linearisiert. Bei großen Nichtlinearitäten des Dichteprofils muß die Zahl der Unterteilungen entsprechend vergrößert werden, um mit dieser Näherung einen bestimmten Minimalfehler einhalten zu können.

Um eine übersichtliche Darstellung zu erzielen, wird dieses Verfahren zunächst bei minimaler Scheibenzahl, d.h. bei der Unterteilung des Resonatorraums in zwei Hälften untersucht. Aus Vereinfachungsgründen wurden in den folgenden Abbildungen eine Darstellung in nur zwei Dimensionen gewählt und die Spiegelkrümmungen vernachlässigt. Dies hat jedoch keinen Einfluß auf die abgeleiteten Schlüsse.

Ausgehend von dem in Bild 3.23 dargestellten Szenario sind in Abbildung 3.25 die einzelnen Näherungen des Standardverfahrens skizziert.

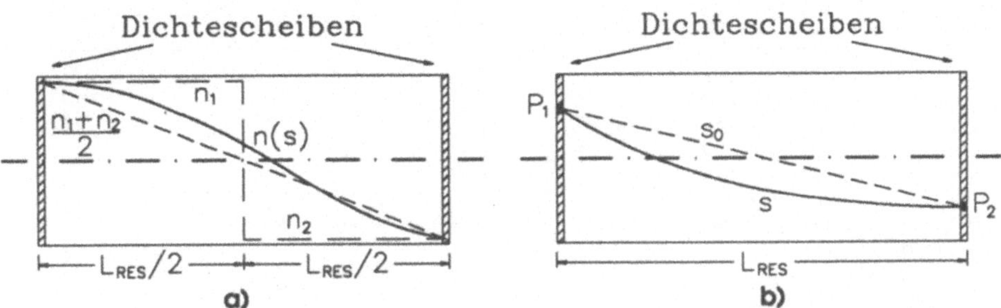

Bild 3.25 Approximation des optischen Weges zwischen den Punkten P_1 und P_2 durch das Standardverfahren mit zwei Dichtescheiben.

a) Näherung des Dichteprofils n(s) durch das arithmetische Mittel $\frac{1}{2}[n(P_1)+n(P_2)]$.

b) Näherung der Länge des Weges s durch die geometrische Verbindung s_0 von Start- und Zielpunkt.

Zum einen nähert das Standardverfahren die Funktion n(s), die die örtlich variierende Dichte beschreibt, durch das arithmetische Mittel der Brechungsindizes in den Punkten P_1 und P_2. Dies entspricht der Näherung von n(s) durch eine Gerade (Bild 3.25a). Zum anderen approximiert dieses Modell die Länge des tatsächlich zwischen Start- und Zielpunkt zurückgelegten Weges durch die Länge s_0 der geometrischen Verbindungslinie (Bild 3.25b). In diesem Modell ergibt sich somit bei zwei Dichtescheiben der optische Weg $L_{OPT}^{(S2)}$ zwischen dem Startpunkt P_1 und dem Zielpunkt P_2 zu

$$L_{OPT}^{(S2)} = s_0 \frac{n(P_1)+n(P_2)}{2} .$$

Um zu verdeutlichen, daß obige Gleichung die Näherung des Standardmodells durch zwei Dichtescheiben darstellt, ist L_{OPT} mit dem hochgestellten Index (S2) gekennzeichnet. Durch Vergleich mit Gleichung (3.20) ergibt sich somit eine angenäherte Darstellung der effektiven Brechzahl der betrachteten Bahn durch

$$n_{EFF}^{(S2)} = \frac{n(P_1)+n(P_2)}{2} . \qquad \textbf{(3.21)}$$

Durch Erhöhen der Scheibenzahl kann die Funktion n(s) entsprechend genauer genähert werden. In Abbildung 3.26 ist dies am Beispiel von 3 Ebenen skizziert.

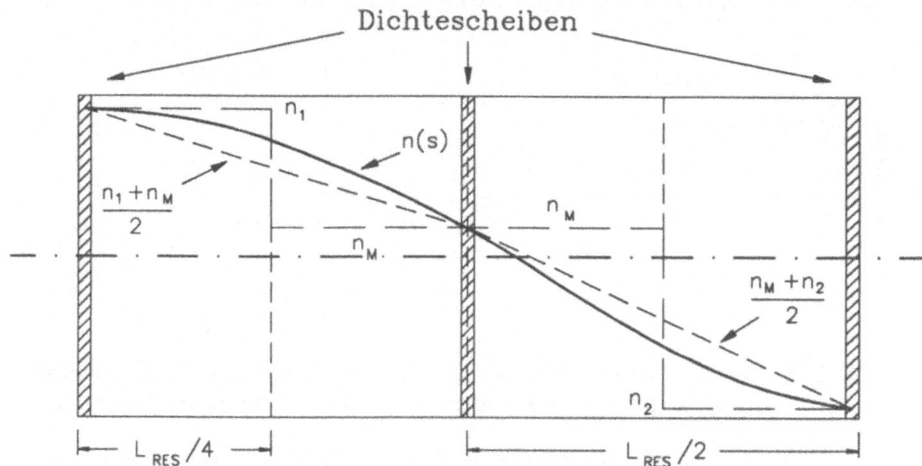

Bild 3.26 Approximation der Funktion n(s) durch 3 Scheiben (vgl. Bild 3.25b).

Durch das Einbringen einer weiteren Dichtescheibe wird das Dichteprofil durch insgesamt zwei Geradenstücke angenähert. Das erste Teilstück von der Startebene bis zur mittleren Scheibe ergibt sich aus dem arithmetischen Mittel $\frac{1}{2}[n(P_1)+n(P_M)]$, wobei $n(P_M)$ die Brechzahl im Punkt P_M auf der mittleren Scheibe bezeichnet. Analog dazu beschreibt $\frac{1}{2}[n(P_M)+n(P_2)]$ das Geradenstück in der zweiten Resonatorhälfte. Somit ergibt sich in dieser Näherung der optische Weg zwischen den Punkten P_1 und P_2 zu

$$L_{OPT}^{(S3)} = \frac{s_0}{2}\,\frac{n(P_1)+n(P_M)}{2} + \frac{s_0}{2}\,\frac{n(P_M)+n(P_2)}{2} = s_0\,\frac{n(P_1)+2n(P_M)+n(P_2)}{4}\;.$$

Analog zu Gleichung (3.26) lautet die Näherung der effektiven Brechzahl im Standardmodell mit drei Dichtescheiben, die entsprechend durch (S3) gekennzeichnet ist:

$$n_{EFF}^{(S3)} = \frac{n(P_1)+2n(P_M)+n(P_2)}{4}\;, \qquad \textbf{(3.22)}$$

wobei P_M den Schnittpunkt der Verbindungslinie s_0 mit der mittleren Dichtescheibe bezeichnet.

Numerisch erfolgt die Ermittlung des Strahlungsfeldes auf der Zielebene bei einem Durchgang durch den Resonator, dessen Medium durch die drei Dichtescheiben repräsentiert wird, von der Startebene ausgehend in zwei

Rechenschritten. Im ersten Schritt wird das resultierende Feld nach Ausbreitung bis zur Resonatormitte bestimmt, um im anschließenden Schritt ausgehend von diesem Zwischenergebnis das Feld auf der Zielebene zu berechnen. Aufgrund dieser Vorgehensweise tritt jedoch ein zusätzlicher Fehler auf, der in Bild 3.27 schematisiert dargestellt ist. Bei der Berechnung der Feldverteilung auf der mittleren Ebene wird die gesamte die mittlere Ebene erreichende Information berücksichtigt, selbst solche, die bei einer Propagation durch den gesamten Resonatorraum nicht zur Feldverteilung auf dem gegenüberliegenden Resonatorspiegel beiträgt. Die fälschliche Berücksichtigung dieser Information führt zu einer Überbewertung des Randbereichs des resonatorinternen Strahlungsfeldes. Der Einfluß dieses Effekts wird i.A. in der Literatur vernachlässigt, um den Rechenaufwand nicht zusätzlich zu steigern. Im nachfolgenden Kapitel ist an einem Szenario exemplarisch die Auswirkung dieses Effekts dargestellt, wobei deutlich wird, daß zumindest nicht in jedem Fall eine Vernachlässigung dieses Fehlers gerechtfertigt ist.

Bild 3.27

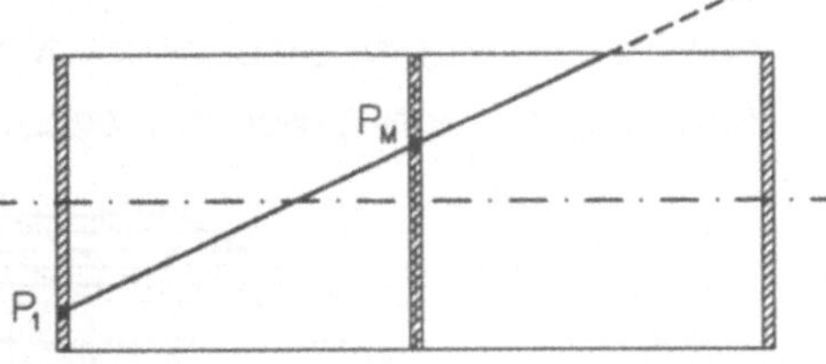

Bei der Einführung weiterer Dichtescheiben in den Resonatorraum werden Bahnen berücksichtigt, die bei einer ungehinderten Propagation von einem Spiegel zum gegenüberliegenden den Resonatorraum verlassen würden. Exemplarisch ist solch eine Bahn eingezeichnet.

Das Halbieren des Abstandes zwischen den einzelnen Ebenen erfordert bei der Anwendung des Kirchhoff-Fresnel-Algorithmus zur Beibehaltung der Rechengenauigkeit eine Vervierfachung der Gitterpunktanzahl der Ebenen, so daß sich gegenüber dem Modell mit zwei Dichtescheiben im ganzen eine Erhöhung des Rechenaufwandes um den Faktor 8 ergibt **[49]**. Somit sind der maximal möglichen Anzahl von Dichtescheiben aus ökonomischen Gründen enge Grenzen gesetzt. Mit einer geringen Anzahl von möglichen Unterteilungen des resonatorinternen Mediums in einzelne Dichtescheiben sind starke Gradienten aber nur unzureichend berücksichtigbar.

Aus diesem und den oben aufgeführten Gründen wurde ein neuartiges Verfahren entwickelt, das zum einen eine bessere Näherung der tatsächlichen optischen Weglänge zwischen Start- und Zielpunkt darstellt und zum anderen durch eine ausgewogenere Verteilung von Stützpunkten im Raum die Berechnung unterschiedlicher Szenarien mit vergleichbaren Genauigkeiten gestattet. Eine Folge der Formulierung des Problems in diesem neuen Modell ist, daß nur solche Bahnen zur Berechnung der resonatorinternen Feldverteilungen beitragen, die die jeweiligen Spiegeloberflächen auch tatsächlich erreichen. Auf Grund der Neuartigkeit des Verfahrens bildet dessen Darstellung und Analyse einen Kernpunkt dieser Arbeit.

3.4.2 Neuentwickeltes Modell

In diesem neuentwickelten Modell wird der optische Weg zwischen einem Punkt P_1 auf der Startebene und einem Auftreffpunkt P_2 auf der jeweiligen Zielebene durch Strahlverfolgung unter Berücksichtigung der örtlichen Brechzahl berechnet. Anschaulich betrachtet, wird in diesem Modell das resonatorinterne Medium in Quader unterteilt (Bild 3.28), wobei jeder dieser Quader einen Raumbereich repräsentiert, in dem die Brechzahl als konstant angenommen wird. Die Güte dieses Modells wird somit durch die maximale Änderung der tatsächlichen Brechzahl innerhalb eines Quaders bestimmt.

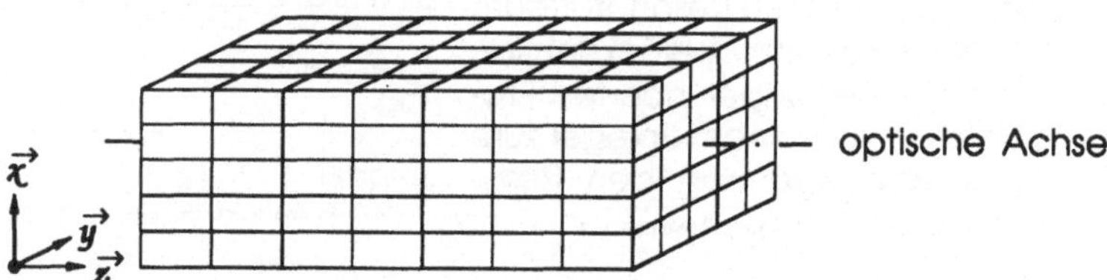

Bild 3.28 Aufteilung des Resonatorraums in Quader.
Innerhalb jedes dieser Quader wird die Brechzahl als konstant angenähert. Zusätzlich ist die Orientierung der Koordinatenachsen eingezeichnet, wobei $\vec{z}$ parallel zur optischen Achse des Resonators ausgerichtet ist.

Um die Übersichtlichkeit in den folgenden Abbildungen zu gewährleisten, sind sie lediglich in zwei Dimensionen ausgeführt, die Analyse des Verfahrens erfolgt jedoch für Raumkoordinaten.

Abbildung 3.29 zeigt die Näherung des Brechzahlprofils **n(s)** (Bild 3.29a) und die mit Hilfe eines Strahlverfolgungsverfahrens (Raytracing; siehe Kapitel 3.3) daraus abgeleitete Näherung des optischen Weges L_{OPT} (Bild 3.29b) anhand des gleichen Szenarios, das zur Analyse des Standardverfahrens in Bild 3.25 herangezogen wurde. Die Vorgehensweise wird im folgenden geschildert.

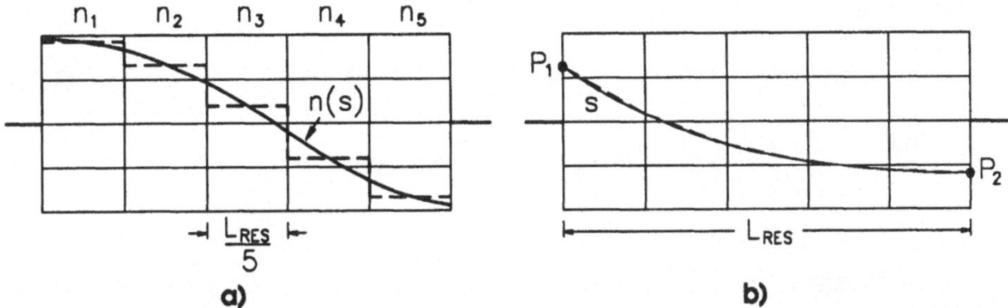

Bild 3.29 Approximation des Dichteprofils n(r) (a) und die daraus mit Hilfe eines Raytracing-Verfahrens abgeleitete Näherung der Wegstrecke s zwischen den Punkten P_1 und P_2 durch das neue Modell (gestrichelte Kurven).

Um den Vergleich mit den im vorhergehenden Kapitel zu ermöglichen, wurde das bereits in Abbildung 3.25 dargestellte Dichteprofil zu Grunde gelegt.

Entsprechend der Zahl der Unterteilungen entlang der optischen Achse wird das Dichteprofil und damit die Variation der Brechzahl durch Geradenstücke angenähert (Bild 3.29a). Dies entspricht einer Näherung der Brechzahl $n(P_1, P_2)$ für die Bahn zwischen P_1 und P_2 durch die Summe

$$n^{(N)}(P_1,P_2) = \frac{1}{m}\sum_{i=1}^{m} n_i \rightarrow n(P_1,P_2)$$

bei einer m-fachen Unterteilung entlang der optischen Achse, wobei die einzelnen n_i durch die Brechzahlen der durchquerten Dichtequader gegeben sind. Zur Unterscheidung gegenüber den entsprechenden Ergebnissen des Standardmodells ist in obiger Gleichung die durch das neuentwickelte Modell angenäherte Brechzahl durch den hochgestellten Index (N) gekennzeichnet. Aufgrund dieser Näherung kann durch ein Raytracing-Verfahren die optische Weglänge bestimmt werden. Innerhalb eines Quaders erfolgt die Strahlungsausbreitung auf Grund der Brechzahlkonstanz geradlinig. Erreicht der Strahl eine Trennfläche zwischen benachbarten Quadern, ergibt sich dessen Steigung im darauf folgenden aus dem Brechungsgesetz (2.22). Die Weglänge eines Strahls vom Start- zum Zielpunkt wird auf diese Weise ebenso wie das Dichteprofil durch Geradenstücke beschrieben. In Bild 3.29b wird deutlich, daß bereits bei einer Unterteilung des Mediums in 5 Quadern längs der Resonatorachse der tatsächliche optische Weg durch den Polygonzug sehr gut angenähert wird. Insgesamt ergibt sich aus der Näherung des Dichteprofils und der geometrischen Wegstrecke für den optischen Weg $L_{OPT}^{(N)}$

die Beziehung

$$L_{OPT}^{(N)}(P_1,P_2) = s(P_1,P_2)\cdot n^{(N)}(P_1,P_2) = s_0\cdot n_{EFF}^{(N)}(P_1,P_2) \qquad \textbf{(3.23)}$$

mit

$$n_{EFF}^{(N)}(P_1,P_2) = \frac{s(P_1,P_2)}{s_0}\frac{1}{m}\sum_{i=1}^{m} n_i = \frac{1}{m}\sum_{i=1}^{m} n_i\,\frac{\Delta s_i}{s_0}\ .$$

Diese Darstellung entspricht der numerischen Formulierung der Gleichung (3.19) und stellt somit in ihrer allgemeinen Form eine wesentlich bessere Näherung dar, als sie durch das Standardverfahren (vgl. Gleichung (3.21) und (3.22)) zu erzielen ist.

Numerische Realisierung

Einschränkungen ergeben sich bei der numerischen Umsetzung des Modells. Bei der Berechnung des Strahlungsfeldes auf der Zielebene aus der gegebenen Verteilung auf der Ausgangsebene muß nach dem Kirchhoff-Fresnel-Formalismus (Gleichung (3.8)) für jede zu berechnende Bahn der optische Weg bekannt sein. Dadurch ergibt sich bei einer Auflösung von $n\times n$ Werten ein benötigter Speicherraum für n^4 abzuspeichernde Werte für die optischen Längen der einzelnen Rechenbahnen, wenn vermieden werden soll, daß bei jeder Iteration die optischen Weglängen neu berechnet werden sollen. Denn dies würde zu einer unvertretbaren Verlängerung der Programmausführungszeit führen. Für eine übliche Gitterpunktzahl von 100×100 Punkten pro Ebene folgt daraus, daß 10^8 Bahnen zu berechnen und die Werte der jeweiligen optischen Weglängen zu speichern sind. Bei einer Gleitkommadarstellung von 8 Byte pro Wert ergibt sich in diesem Beispiel ein Speicherbedarf von etwa 800 MByte. Bei einer durchaus üblichen Gitterpunktzahl von 200×200 Punkten versechzehnt sich das benötigte Speichervolumen gar auf 12,8 GByte. Eine Alternative besteht darin, die Werte vor der Resonatorberechnung in einer Datei abzulegen und bei Bedarf darauf zuzugreifen. Da Zugriffe auf Dateien zum einen sehr viel Zeit benötigen und zum anderen in diesem Fall die parallele Verarbeitung der Daten durch die CRAY unterbunden wird, ergeben sich bei dieser Lösung ebenfalls - selbst auf diesem Großrechner - sehr lange Programmausführungszeiten. Aus ökonomischen Gründen wurde daher diese Möglichkeit nicht verfolgt.

Um die Rechnerleistung effizient nützen zu können, müssen die Daten während des Programmlaufs im Datenspeicher zur Verfügung stehen. Da selbst die CRAY-II der Universität Stuttgart maximal einen direkt adressierbaren Datenspeicher von lediglich 2048 MByte Größe zur Verfügung stellt, muß eine Reduktion der Datenmenge durchgeführt werden. Berechnet man im obigen Beispiel die optischen Weglängen nur jeder zweiten Bahn in x- als auch y-Richtung, so reduziert sich der dafür benötigte Speicherraum um den Faktor 16 bei einer Gitterpunktzahl von 200×200 Punkten auf 800 MByte, bei einer Auflösung des Rechengitters von 100×100 Punkten auf lediglich 50 MByte. Ein nicht berechneter Wert kann bei Bedarf durch Interpolation aus den bekannten Nachbarwerten berechnet werden.

Dieses Verfahren ist in den meisten Fällen zulässig, da zur Berechnung der Strahlungsfeldausbreitung in Resonatoren nach dem Kirchhoff-Fresnel Formalismus die Abstände der einzelnen Gitterpunkte so gewählt werden müssen, daß der Wegunterschied zweier Bahnen, ausgehend von benachbarten Gitterpunkten zu einem gemeinsamen Punkt auf der Zielebene, wesentlich kleiner als die Wellenlänge λ des Laserlichts ist. Dies bestimmt die in dieser Formulierung für gesicherte Resultate notwendige Anzahl von Gitterpunkten quer zur optischen Achse. In der Regel können Dichtevariationen im laseraktiven Mediums innerhalb Wegstrecken dieser Größenordnung jedoch vernachlässigt werden, so daß die für die Strahlungsfeldberechnung geforderte Auflösung zur Berücksichtigung eines Dichteprofils reduzierbar ist. Dies bedeutet, daß der Gitterabstand des Rechennetzes senkrecht zur optischen Achse zur Darstellung der Dichtevariation im Medium - anschaulich die Stirnflächen der Quader - größer als die des Rechennetzes der Strahlungsfeldberechnung gewählt werden kann. Als die von den Rechenquadern repräsentierten Brechungsindizes werden die in den Mittelpunkten der einzelnen Dichtequader gültigen Werte definiert.

Zur Begründung der gewählten Form der Datenreduktion folgt eine kurze allgemeingültige Betrachtung. Durch eine entsprechende Formulierung des Problems läßt sich nachweisen, daß sich unter bestimmten Voraussetzungen die Berechnung des optischen Weges zwischen der Start- und der Zielebene in zwei Anteile separieren läßt. Dabei beschreibt ein Teil die geometrische Entfernung des Ziel- vom jeweiligen Startpunkt, während der andere Teil die funktionale Abhängigkeit der Brechzahl von der gewählten Bahn beinhaltet.

Um den Einfluß einer Brechzahlvariation auf die Berechnung der optischen Weglänge abschätzen zu können, werden zunächst zwei eng benachbarte Rechenbahnen betrachtet. Der Wegunterschied Δ zwischen den beiden Bahnen, deren Startpunktkoordinaten jeweils um δ von einander abweichen, läßt sich durch

$$\begin{aligned}\Delta(\delta) &= L_{OPT}(x_1+\delta, y_1+\delta, x_2, y_2) - L_{OPT}(x_1, y_1, x_2, y_2) \\ &= s(x_1+\delta, y_1+\delta, x_2, y_2)\left[\frac{1}{m}\sum_{i=1}^{m} n_i^{(\delta)}\right] - s(x_1, y_1, x_2, y_2)\left[\frac{1}{m}\sum_{i=1}^{m} n_i\right] \\ &\cong \left[\frac{1}{m}\sum_{i=1}^{m} n_i\right]\left(s^{(\delta)} - s\right)\end{aligned}$$

mit $n_i^{(\delta)} \cong n_i \cong$ konstant für $\delta \leq \lambda$ beschreiben, wobei der gemeinsame Zielpunkt der beiden Bahnen durch die Koordinaten (x_2, y_2) bezeichnet wird.

Die geometrische Länge $s(x_1, y_1, x_2, y_2)$ der Bahn ist selbst eine Funktion der Entfernung $s_0(x_1, y_1, x_2, y_2)$ der beiden Punkte sowie des Brechzahlprofils im durchquerten resonatorinternen Medium:

$$s(x_1, y_1, x_2, y_2) = s_0(x_1, y_1, x_2, y_2)\, f[n(x_1, y_1, x_2, y_2)] ,$$

wobei die Funktion $f(n)$ die Abhängigkeit vom Brechzahlprofil entlang der Bahn beschreibt.

Somit läßt sich die Darstellung des optischen Weges L_{OPT} separieren in den Term s_0, der die geometrische Entfernung zwischen Start- und Zielpunkt auf den entsprechenden Ebenen beschreibt, sowie in einen Anteil, der nur vom Brechzahlprofil entlang der Bahn abhängt:

$$L_{OPT} = s_0\, f(n)\left[\frac{1}{m}\sum_{i=1}^{m} n_i\right] = s_0\, n_{EFF} . \qquad \textbf{(3.24)}$$

Die funktionale Abhängigkeit des optischen Weges von der Brechzahl des Mediums kann durch Vergleich mit Gleichung (3.19) als effektive Brechzahl n_{EFF} der Rechenbahn zusammengefaßt werden. Da für eng benachbarte Bahnen, bei denen die Abweichung δ in der Größenordnung der Wellenlänge λ liegt, beide Faktoren von n_{EFF} in obiger Gleichung als konstant betrachtet werden können, ist die Änderung der effektiven Brechzahl bei einer Variation der Startkoordinaten um δ so gering, daß in diesen Fällen $n_{EFF} \cong$ konstant gilt. Ist die Weglänge der Bahn vom Startpunkt (x_1,y_1) bis zum Zielpunkt mit den Koordinaten (x_2,y_2) bekannt, so läßt sich der optische Weg vom Startpunkt $(x_1+\delta,y_1+\delta)$ bis zum gleichen Zielpunkt durch den Ausdruck

$$L_{OPT}(x_1+\delta,y_1+\delta,x_2,y_2) \cong s_0(x_1+\delta,y_1+\delta,x_2,y_2) \cdot n_{EFF}(x_1,y_1,x_2,y_2) \ ,$$

annähern, wobei $n_{EFF}(x_1,y_1,x_2,y_2)$ die effektive Brechzahl der Bahn zwischen dem Startpunkt (x_1,y_1) und dem Zielpunkt (x_2,y_2) bezeichnet.

Aufgrund dieser Darstellung ist die für ein gesichertes Resultat notwendige Auflösung des Dichtefeldes nur von der Steilheit der Dichtegradienten im laseraktiven Medium bestimmt, aber unabhängig von dem zur Strahlungsfeldberechnung erforderlichen Rechennetz mit in der Regel deutlich höherer Auflösung. Die daraus ermöglichte Datenreduktion erlaubt es, die in Abhängigkeit der zu berücksichtigen Gradienten mehr oder weniger zeitaufwendige Berechnung der einzelnen $n_{EFF}(x_i,y_i,x_j,y_j)$ außerhalb der iterativen Feldberechnung durchzuführen und die Werte im Datenspeicher abzulegen.

<u>Berechnung der effektiven Brechzahl</u>

In diesem Modell wird demnach die effektive Brechzahl einer Bahn bei der Berechnung der Feldverteilung im Resonator durch die nächstgelegene, vorab berechnete Bahn angenähert. Diese ausgewählten Bahnen, deren n_{EFF} durch das oben beschriebene Rechenverfahren vor der eigentlichen Resonatorberechnung bestimmt werden, sind diejenigen, die die Mittelpunkte der Quaderstirnflächen auf Start- und Zielebene verbinden.

Der Wert der jeweiligen effektiven Brechzahl $n_{EFF}(x_i,y_i,x_j,y_j)$ ergibt sich aus der Berechnung der optischen Weglänge zwischen den Mittelpunkten des Dichtenetzes auf der Start- und der Zielebene an den Enden des Resonators. Da der eingeschlagene Weg eine Funktion des Brechzahlprofils ist, das dafür maßgebende durchquerte Dichteprofil aber wiederum eine Funktion des gewählten Weges ist, läßt sich dieses Problem in drei Dimensionen nicht analytisch lösen. Ein für solche Szenarien üblicher numerischer Lösungsweg besteht aus einem iterativen Verfahren, bei dem die Anfangsbedingungen entsprechend den sich ergebenden Abweichungen vom Sollziel solange variiert werden, bis sich eine Übereinstimmung zwischen dem gewünschten und dem erzielten Ergebnis einstellt.

Die Berechnung der optischen Weglänge erfolgt in diesem Modell durch ein Strahlverfolgungsverfahren - in Kapitel 3.3 im Hinblick auf die Transformationseigenschaften optischer Komponenten beschrieben - mit Hilfe eines modifizierten *Shooting*-Verfahrens, bei dem die Wirkung des Brechzahlprofils als die einer ausgedehnten optischen Komponente aufgefaßt wird. Der Name des numerischen Verfahrens leitet sich aus dem anschaulichen Vergleich mit dem Zielen beim Schießen (engl. *shooting*) auf eine Zielscheibe ab, bei dem die Abweichung eines Treffers vom anvisierten Ziel beim nächsten Versuch durch entsprechendes Vorhalten korrigiert wird. Die entsprechende Anfangsbedingung beim Raytracing, die bei Bedarf variiert werden muß, ist die Anfangssteigung, mit der der Strahl den Startpunkt verläßt.

Ausgehend vom Startpunkt mit einer gewählten Anfangssteigung m_1 breitet sich der Strahl innerhalb des jeweils aktuellen Quaders, in dem n=konstant gilt, solange geradlinig aus, bis er auf eine der Begrenzungsflächen trifft. Seine Steigung im anschließenden Quader ist mit der aktuellen durch das Brechungsgesetz (2.22) verknüpft (vgl. dazu den in der Einleitung des Strahlverfolgungsverfahrens auf Seite 65 dargestellten Algorithmus). An den Stirnflächen der Quader senkrecht zur optischen Achse (Bild 3.30a) ergibt sich die m_{i+1}-te Steigung aus der m_i-ten durch

$$m_{i+1} = m_i \frac{n_i}{n_{i+1}} .$$

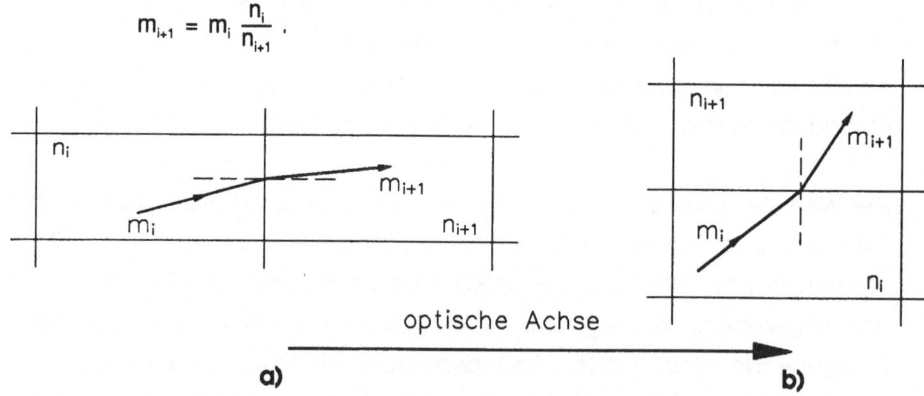

Bild 3.30 Berechnung der Steigung beim Übergang in einen benachbarten Dichtequader.

Dargestellt sind die Verhältnisse für $n_i < n_{i+1}$.
Brechung an einer Stirnfläche senkrecht zur optischen Achse **(a)** und beim Übergang in einen seitlich benachbarten Quader **(b)**.

Tritt dagegen der Strahl seitlich aus dem Quader aus und wechselt in den benachbarten Dichtequader (Bild 3.30b), so gilt

$$m_{i+1} = m_i \frac{n_{i+1}}{n_i} \; .$$

Mit Hilfe dieser Beziehungen wird der Strahlweg durch das Medium hindurch bis zur Zielfläche am gegenüberliegenden Resonatorende verfolgt. Dort wird die Ablage des Auftreffpunktes vom Sollpunkt analysiert. Liegt der Auftreffpunkt außerhalb einer geeignet zu definierenden Akzeptanzfläche um den Sollpunkt, wird die Anfangssteigung entsprechend der Ablage variiert. Dieses Verfahren wird solange wiederholt, bis die Übereinstimmung zwischen Auftreff- und Sollpunkt als ausreichend klassifiziert wird. Um eine möglichst schnelle Konvergenz des Verfahrens zu erzielen, wurde ein spezieller Mechanismus entwickelt, der die Anfangssteigung bei zu großer Ablage vom Sollpunkt effizient wie folgt korrigiert.

Ausgehend von der Steigung $m_1^{(0)}$ der geometrischen Verbindungslinie r_0 zwischen Start- und gewünschtem Zielpunkt, wobei $m_1^{(0)}$ durch

$$m_{1x}^{(0)}(x_1,x_2) = \frac{x_2-x_1}{s_0} \quad \text{und} \quad m_{1y}^{(0)}(y_1,y_2) = \frac{y_2-y_1}{s_0}$$

definiert ist, wird der Strahlweg im ersten Versuch durch Raytracing bis hin zur Zielfläche verfolgt. Aus den Ablagen Δx_0 und Δy_0 vom Sollpunkt wird die neue Anfangssteigung nach dem Shooting-Verfahren zu

$$m_{1x}^{(1)} = m_{1x}^{(0)} - \frac{\Delta x_0}{L_{RES}} \quad \text{und} \quad m_{1y}^{(1)} = m_{1y}^{(0)} - \frac{\Delta y_0}{L_{RES}}$$

bestimmt, wobei L_{RES} die Resonatorlänge bezeichnet. Die sich aufgrund dieser Korrektur ergebenden Ablagen Δx_2 und Δy_2 werden bei Bedarf nun ebenfalls verwendet, um eine noch bessere Anfangssteigung auszuwählen.

Beachtet man, daß durch die zuerst erfolgte Korrektur der Anfangssteigung der Auftreffpunkt auf der Zielfläche um Δx_1 und Δy_1 verschoben werden sollte, tatsächlich aber eine Verschiebung um $\Delta x_2-\Delta x_1$ bzw. $\Delta y_2-\Delta y_1$ erzielt wurde, läßt sich ein verbesserter Korrekturfaktor für die nächste Näherung mit

$$F_x^{(1)} = \frac{\Delta x_0}{\Delta x_0-\Delta x_1}$$

und

$$F_y^{(1)} = \frac{\Delta y_0}{\Delta y_0 - \Delta y_1}$$

gewinnen. Somit ergeben sich als Startwerte der zweiten Iterationsstufe für die Anfangssteigung die Gleichungen

$$m_{1x}^{(2)} = m_{1x}^{(1)}\, F_x^{(1)} = \left(m_{1x}^{(0)} + \frac{\Delta x_0}{L_{RES}}\right) \frac{\Delta x_0}{\Delta x_0 - \Delta x_1}$$

und analog

$$m_{1y}^{(2)} = m_{1y}^{(1)}\, F_y^{(1)} = \left(m_{1y}^{(0)} + \frac{\Delta y_0}{L_{RES}}\right) \frac{\Delta y_0}{\Delta y_0 - \Delta y_1} \quad .$$

Da in dieser Form die Information aller vorhergehenden Iterationsstufen berücksichtigt wird, ergibt sich mit dieser Darstellung eine schnellere Konvergenz, als sie mit dem standardmäßigen Shooting-Verfahren zu erzielen ist, bei dem nur die aktuelle Abweichung in die nächstfolgende Näherung eingeht. Allgemein läßt sich dieser Korrekturmechanismus für die n-te Iterationsstufe durch

$$m_{1x}^{(n+1)} = m_{1x}^{(n)} \cdot F_x^{(n)} = \left(m_{1x}^{(0)} + \frac{\Delta x_0}{L_{RES}}\right) \prod_{i=1}^{n} \frac{\Delta x_{i-1}}{\Delta x_{i-1} - \Delta x_i}$$

und

$$m_{1y}^{(n+1)} = m_{1y}^{(n)} \cdot F_y^{(n)} = \left(m_{1y}^{(0)} + \frac{\Delta y_0}{L_{RES}}\right) \prod_{i=1}^{n} \frac{\Delta y_{i-1}}{\Delta y_{i-1} - \Delta y_i}$$

ausdrücken, wobei

$$F_x^{(n)} = \frac{\Delta x_{n-1}}{\Delta x_{n-1} - \Delta x_n}$$

und

$$F_y^{(n)} = \frac{\Delta y_{n-1}}{\Delta y_{n-1} - \Delta y_n}$$

gilt. Da auf diese Weise in einem iterativen Verfahren alle in vorherigen Versuchen erzielten Abweichungen vom Sollpunkt berücksichtigt werden, ergibt sich auch bei auf eine Variation der Anfangssteigung sehr empfindlich reagierende Szenarien eine schnelle Konvergenz des Verfahrens.

3.4.3 Vereinfachtes Verfahren bei geringen Dichteänderungen

Treten nur geringe Dichtegradienten im laseraktiven Medium auf, so ist in den meisten Fällen der Unterschied zwischen der tatsächlich zurückgelegten Wegstrecke s und der Länge der geometrischen Verbindungslinie s_0 von Start- und Zielpunkt einer Rechenbahn vernachlässigbar. Dies entspricht dem Fall, daß bereits mit der Anfangsbedingung

$$m_1^{(0)}(x_1,x_2,y_1,y_2) = \left(\frac{x_2-x_1}{s_0}, \frac{y_2-y_1}{s_0}\right)$$

für die Startsteigung des oben beschriebenen Raytracing-Verfahrens der Strahl nach Durchqueren des Mediums innerhalb der Akzeptanzfläche um den Sollzielpunkt auftrifft. Dann kann auf die iterative Variation der Anfangssteigung der Bahn verzichtet und das Rechenverfahren entsprechend vereinfacht werden (Bild 3.31). Die Approximation der effektiven Brechzahl einer Rechenbahn in diesem Szenario entspricht der Näherung des vollständigen Modells (vgl. Bild 3.29a). Als Brechzahlwert eines Rechenquaders wurde ebenso wie bei der Realisierung des Raytracing jeweils die tatsächliche Brechzahl im Mittelpunkts des Quaders gewählt. Zur Verdeutlichung des Verfahrens wurden in der untenstehenden Abbildung die gleichen Verhältnisse wie in Bild 3.29 gewählt, obwohl sich in diesem Szenario s und s_0 signifikant unterscheiden und damit die Voraussetzung der Vereinfachung in diesem speziellen Fall nicht gegeben ist.

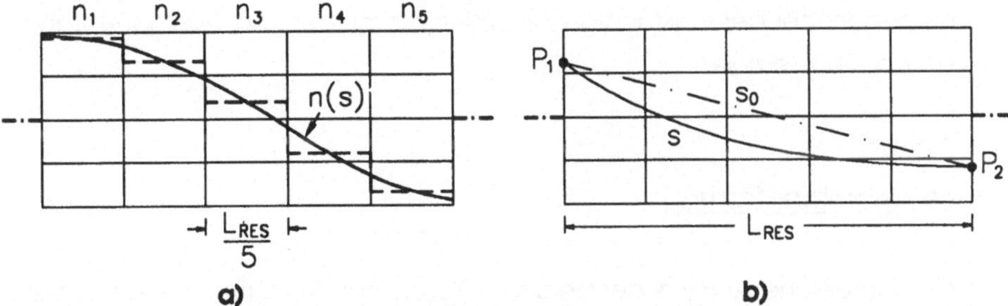

Bild 3.31 Approximation des Dichteprofils n(r) (**a**) und der optischen Wegstrecke s zwischen den Punkten P_1 und P_2 durch deren geometrische Entfernung s_0 (**b**). Die Näherung des Dichteprofils entspricht der des vollständigen Modells (siehe Bild 3.29a).

Entsprechend obiger Abbildung wird in diesem Fall der optische Weg L_{OPT} genähert durch

$$L_{OPT}^{(NE)} = s_0\, n_{EFF}^{(NE)} = s_0 \frac{1}{m} \sum_{i=1}^{m} n_i \ ,$$

wobei die n_i durch die Brechungsindizes der Rechenquader gegeben sind, die von der Verbindungslinie s_0 durchschnitten werden. Da hier keine Strahlverfolgung durch das Medium durchgeführt wird, kann in diesem Fall die Brechung des Strahls beim Übertritt in einen seitlich benachbarten Quader nicht berücksichtigt werden. Werden also innerhalb einer Quaderebene - in Bild 3.31 durch die fortlaufenden Indizes gekennzeichnet - mehrere Quader angeschnitten, so wird die Brechzahl des Quaders gewählt, in dem der größte Teil der Verbindungslinie verläuft. Diese Definition ist nur eine unter mehreren möglichen. Auf die vielfältigen Näherungsarten soll an dieser Stelle nicht näher eingegangen werden, da sich keine für alle Szenarien angepaßte Formulierung angeben läßt. Die jeweils optimale Interpolation hängt von der Auflösung des Rechennetzes und der Stärke der auftretenden Dichtegradienten im Medium ab. Um nicht eine Vielzahl von Interpolationsroutinen implementieren zu müssen, wurde deshalb als weiteres Entscheidungskriterium die Ausführgeschwindigkeit gewählt und die oben dargestellte Interpolation realisiert.

In Fällen, in denen die Näherung $s \to s_0$ dieses vereinfachten Modells angebracht ist, läßt sich auf diese Weise eine Verminderung des Rechenaufwandes gegenüber der vollständigen Realisierung mit dem Raytracing-Verfahren von ca. 30 % erzielen.

3.4.4 Zusammenfassung

Die theoretische Analyse der beiden vorgestellten Verfahren wurde anhand der optischen Weglänge L_{OPT} zwischen Start- und Zielpunkt auf den jeweiligen Berechnungsebenen durchgeführt. Durch Separation von L_{OPT} in die geometrische Entfernung s_0 der Punkte und einen als effektive Brechzahl n_{EFF} bezeichneten Anteil wurden die wesentlichen Unterschiede der Modelle bei der Bestimmung der effektiven Brechzahl deutlich.

In der numerischen Darstellung der effektiven Brechzahl n_{EFF} geht die Berechnung des Wegintegrals über in die einer m-fachen Summe (Gleichung 3.20):

$$n_{EFF}(P_1,P_2) = \int_{P_1}^{P_2} \frac{n(s)}{s_0} ds \rightarrow \frac{1}{m}\sum_{i=1}^{m} n_i \frac{\Delta s_i}{s_0}.$$

Je genauer diese Beziehung durch die Modelle angenähert wird, desto zutreffender sind die damit erzielten Ergebnisse der Resonatorberechnung.

Das Standardmodell in der Literatur nähert das Wegintegral bei einer Berücksichtigung des resonatorinternen Mediums durch zwei Dichtescheiben (Index $_{(S2)}$) durch die einfache Approximation

$$n_{EFF}^{(S2)} = \frac{n(P_1)+n(P_2)}{2}$$

an. Dies entspricht einer linearen Interpolation zwischen den Brechzahlen von Start- und Zielpunkt (Gleichung 3.21).

Durch Erhöhen der Dichtescheiben auf drei (Index $_{(S3)}$) wird die effektive Brechzahl in diesem Modell durch

$$n_{EFF}^{(S3)} = \frac{n(P_1)+2n(P_M)+n(P_2)}{4}$$

approximiert, wobei P_M den Schnittpunkt der geometrischen Verbindungslinie mit der mittleren Ebene bezeichnet (Gleichung 3.22).

Das in dieser Arbeit vorgestellte neuentwickelte Modell (Index $_{(N)}$) dagegen stellt die effektive Brechzahl durch die Summe

$$n_{EFF}^{(N)}(P_1,P_2) = \frac{s(P_1,P_2)}{s_0}\,\frac{1}{m}\sum_{i=1}^{m} n_i = \frac{1}{m}\sum_{i=1}^{m} n_i \frac{\Delta s_i}{s_0}$$

dar und entspricht somit in seiner allgemeinsten Form der numerischen Darstellung des Wegintegrals (Gleichung 3.20). Die effektive Brechzahl entlang einer Rechenbahn wird hierbei durch Anwendung eines Raytracing-Verfahrens bestimmt. Durch Vergleich der oben aufgeführten Darstellungen der effektiven Brechzahl in den einzelnen Modellen wird die durch das neuentwickelte Modell erzielte Verbesserung gegenüber dem Standardmodell deutlich.

Um die zu berechnende Datenmenge und damit den zu bewältigenden Rechenaufwand zu verringern, wird nicht die Anzahl der Summanden wie im Standardmodell beschränkt, sondern die effektive Brechzahl für eng benachbarte Rechenbahnen als konstant angenähert. Der Abstand der Rechenbahnen ist durch die Beugungstheorie im verwendeten Formalismus auf einen Bruchteil der Wellenlänge des Laserlichts beschränkt. Daher ist diese Art der Vereinfachung zulässig, da in den untersuchten Resonatoren von Hochleistungslasern die Brechzahl des laseraktiven Mediums in Bereichen dieser Größenordnung als konstant angesehen werden kann (siehe Bild 3.22).

Ermöglicht wird diese Form der Datenreduktion durch die oben beschriebene Separation des optischen Weges L_{OPT}. Auf diese Weise blieb der aufzuwendende Rechenaufwand gegenüber dem Standardmodell nahezu unverändert. Der Mehraufwand bei der Bestimmung der Werte von n_{EFF} durch den Raytracing-Algorithmus hängt im wesentlichen von der Stärke der Variation der Brechzahl im Medium ab. Mit steigenden Gradientenänderungen erhöht sich der Rechenaufwand dieses Verfahrens, wobei sich jedoch auch die Güte der Näherung im Vergleich zum Standardmodell erhöht. Die Fehler des Standardmodells mit mehreren Scheiben zur Berücksichtigung größerer Dichtegradienten werden, wie die Analyse der Verfahren zeigt, im neuentwickelten Modell vermieden, da nur die tatsächlich zur Beugungsfigur auf der Zielebene beitragenden Rechenbahnen berücksichtigt werden. Somit ist bei starken Dichtegradienten, bei denen ein signifikanter Unterschied zwischen der Länge der Rechenbahn vom Start- zum Zielpunkt und deren geometrischen Entfernung besteht, das neuentwickelte Modell dem Standardverfahren in jedem Fall vorzuziehen. Dies zeigt auch der im folgenden Kapitel dargestellte, anhand eines exemplarisch gewählten Szenarios durchgeführte Vergleich beider Modelle.

Bei geringen Brechzahländerungen im laseraktiven Medium kann das neuentwickelte Modell weiter vereinfacht werden (Index (NE)), wobei die effektive Brechzahl in diesem Fall durch

$$n_{EFF}^{(NE)} = \frac{1}{m}\sum_{i=1}^{m} n_i$$

angenähert wird. Durch diese vereinfachte Darstellung kann, wenn sie angebracht ist, eine signifikante Reduzierung des Rechenaufwandes erzielt werden. An den Gültigkeitsgrenzen dieser Vereinfachung kann die Programmlaufzeit die des vollständigen Modells allerdings erheblich übersteigen (siehe dazu Kapitel 4.3).

3.5 Berücksichtung der Resonatorjustierung

Eine Brechzahlvariation senkrecht zur Achse eines Resonators bewirkt eine Ablenkung der Strahlrichtung. Dadurch entstehen asymmetrische Intensitätsverteilungen im Resonator aufgrund der verstärkten einseitigen Blendenwirkung der Resonatorbegrenzungen. Dies führt zu einer Verschlechterung der Qualität des ausgekoppelten Laserstrahls. Bei einem realen Laser wird dem durch Justierung der Resonatorspiegel entgegengewirkt **[50]**.

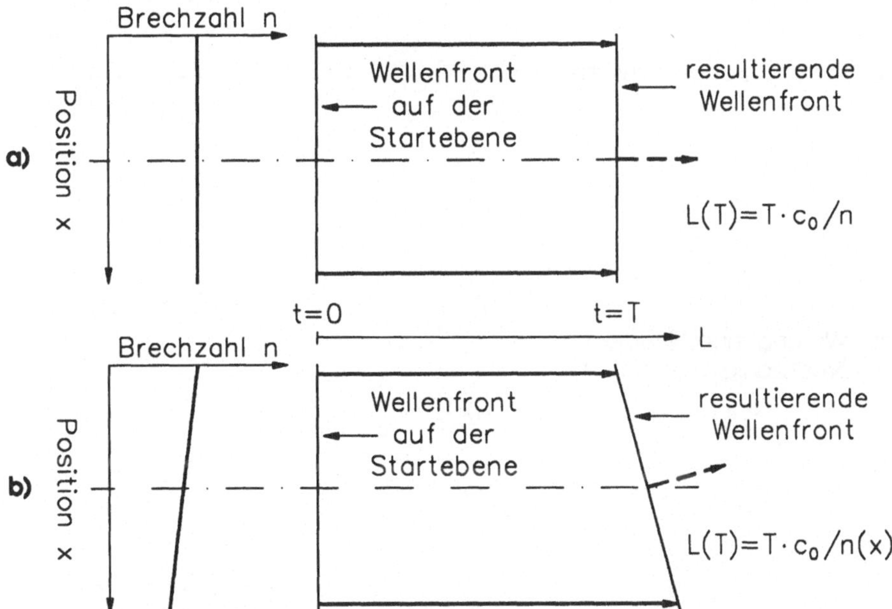

Bild 3.32 Schematische Darstellung des Strahlverlaufs in einem Medium konstanter Brechzahl **(a)** im Vergleich zur Propagation durch ein Medium mit linearem Brechzahlgradienten **(b)**.

Bild 3.32 zeigt schematisch die Wirkung eines Dichteprofils quer zur Strahlachse. In einem Medium konstanter Brechzahl legt die Strahlung unabhängig von seiner Startposition x auf der Ausgangsebene in der Zeit T die gleiche Entfernung

L zurück (Bild 3.32a). Die Ausbreitungsrichtung der Wellenfront auf der Startebene ist in obiger Abbildung durch deren Normale gegeben. Sie bleibt im Fall der konstanten Dichte erhalten (gestrichelte Pfeillinie). Ein linearer Brechzahlgradient bewirkt dagegen eine Ablenkung der Wellenfront. In Bild 3.32b ist dies am Beispiel zweier Strahlen angedeutet. Im Bereich höherer optischer Dichte mit entsprechend größerer Brechzahl legt die Strahlung in der Zeit T eine geringere Entfernung als im Bereich niedriger Brechzahl zurück. Bei einem linearen Gradienten resultiert daraus eine Verkippung der Ebene der Wellenfront und somit eine Richtungsänderung (gestrichelte Pfeillinie in Bild 3.32b). Die Wirkung eines solchen linearen Brechzahlgradienten entspricht somit die einer Keilplatte im Strahlengang. In diesem Spezialfall eines linearen Brechzahlgradienten im laseraktiven Medium läßt sich die Ablage des Schwerpunktes der Intensitätsverteilung im Fernfeld aus dem Verkippungswinkel der Wellenfront geometrisch abschätzen. Er ist definiert durch die Differenz der optischen Weglängen der beiden eingezeichneten Strahlen in Bild 3.32 b.

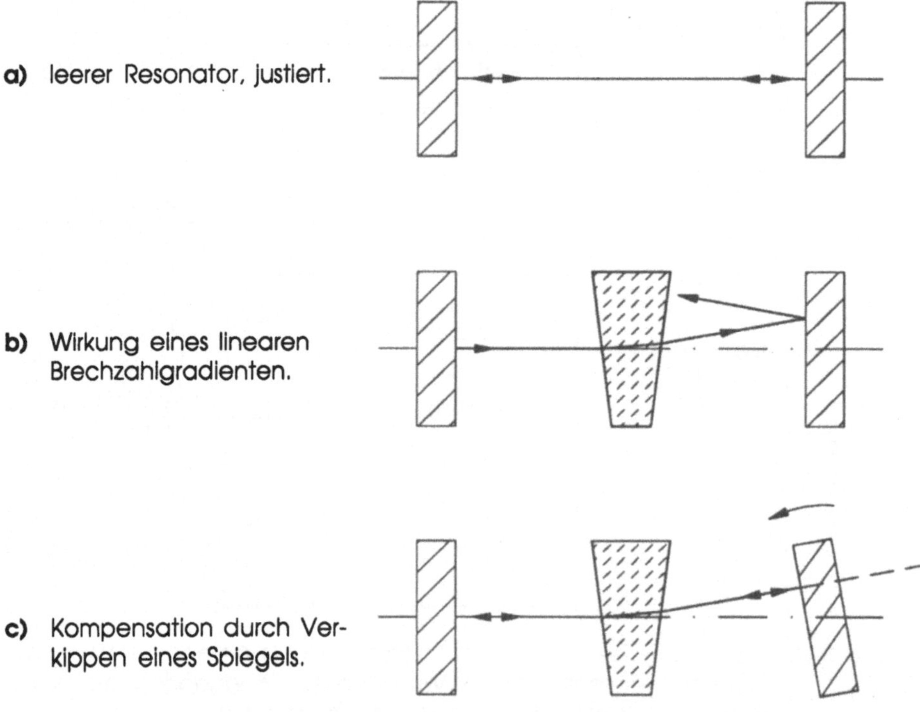

Bild 3.33 Schematische Darstellung der Wirkung eines linearen Brechzahlgradienten im Resonator (**b**) und dessen Kompensation durch Spiegeljustierung (**c**). Zum Vergleich ist die Situation im leeren Resonator in (**a**) dargestellt.

In Bild 3.33 ist dem Fall eines resonatorinternen Mediums konstanter Brechzahl (a), der wie bisher als *leerer Resonator* bezeichnet wird, die Situation mit einem linearen Brechzahlgradienten im Medium gegenübergestellt (b,c). Die ablenkende Wirkung des Mediums ist durch die einer Keilplatte im Resonator schematisiert. Beim justierten leeren Resonator bleibt die Richtung von Strahlen parallel zur Resonatorachse erhalten (a). Durch Einbringen eines Brechzahlprofils in den justierten leeren Resonator wird die Strahlrichtung verändert, so daß der nunmehr gefüllte Resonator dejustiert ist (b). Dies verdeutlicht der eingezeichnete Strahl, der den Resonatorraum verläßt. Nach Justierung des gefüllten Resonators, die durch Verkippen eines Spiegels erfolgt (c), läuft der Strahl wieder in sich selbst zurück. Eine Resonatorjustierung kompensiert somit die Wirkung eines linearen Brechzahlgradienten. Sind zur Beschreibung des Brechzahlprofils Terme höherer Ordnung nötig, so ergibt sich aus ihnen die Restwirkung des Profils nach erfolgter Justierung. Die Wirkung der Resonatorjustierung im Fall eines beliebigen Brechzahlprofils im resonatorinternen Medium kann somit einfach dadurch simuliert werden, daß die lineare Komponente der funktionalen Darstellung des Brechzahlprofils eliminiert und nur die Wirkung der resultierenden Brechzahlvariation berücksichtigt wird.

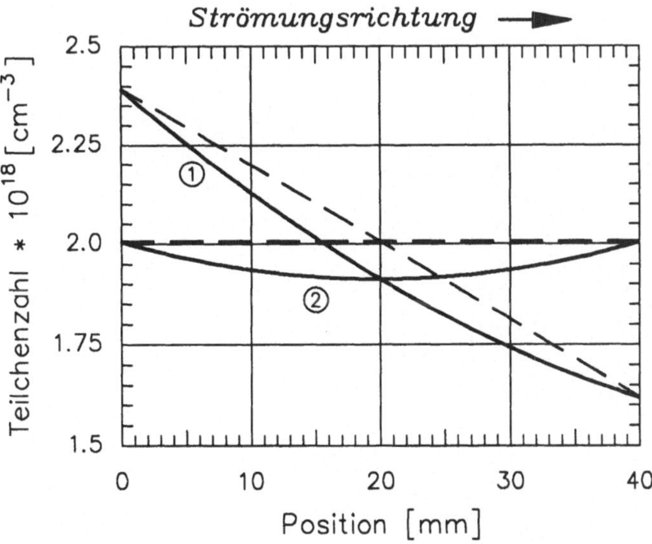

Bild 3.34 Simulation der Resonatorjustierung durch Verkippen des Dichteprofils um die Resonatorachse (bei Position 20 mm).

Die in Bild 3.34 eingezeichnete Kurve ① zeigt den typischen Verlauf eines Dichteprofils in einem quergeströmten CO_2-Hochleistungslaser **[51]** (vgl. Bild 3.22). Dargestellt ist die Variation der Teilchenzahl pro Volumeneinheit als Funktion der Position im Resonatorraum. Sie bestimmt die optische Dichte und damit die Brechzahl des Mediums. Das in obiger Abbildung links einströmende kalte Gas wird durch die Entladung im Resonatorraum erwärmt, so daß dessen optische Dichte entlang der Strömungsrichtung sinkt. Dies führt zu einer Variation der Brechzahl somit zu einer Ablenkung der Ausbreitungsrichtung im Resonator.

Eine Justierung des Resonators kann in diesem Bild dadurch simuliert werden, daß das Brechzahlprofil um die optische Achse des Resonators (bei Position 20 mm) so gekippt wird, daß das resultierende Profil symmetrisch zur Position der Resonatorachse verläuft (Kurve ②). Dies entspricht dem Eliminieren des linearen Anteils in der funktionalen Darstellung des Brechzahlverlaufs. Die Restwirkung der Dichtevariation im Medium auf die Strahlausbreitung wird durch Terme höherer Ordnung beschrieben.

4. Vergleich der Modelle

Um einen anschaulichen Vergleich zwischen dem Standardmodell zur Berücksichtigung einer Dichtevariation in optischen Resonatoren und dem neuentwikkelten Modell durchführen zu können, wurde ein im Rahmen dieser Arbeit erstelltes Programmpaket zur Berechnung der resonatorinternen Strahlungsfelder mit zusätzlichen Modulen entsprechend erweitert. Dem Algorithmus zur Resonatorberechnung liegt der Kirchhoff-Fresnelsche Formalismus der Beugungstheorie zugrunde, der im dritten Kapitel dieser Arbeit ausführlich dargestellt wurde. Die eingefügten Module erlauben die Berücksichtigung eines resonatorinternen Brechzahlprofils sowohl nach dem Standardmodell mit zwei bzw. drei Dichtescheiben als auch nach dem neuentwickelten Modell in der vollständigen und in der vereinfachten Formulierung. Das Programmpaket wurde auf dem Vektorrechner CRAY-II der Universität Stuttgart implementiert.

Zunächst werden die Ergebnisse der Berechnung eines leeren, optisch instabilen Resonators dargestellt. Durch Zugrundelegen des Szenarios des leeren Resonators bei der Berechnung nach dem Standard- als auch nach dem neuentwikkelten Modell erfolgt eine Validierung der beiden Modelle durch Vergleich der jeweiligen Ergebnisse im zweiten Teils dieses Kapitels. Dabei werden die Vorteile des neuentwickelten Modells gegenüber dem Standardverfahren deutlich. Im Anschluß daran folgt ein Vergleich der Ergebnisse der beiden Modelle bei einer Dichtevariation quer zur Strahlausbreitungsrichtung. Dabei wurde von einem Brechzahlprofil ausgegangen, wie es bei quergeströmten Resonatoren von CO_2-Hochleistungslasern typischerweise auftreten kann, um die Leistungsfähigkeit der beiden Modelle unter realitätsbezogenen Voraussetzungen zu untersuchen.

4.1 Berechnung des leeren Resonators

Die Berechnung eines optischen Resonators erfolgt wie bereits angesprochen beugungstheoretisch. Im Fall eines optisch homogenen laseraktiven Mediums konstanter Brechzahl ist dessen gesonderte Berücksichtigung nicht notwendig. Die Brechzahl n des Mediums beeinflußt lediglich durch die Beziehung $L_{OPT} = L \cdot s$

die Berechnung des optischen Weges L_{OPT}, wobei L die entsprechende geometrische Entfernung zwischen Start- und Zielpunkt bezeichnet. Der Spezialfall n = 1 wird als *leerer Resonator* bezeichnet. Dieser Spezialfall eignet sich besonders zur Validierung der verschiedenen Modelle, da unter gleichen Voraussetzungen die Berücksichtigung eines Mediums mit n = 1 = konstant in jedem Fall mit dem Ergebnis der Berechnung des leeren Resonators, das ohne ein spezielles Modell zur Berücksichtung eines Brechzahlprofils erzielt werden kann, übereinstimmen sollte.

Um Vergleiche gewährleisten zu können, liegen allen Darstellungen dieses Kapitels die Berechnung eines optisch instabilen Resonators (siehe Bild 3.4 d) zugrunde, dessen Parameter sich aus folgender Zusammenstellung ergeben:

- Resonatorlänge L_{RES}: 4,7 m ,
- Krümmungsradius R_1 des Auskoppelspiegels: −9,4 m (konvex) ,
- Durchmesser d_1 des Auskoppelspiegels bzw. Scrapers: 14,15 mm ,
- Krümmungsradius R_2 des Endspiegels: 18,8 m (konkav) ,
- Durchmesser d_2 des Endspiegels: 40,0 mm ,
- Durchmesser der Auskoppelapertur des Resonators: 40,0 mm ,
- Wellenlänge λ des Laserlichts beim CO_2-Laser: 10,6 µm .

Damit ergeben sich die weiteren Resonatorparameter nach Kapitel 3 zu:

- Vergrößerung M: 2,0 ,
- Resonatorparamter g_1 des Auskoppelspiegels: 1,5 ,
- Resonatorparamter g_2 des Endspiegels: 0,75 ,
- Resonatorparamter G: −0,25 ,
- äquivalente Fresnelzahl N_{eq} mit $2a_1 = d_1$: 0,502 .

Dieser so definierte optisch instabile Resonator ist typisch für einen CO_2-Laser, wie er für Ausgangsleistungen über 2 KW für die Anwendung zur Materialbearbeitung entwickelt wird.

In den folgenden Abbildungen sind die Ergebnisse der Berechnung des leeren Resonators zunächst als dreidimensionale Darstellungen wiedergegeben, wobei die Resonatorachse sich im Zentrum der jeweiligen Verteilung befindet. Anschließend sind Schnitte durch die Zentren die radialsymmetrischen Strukturen abgebildet, um quantitative Aussagen zu ermöglichen.

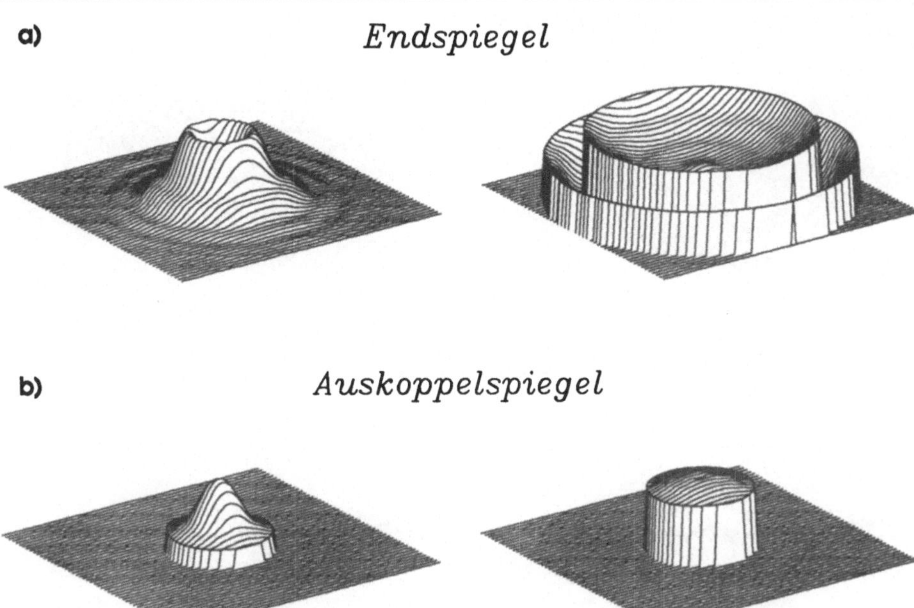

Bild 4.1 Normierte Darstellung der resonatorinternen Intensitäts- (links) und Phasenverteilungen (rechts) auf dem Endspiegel (**a**) sowie dem Auskoppelspiegel (**b**).

Die Verteilungen wurden auf einer Kreisfläche mit 40 mm Durchmesser berechnet, die der Abmessung der Apertur des Resonators entspricht. Aus Gründen der Einfachheit wurde für die Darstellung jedoch eine quadratische Grundfläche der entsprechenden Kantenlänge gewählt. Die Intensitätsverteilungen sind jeweils auf 1 normiert. Der Darstellungsbereich der Phase verläuft von 0° bis 360°, wobei der Wert auf der Strahlachse im Zentrum der Verteilung mit 180° vordefiniert wurde. Durch die Beschränkung des Ordinatenbereichs auf 360° entstehen in der Darstellung Unstetigkeiten beim Überschreiten dieses Wertes (Bild 4.1 a rechts, Phase auf dem Endspiegel in Bild 4.3). An diesen Stellen ist der Phasenverlauf stetig fortgesetzt zu denken. Dennoch wurde, um einen späteren Vergleich mit den Ergebnissen des Standard- und des neuentwickelten Modells zu ermöglichen, diese Darstellungsart gewählt, da hier auch kleinere Strukturen in den Verteilungen sichtbar werden und somit der Vergleich der einzelnen Ergebnisse erleichtert wird.

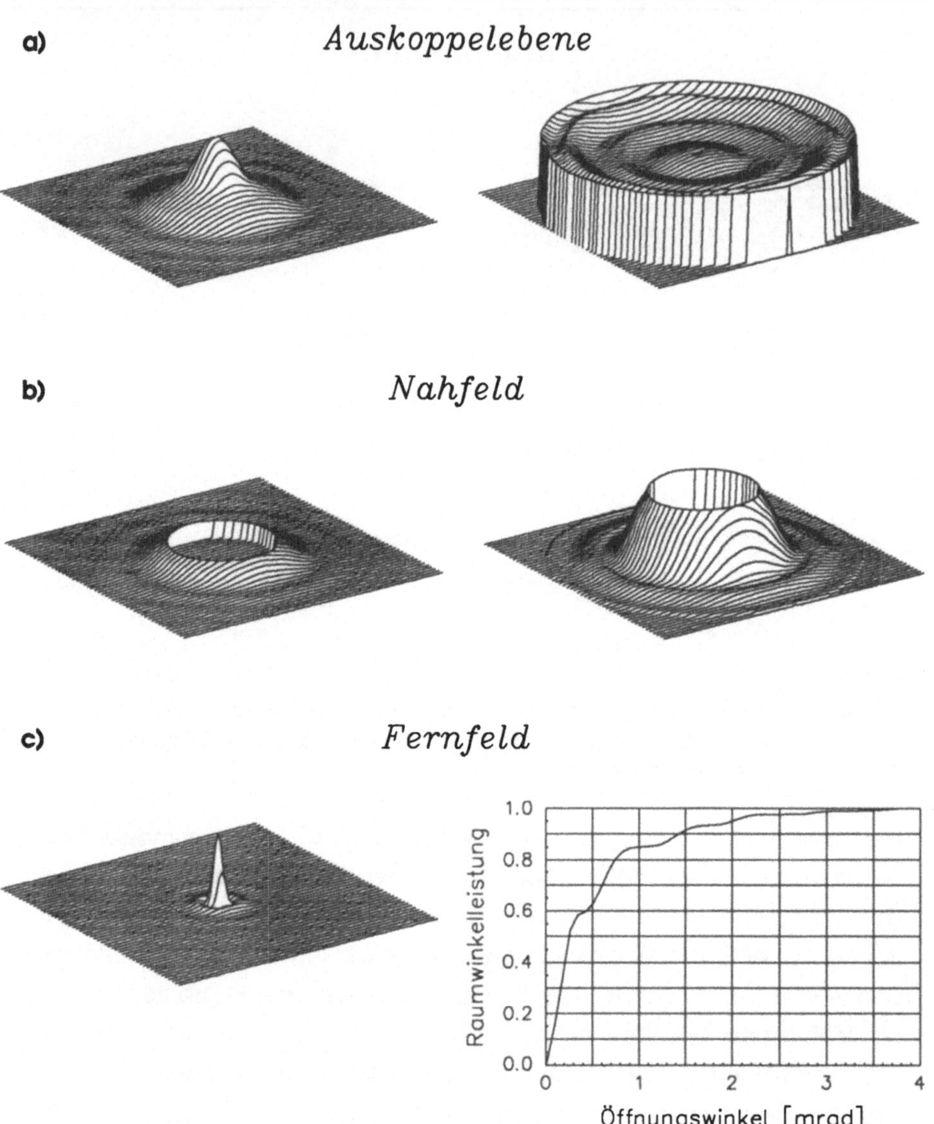

Bild 4.2 Normierte Darstellung von Intensitäts- und Phasenverteilungen in der Auskoppelebene (**a**) im Scheitelpunkt des Auskoppelspiegels, der Intensitätsverteilungen im Nah- (**b**) und im Fernfeld (**c** links) sowie der Raumwinkelleistung als Funktion des Öffnungswinkels (**c** rechts).

Die Kantenlängen der Grundflächen in den Darstellungen (**a**) und (**b**) betragen in beiden Richtungen 40 mm, im Fernfeld umfassen sie jeweils einen Öffnungswinkel von 4 mrad. Die Intensitätsverteilung des Nahfeldes in (**b**) rechts ist zur Veranschaulichung auf 1 normiert dargestellt, während der Abbildungsmaßstab der linken Abbildung der der Auskoppelebene entspricht.

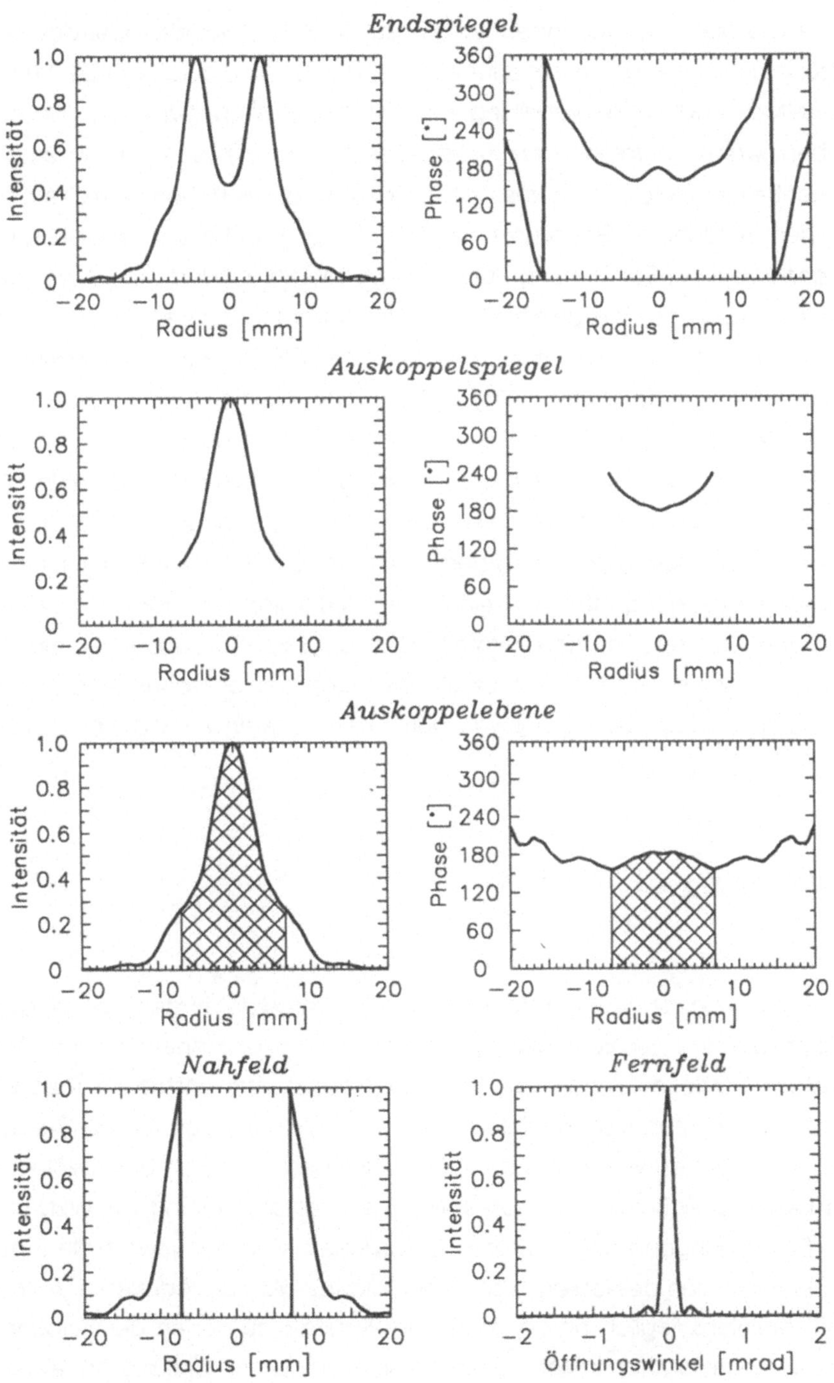

Bild 4.3 Schnitte durch das Zentrum der in den Abbildungen 4.1 und 4.2 dargestellten Verteilungen.

In der ersten Reihe in obiger Abbildung sind links der Intensitäts- und rechts der Phasenverlauf auf dem Endspiegel und analog dazu darunter in der zweiten Reihe die entsprechenden Kurven auf dem Auskoppelspiegel des leeren Resonators dargestellt. In der dritten Reihe sind Schnitte durch das Zentrum der Intensitäts- und Phasenverteilung am Ort des Auskoppelspiegels wiedergegeben, wobei schraffiert der Bereich des Auskoppelspiegels angedeutet ist. Dieser Bereich verbleibt im Resonator, während die seitlichen Bereiche ausgekoppelt werden. Im Gegensatz zur Darstellung des Phase in der Auskoppelebene ist bei der Berechnung der Phasenverteilung auf dem Auskoppelspiegel die Krümmung der Spiegeloberfläche mit zu berücksichtigen. Daher stimmen in den jeweiligen Abbildungen zwar die Intensitäts- aber nicht die Phasenverläufe überein. In der letzten Reihe sind die Intensitätsstrukturen im resonatorexternen Nahfeld sowie die resultierende Intensitätsverteilung nach einer ungestörten Ausbreitung ins Fernfeld abgebildet. Die resonatorinternen Felder sowie das Nahfeld sind entsprechend der vorgegebenen Apertur des Resonators auf einem Durchmesser von 40 mm berechnet, um die an dieser Begrenzung entstehenden Beugungseffekte in einer anschließenden Propagation zu berücksichtigen. Das resultierende Fernfeld ist analog zu Bild 4.2 c innerhalb eines Raumwinkels von 4 mrad dargestellt. Die Lage der optischen Achse wird in den Schnittbilddarstellungen jeweils durch den Abzissenwert 0 gekennzeichnet.

4.2 Validierung

Zur Beurteilung der Leistungsfähigkeit der im vorhergehenden Kapitel dargestellten Modelle zur Berücksichtigung von Dichtevariationen im laseraktiven Medium wurde mit ihnen das Szenario eines optisch instabilen Resonators berechnet, dessen resonatorinternes Medium als homogen mit der Brechzahl $n = 1$ vorgegeben wurde. Da bei dieser Randbedingung an das Medium dieses keinen Einfluß auf die resonatorinterne Strahlausbreitung auswirkt, sollten die Berechnungen nach den unterschiedlichen Modellen jeweils die Resultate der Simulation des leeren Resonators (Bild 4.1 - 4.3) reproduzieren. Aufgrund der Vergleichsmöglichkeit der einzelnen Resultate zu denen der Berechnung des leeren Resonators lassen sich andererseits mögliche Einflüsse der einzelnen Modelle, die durch die jeweilige Form der Vereinfachung der realen Verhältnisse erzeugt werden, auf die Berechnung der Feldverteilungen feststellen.

In den folgenden Abbildungen sind daher neben den räumlichen Strukturen der berechneten Verteilungen Schnitte durch deren Zentrum dargestellt, an denen die qualitativen Aussagen über die einzelnen Modelle deutlicher ablesbar sind. Aus der Vielzahl der berechneten Verteilungen wird im folgenden exemplarisch anhand der Ergebnisse auf dem Endspiegel, am Ort des Auskoppelspiegels in der Auskoppelebene sowie im Fernfeld das Standardmodell und das neuentwickelte Modell einander gegenüber gestellt. Im Fernfeld wurde auf die Schnittbilddarstellung der Intensitätsverteilung verzichtet. An deren Stelle ist die in einem Raumwinkel enthaltene Intensität abgebildet, da in dieser integralen Darstellung der Einfluß auch kleinerer Strukturen der berechneten Fernfeldverteilung deutlicher erkennbar ist.

In Bild 4.4 sind die Resultate der Simulation nach dem Standardmodell mit der minimal möglichen Anzahl von zwei Dichtescheiben zur Berücksichtigung eines resonatorinternen Dichteprofils dargestellt. Die Abbildungsmaßstäbe entsprechen dabei denen in den Abbildungen 4.1 und 4.2. Ein Vergleich zu den Ergebnissen der Berechnungen des leeren Resonators läßt keinen Einfluß des Modells erkennen. Die Resultate unterscheiden sich lediglich aufgrund von Rundungsfehlern, die bei der numerischen Berechnung entstehen. Diese Differenzen sind sehr gering und lassen sich nur bei einer detaillierten Analyse der Daten feststellen, in der grafischen Darstellung sind sie nicht zu erkennen.

a) *Endspiegel*

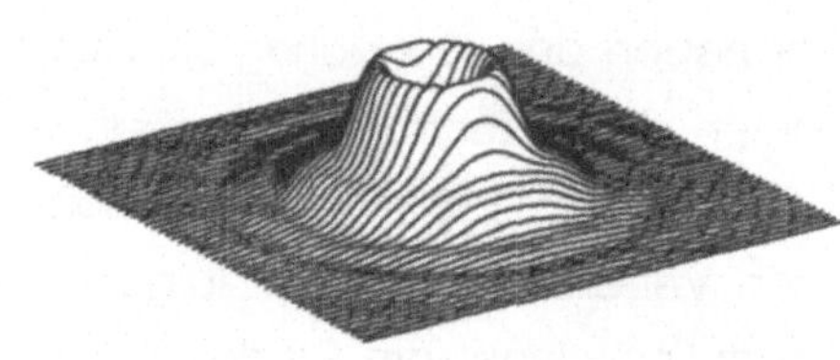

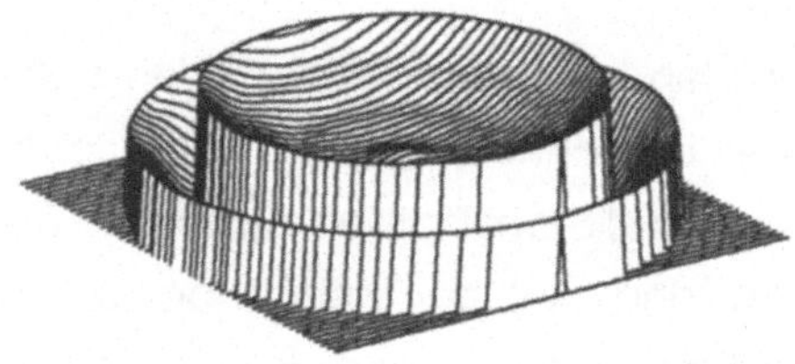

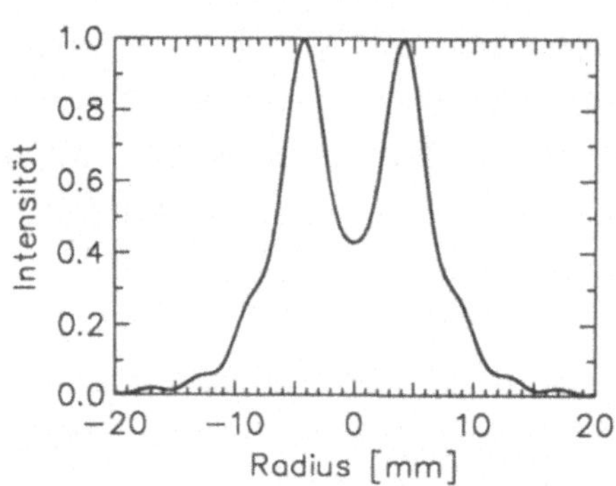

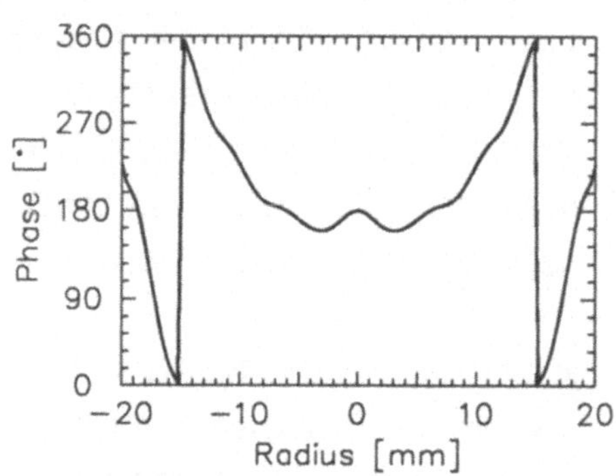

b) *Auskoppelebene*

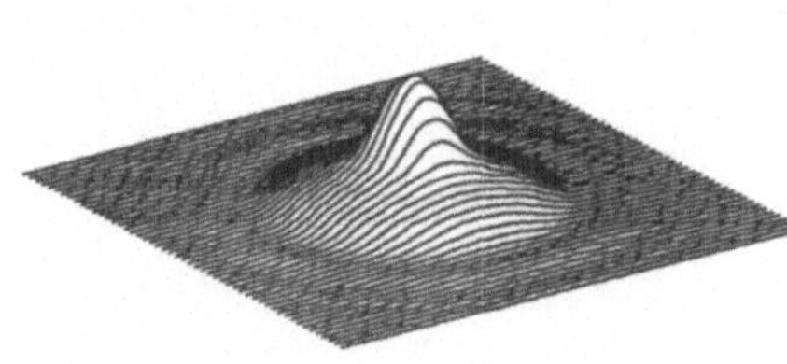

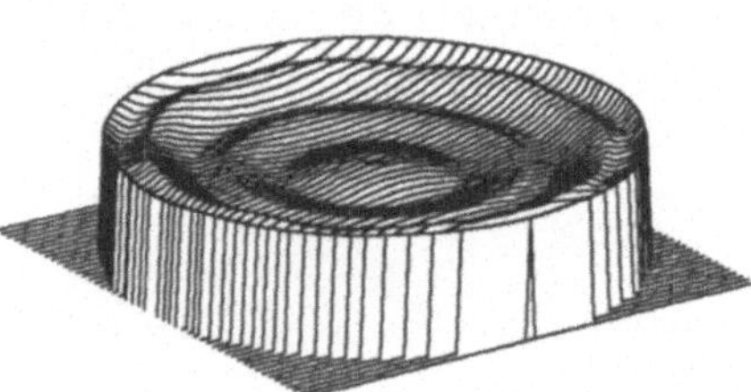

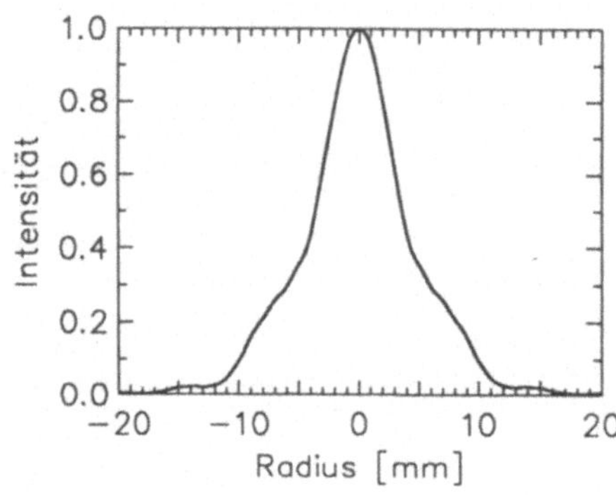

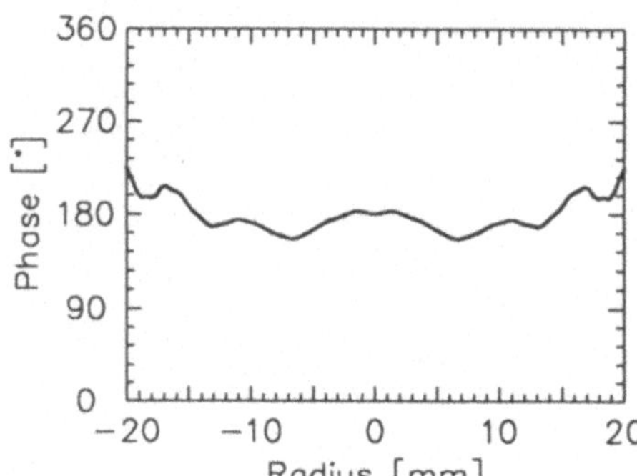

c) *Fernfeld*

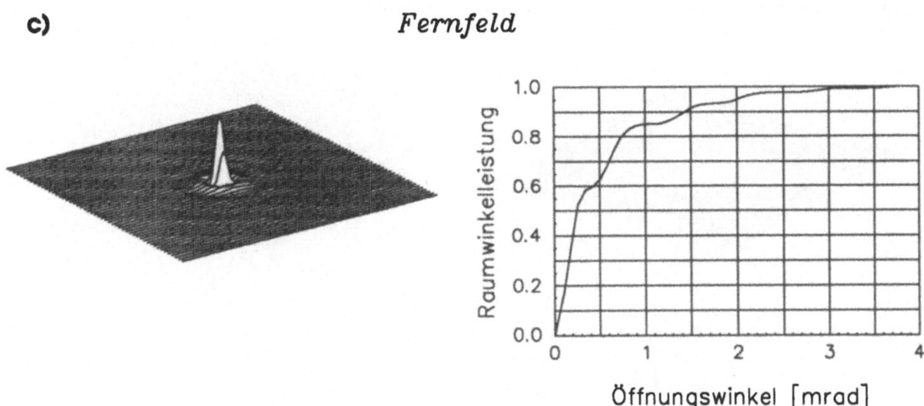

Bild 4.4 Berechnung des optisch instabilen Resonators nach dem Standardmodell mit zwei resonatorinternen Dichtescheiben. Berücksichtigt wurde ein homogenes Medium konstanter Brechzahl n = 1.

Dargestellt sind die Intensitäts- und Phasenverteilungen am Ort des Endspiegels (**a**) und in der Auskoppelebene (**b**) sowie die Intensitätsverteilung (**c** links) und die Raumwinkelleistung (**c** rechts) im Fernfeld.

Im Gegensatz dazu weichen die Ergebnisse bei der Simulation mit drei Dichtescheiben nach dem Standardmodell (Bild 4.5) signifikant von denen des leeren Resonators ab. Erkennbar ist dies unter anderem an der Schnittbilddarstellung der Intensitätsverteilung auf dem Endspiegel. Nach dem Standardmodell ergibt sich auf der optischen Achse (Abzissenwert 0) eine Intensität von 27% des maximal auftretenden Wertes. Im Vergleich dazu liefert die Simulation des leeren Resonators an dieser Stelle dagegen 42% des Maximalwertes. Der sich daran abzeichnende Einfluß des Modells wirkt sich erheblich auf die aus den errechneten Daten abgeleitete Beurteilung der Strahlqualität des Resonators aus, wie die Analyse der berechneten Raumwinkelleistungskurve (Bild 4.5 c rechts) zeigt. Die Simulation des leeren Resonators ergibt für den Strahldurchmesser im Fernfeld nach **(34)** einen Öffnungswinkel von 0,85 mrad während die Berechnung des identischen Szenarios durch das Standardmodell mit drei Dichtescheiben einen Wert von 1,05 mrad liefert. Diese signifikante Abweichung von über 23%, die auf systematische Fehler in der speziellen Näherungsweise des Standardmodells zurückzuführen ist (siehe Bild 3.27), beeinflußt entsprechend die Bereitstellung der theoretischen Grundlagen zur Auslegung des Resonators.

Endspiegel

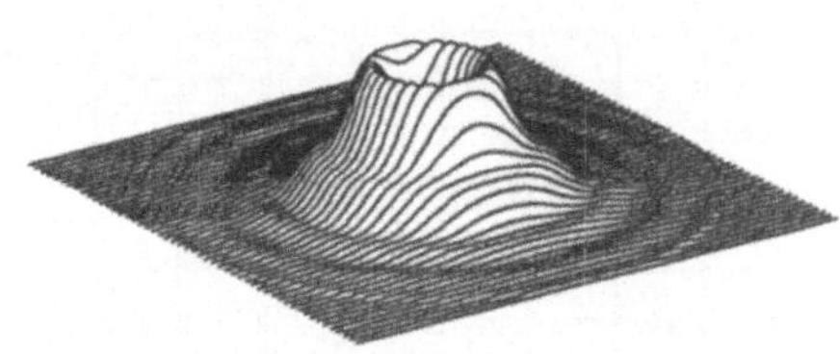

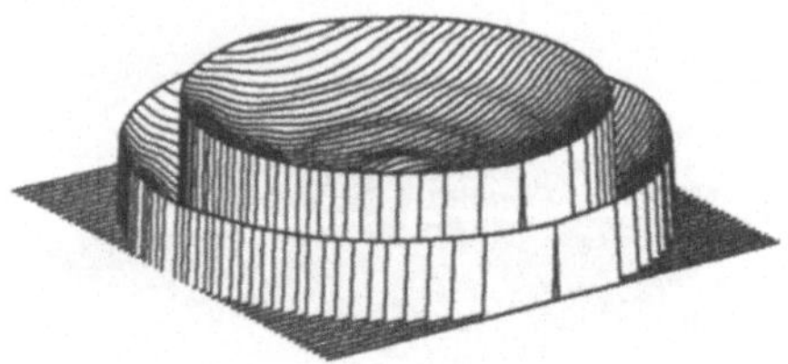

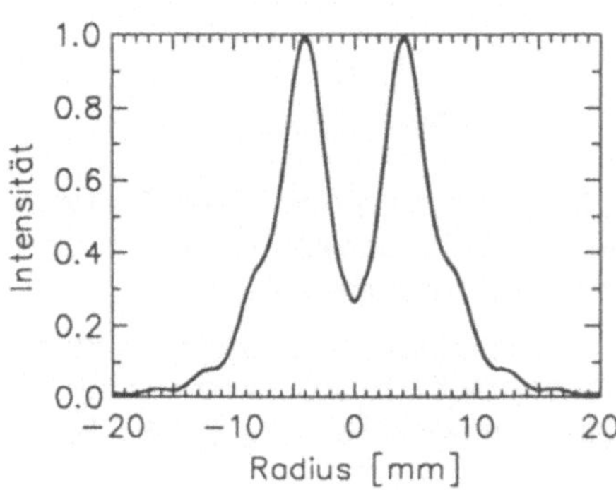

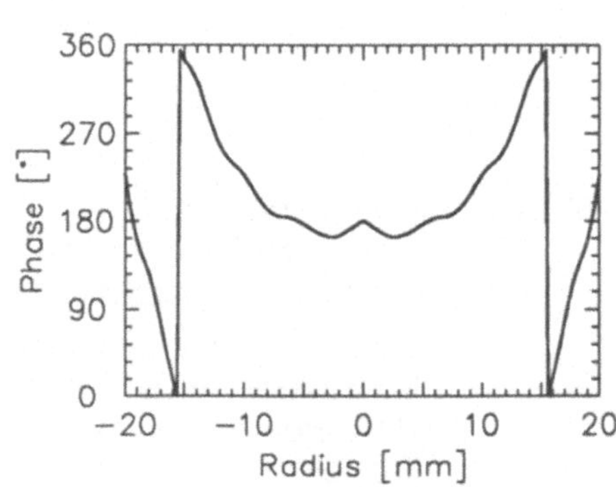

b) *Auskoppelebene*

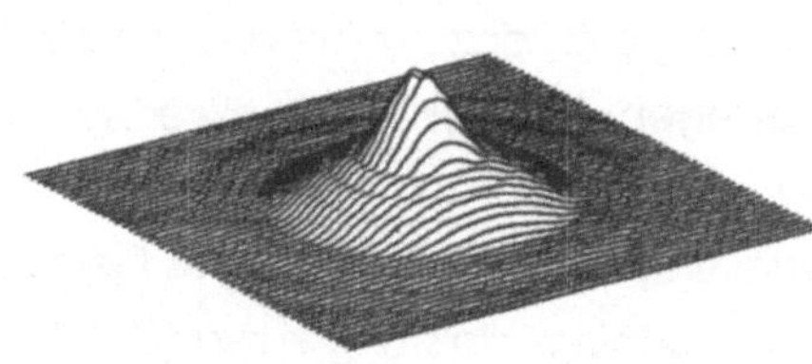

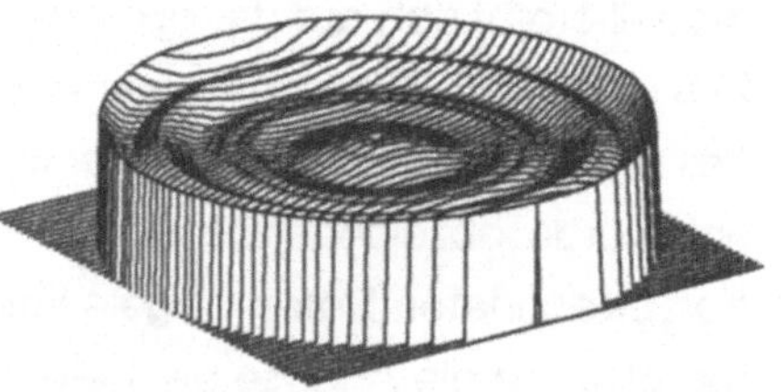

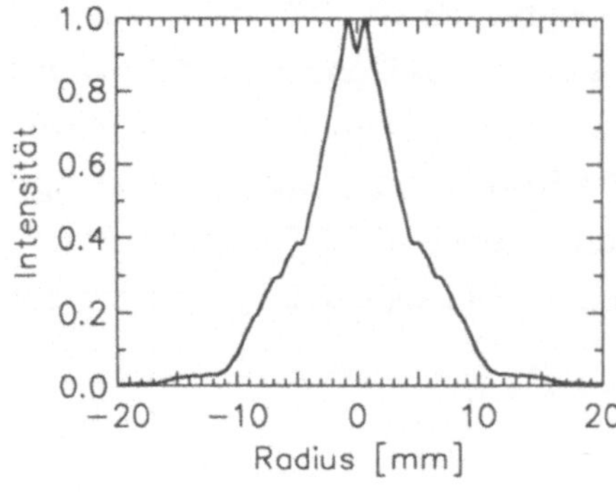

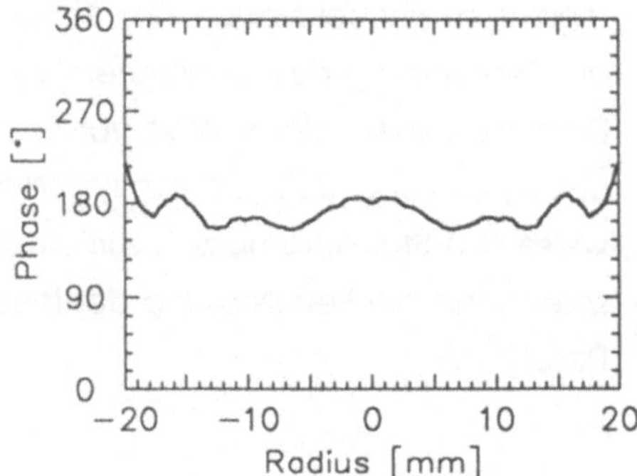

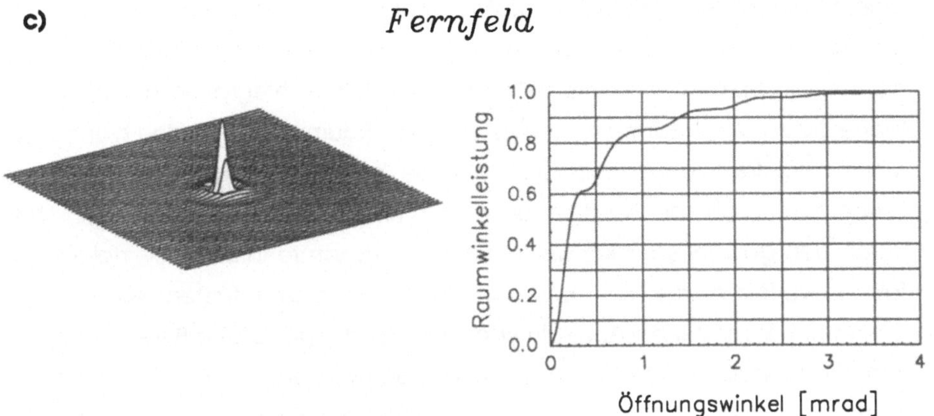

Bild 4.5 Berechnung der Verteilungen nach dem Standardmodell bei der Näherung des homogenen Mediums mit Brechzahl n = 1 durch drei Dichtescheiben.

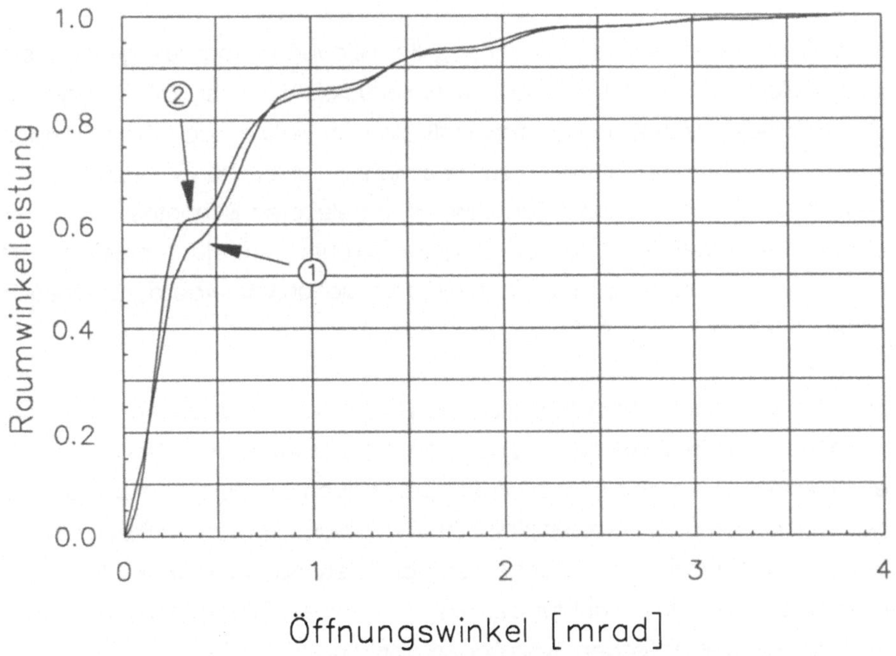

Bild 4.6 Vergleich der Raumwinkelleistungskurven aus der Berechnung des leeren Resonators (①) (siehe Bild 4.2 c rechts) und nach dem Standardmodell mit drei Dichtescheiben (②) (siehe Bild 4.5 c rechts).

Um einen direkten Vergleich zu ermöglichen, ist in Abbildung 4.6 die Raumwinkelleistungskurve des leeren Resonators (①) der der Simulation mit drei

Dichtescheiben (②) gegenübergestellt. Aufgrund der Berechnungsmethode der Raumwinkelleistungskurven sind die Absolutwerte der beiden Ergebnisse nicht direkt vergleichbar, da bei der numerischen Integration die einzelnen Werte durch die gesamte im darzustellenden Raumwinkel - in den hier aufgeführten Abbildungen 4 mrad - enthaltende Intensität normiert werden. Diese Einschränkung gilt insbesondere für deutlich unterschiedliche Verteilungen. Wird durch den gewählten Raumwinkel nicht die gesamte Intensitätsverteilung erfaßt, so verfälscht die Nichtberücksichtigung der nicht erfaßten Teile entsprechend die dargestellten Absolutwerte. Demnach ergäbe eine Berechnung der Intensitätsverteilung über einen größeren Raumwinkel als in Bild 4.6 dargestellt noch deutlichere Abweichungen der beiden gezeigten Kurvenverläufe. Um jedoch einen Vergleich der einzelnen Ergebnisse untereinander zu gewährleisten, wurde in Bild 4.6 der gleiche Abbildungsmaßstab wie in den anderen Abbildungen dieses Kapitels - insbesondere Bild 4.2 und 4.5 - gewählt, da bereits hier der Einfluß der systematischen Fehler des Modells deutlich erkennbar ist.

In Fällen, in denen bei der Berechnung der Feldverteilungen ein großer Brechzahlgradient im laseraktiven Medium zu berücksichtigen ist, läßt sich aus den dargestellten Ergebnissen ableiten, daß eine Simulation nach dem Standardmodell mit mehreren Scheiben zu erheblichen Fehlern führen kann. Die aus Berechnungen nach diesem Formalismus abgeleiteten Erkenntnisse sind dementsprechend verfälscht, so daß aufgrund solcher theoretisch erzielter Daten realisierte Resonatoren nicht die durch die Simulation vorhergesagten Spezifikationen besitzen.

Bei der Berechnung des optisch instabilen Resonators nach dem neuentwickelten Modell zur Berücksichtigung von Dichtegradienten und den daraus sich ergebenden Brechzahlvariationen im laseraktiven Medium sind bei der Vorgabe eines homogenen resonatorinternen Mediums konstanter Brechzahl $n = 1$ keine Unterschiede zu den Ergebnissen der Berechnung des leeren Resonators erkennbar. Dies gilt sowohl für den Fall, in dem ein Raytracing-Verfahren zur Bestimmung der optischen Weglängen verwendet wurde (Bild 4.7) als auch für die vereinfachte Formulierung (Bild 4.8). Die entsprechenden Daten der einzelnen Ergebnisfelder differieren lediglich aufgrund von Rundungsfehlern in einer Größenordnung von 10^{-4} von denen der Simulation des leeren Resonators. Der Vergleich der Resultate des Standard- sowie des neuentwickelten Modells in diesem Abschnitt legt nahe, daß die Berücksichtigung von Brech-

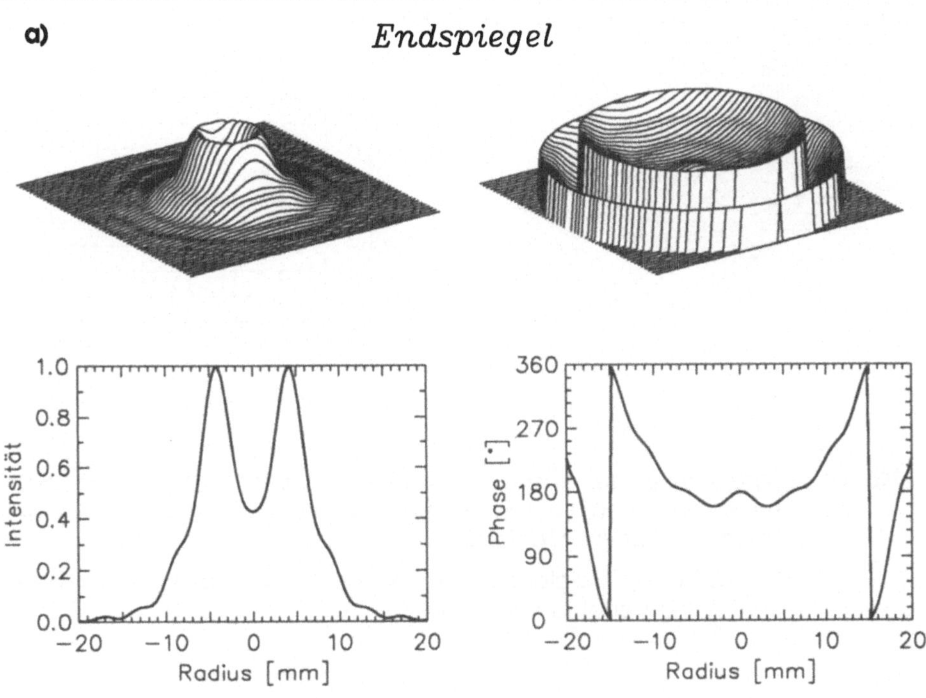
a)
Endspiegel
1.0
0.8
0.6
0.4
0.2
0.0
Intensität
−20 −10 0 10 20
Radius [mm]
360
270
180
90
0
Phase [°]
−20 −10 0 10 20
Radius [mm]

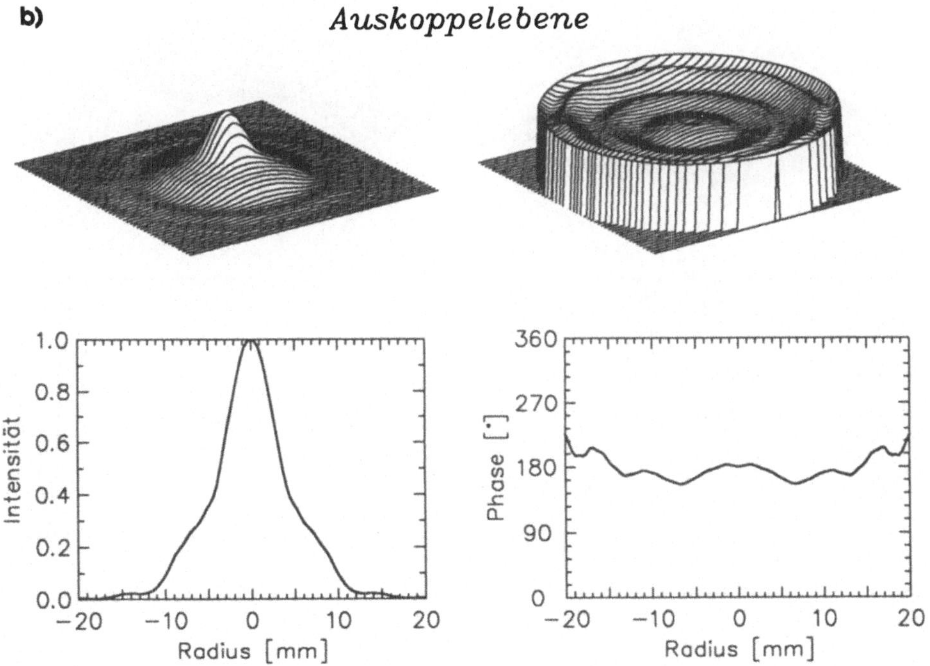
b)
Auskoppelebene
1.0
0.8
0.6
0.4
0.2
0.0
Intensität
−20 −10 0 10 20
Radius [mm]
360
270
180
90
0
Phase [°]
−20 −10 0 10 20
Radius [mm]

c) *Fernfeld*

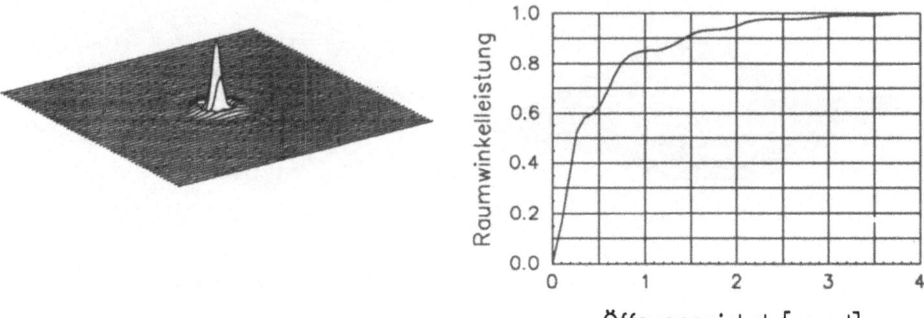

Bild 4.7 Berechnung der Intensitäts- und Phasenverteilungen nach dem neuentwickelten Modell bei einer konstanten Brechzahl n = 1 des resonatorinternen Mediums.

Die optischen Weglängen wurden in obiger Abbildung durch ein Raytracing-Verfahren berechnet.

a)

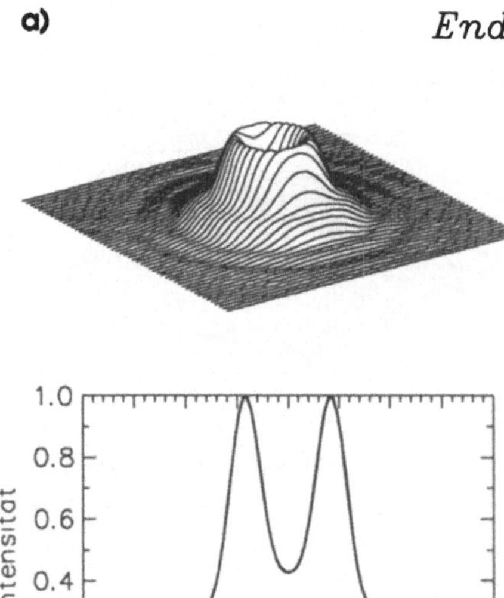

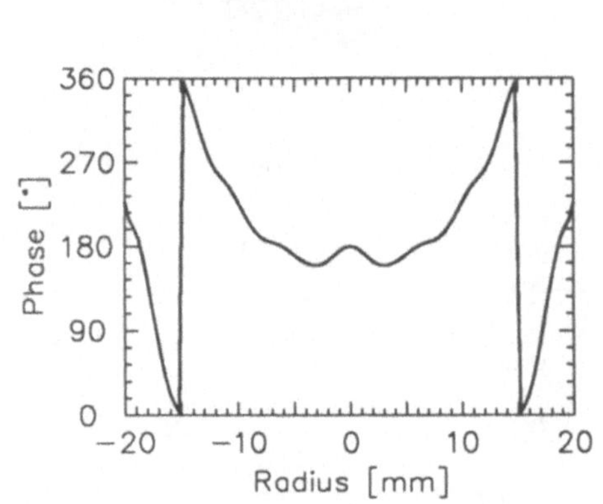

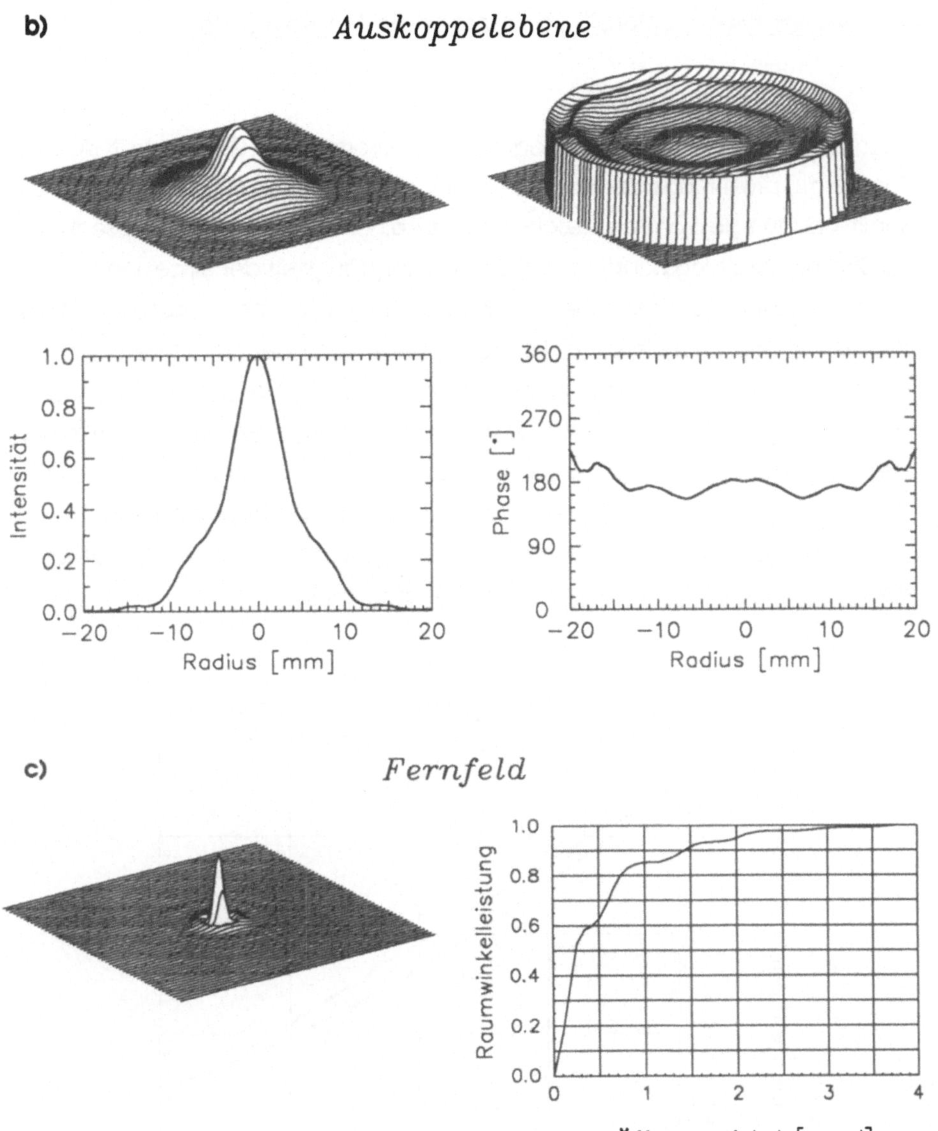

Bild 4.8 Resultate der Feldverteilungen des vereinfachten Berechnungsverfahren des neuen Modells.

zahlvariationen durch das neuentwickelte Modell realitätsnähere Resultate als das Standardmodell zu liefern vermag. Dies gilt zumindest beim Auftreten großer Gradienten im laseraktiven Medium, bei denen die Scheibenzahl im Standardmodell erhöht werden muß, um eine ausreichende Näherung des tatsächlichen Brechzahlprofils im Medium zu erhalten. Die Ergebnisse in Bild 4.5 und 4.6 zeigen, daß in diesem Fall beim Standardmodell zusätzliche systematische Fehler auftreten, die die Resultate erheblich verfälschen können.

4.3 Lineares Brechzahlprofil im quergeströmten Resonator

Aufgrund der elektrischen Anregung des laseraktiven Gases stellt sich ein Temperaturprofil längs der Strömungsrichtung des Gases ein. Dieses Profil führt somit bei quergeströmten Resonatoren zu einer Brechzahlvariation senkrecht zur Strahlausbreitungsrichtung. Um die Leistungsfähigkeit der einzelnen in dieser Arbeit vorgestellten Modelle zur Berücksichtigung eines resonatorinternen Brechzahlprofils analysieren zu können, wurde nach den im vorhergehenden Abschnitt dargestellten Untersuchungen ein typischer Verlauf der Brechzahl in einem quergeströmten CO_2-Hochleistungslaser vorgegeben. Bei den im folgenden dargestellten Untersuchungen wurde ein Brechzahlprofil berücksichtigt (Bild 4.9), das bereits in früheren Veröffentlichungen **[51,27]** begründet wurde (vgl. Bild 3.34). Diese Kurve wurde exemplarisch gewählt, um einen Vergleich zu den dort veröffentlichten Resultaten zu ermöglichen.

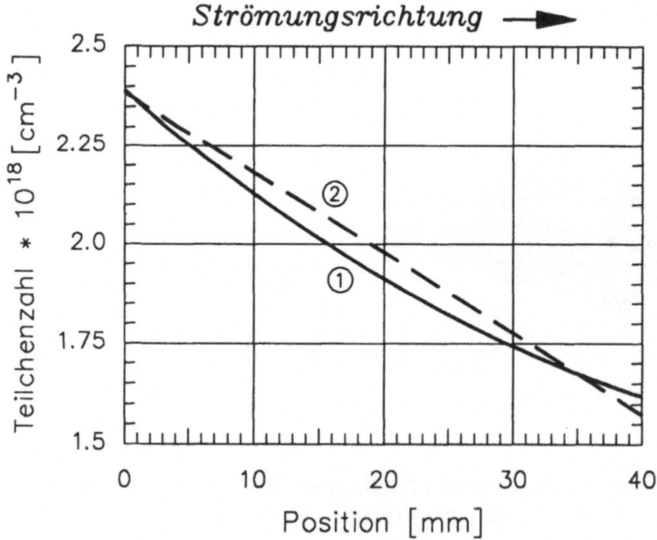

Bild 4.9 Typische Variation der Teilchenzahldichte des laseraktiven Mediums in einen quergeströmten Gaslaser.

Der tatsächliche Verlauf der Teilchenzahldichte im Entladungsraum kann durch eine Parabel hinreichend gut genähert werden (Kurve ①). Kurve ② stellt die Linearisierung des tatsächlichen Verlaufs nach **[27]** dar.

In obiger Abbildung ist die Variation der Teilchenzahldichte im laseraktiven Medium dargestellt. Um beim Vergleich der einzelnen Modelle zur Berücksichtigung des aus der Teilchenzahlvariation resultierenden Brechzahlprofils in Strömungsrichtung dessen Einfluß auf die Strahlungsfeldausbreitung leichter abschätzen zu können, wurde der parabelförmige Verlauf linearisiert (gestrichelte Kurve). Die Linearisierung erfolgte nach [27], um einen Vergleich mit den dort veröffentlichten Resultaten zu ermöglichen.

Die Wirkung solch eines linearen Brechzahlprofils entspricht der eines optischen Keils im Resonator (siehe Kapitel 3.5). Die Stärke der Ablenkung des Strahlschwerpunktes im Fernfeld längs der x-Achse läßt sich in diesem speziellen Fall mit Hilfe der geometrischen Optik abschätzen. Aufgrund der geringsten optischen Dichte des Mediums am Gaseinlaß (Position x = 40 mm in Bild 4.9) eilt die Strahlung an dieser Stelle derjenigen in Bereichen größerer optischer Dichte voraus. Bei einem linearen Brechzahlprofil ergibt sich demzufolge eine lineare Abhängigkeit der optischen Weglänge als Funktion der transversalen Position im Resonator. Die daraus resultierende Ablage des Schwerpunktes der Intensitätsverteilung im Fernfeld ergibt sich somit aus dem Verkippungswinkel einer ebenen resonatorinternen Wellenfront (Bild 3.32). Bei einer Länge von 4,7 m beträgt dieser bei der vorgegebenen Dichtevariation 290,7 µrad.

In den folgenden Grafiken sind jeweils die berechneten Intensitäts- und Phasenverteilungen auf dem Endspiegel und in der Auskoppelebene dargestellt. Um einen Vergleich zwischen den einzelnen Ergebnissen zu ermöglichen, sind neben den räumlichen Verteilungen Schnitte durch die Resonatorachse abgebildet. Dabei wurde jeweils die Ansicht in Richtung der Gasströmung gewählt, um die Auswirkung der Brechzahlvariation auf die jeweilige Verteilung zu verdeutlichen. Zusätzlich zu diesen Ergebnissen wurde die mit den einzelnen Modellen berechnete Intensitätsverteilung im Fernfeld sowie die sich daraus ergebende Raumwinkelleistung in einem Raumwinkel von 4 mrad um die Lage des jeweiligen Schwerpunktes der Intensitätsverteilung wiedergegeben.

Die in den Abbildungen dargestellten Raumwinkelleistungskurven sind aufgrund der jeweils deutlich unterschiedlichen Intensitätsverteilungen im Fernfeld nicht qualitativ vergleichbar. Sie erfassen nur die Leistung innerhalb des dargestellten Raumwinkels und lassen die außerhalb befindliche Intensität des Laserstrahls unberücksichtigt (siehe dazu die entsprechenden Bemerkungen zu Bild 4.6).

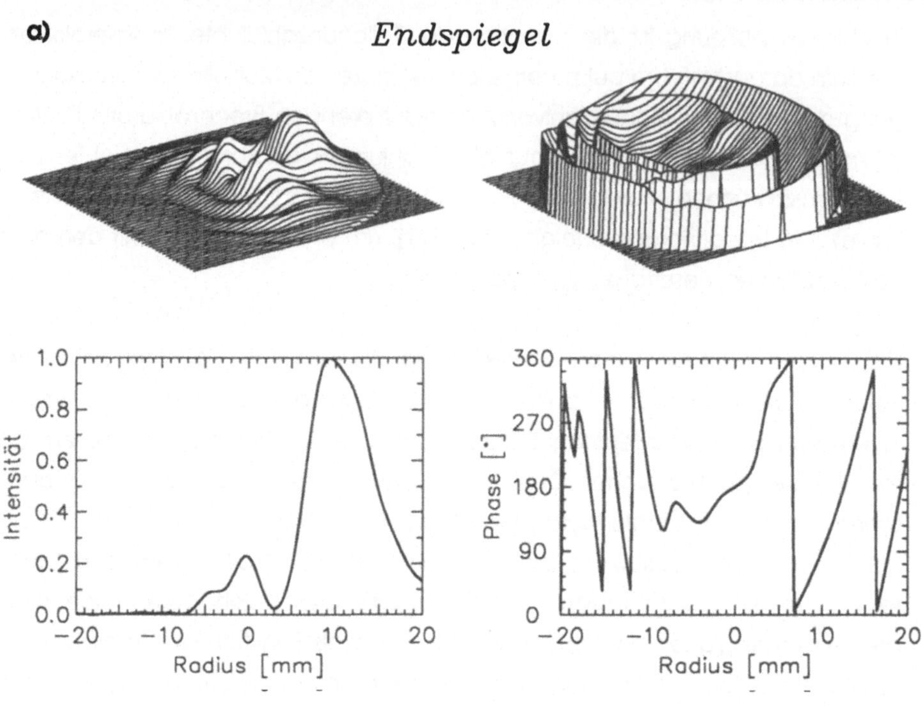
a)
Endspiegel
1.0
0.8
0.6
0.4
0.2
0.0
Intensität
−20 −10 0 10 20
Radius [mm]
360
270
180
90
0
Phase [°]
−20 −10 0 10 20
Radius [mm]

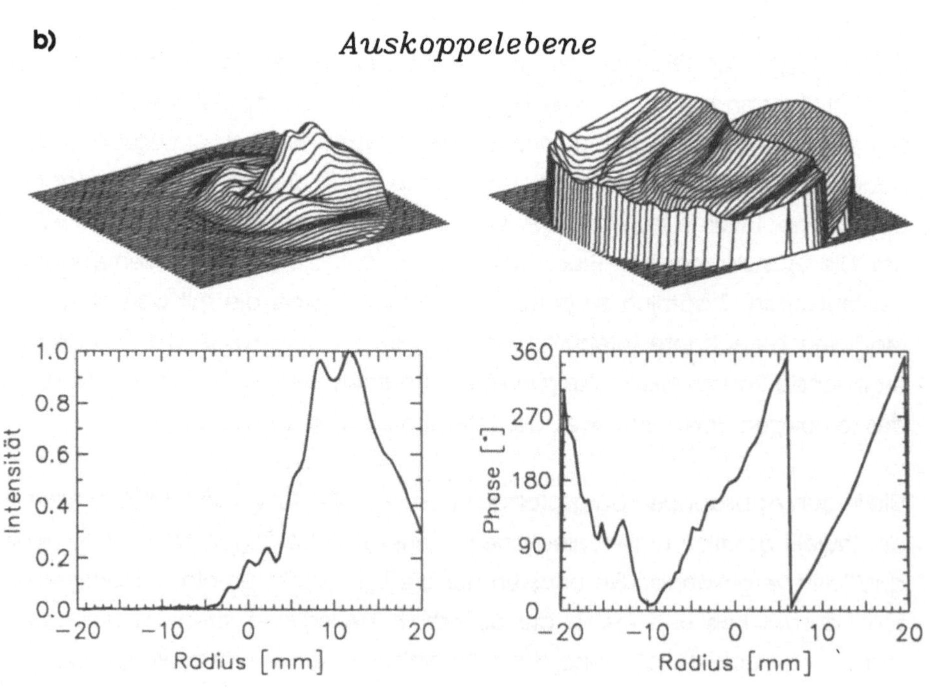
b)
Auskoppelebene
1.0
0.8
0.6
0.4
0.2
0.0
Intensität
−20 −10 0 10 20
Radius [mm]
360
270
180
90
0
Phase [°]
−20 −10 0 10 20
Radius [mm]

c) *Fernfeld*

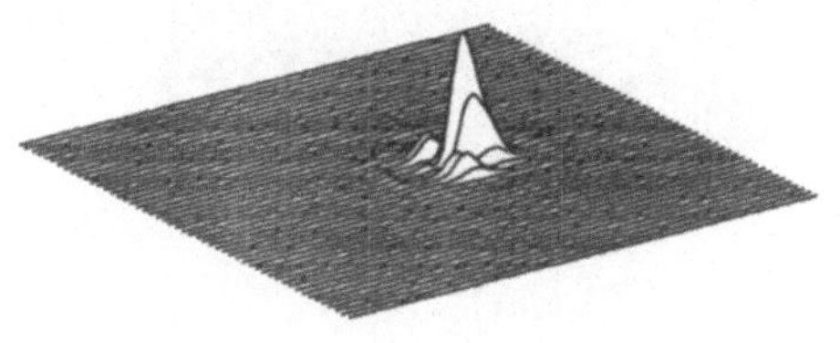

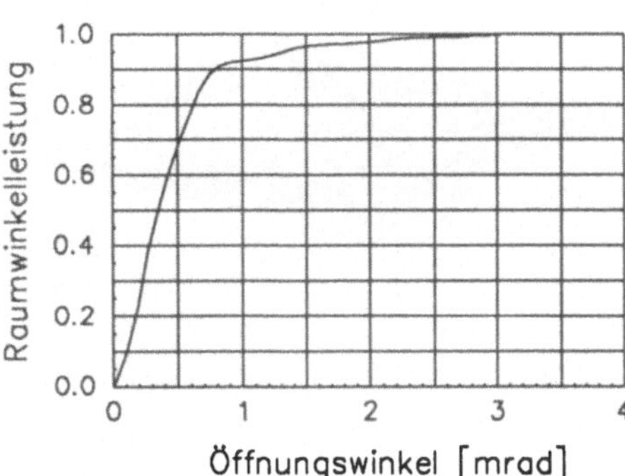

Bild 4.10 Intensitäts- und Phasenverteilungen am Ort des Endspiegels (**a**) und in der Auskoppelebene (**b**) sowie Intensitätsverteilung und Raumwinkelleistung im Fernfeld (**c**).

Die Berücksichtigung des linearen Dichteprofils (Bild 4.9) erfolgte nach dem Standardmodell bei einer Aufteilung des laseraktiven Mediums in zwei Scheiben.

Bild 4.10 zeigt die mit dem Standardmodell erzielten Ergebnisse, wobei das laseraktive Medium durch zwei Scheiben angenähert wurde. Die ablenkende Wirkung des Dichteprofils ist an der Deformation der einzelnen Strukturen erkennbar. Sie wird insbesondere an der berechneten Intensitätsverteilung auf dem Endspiegel deutlich, bei der die Ringstruktur der entsprechenden Verteilung des leeren Resonators nur noch schwach erkennbar ist. Durch die Strahlablenkung im Resonator entstehen Beugungseffekte an den Spiegelbegrenzungen, die die deutlich sichtbaren wellenförmigen Strukturen in den äußeren Bereichen verursachen. An den entsprechenden Verteilungen der Phase ist die Überlagerung des linearen Brechzahlprofils über den Phasenverlauf im leeren Resonator (Bilder 4.1 - 4.3) ablesbar, wenn man sich den Verlauf an den Sprungstellen stetig fortgesetzt denkt. Um eine detaillierte Vergleichsmöglichkeit zwischen den Ergebnissen der einzelnen Simulationen zu ermöglichen, wurde die Phasendarstellung in einem Winkelbereich von 0° - 360° gewählt.

Die geometrische Ablage des Schwerpunktes der Intensitätsverteilung im Fernfeld beträgt in obiger Abbildung 360 µrad bei einer Auflösung von ± 40 µrad entsprechend dem Abstand der Gitterpunkte des gewählten Rechennetzes. Dieses Ergebnis weicht somit um das 1,75-fache der zulässigen Fehlergrenzen von dem aus geometrischen Überlegungen gewonnen Resultat ab. Die bei der numerischen Berechnung entstandenen Ungenauigkeiten sind dabei bei einer rechnerinternen Darstellung von 64 Bit zu vernachlässigen.

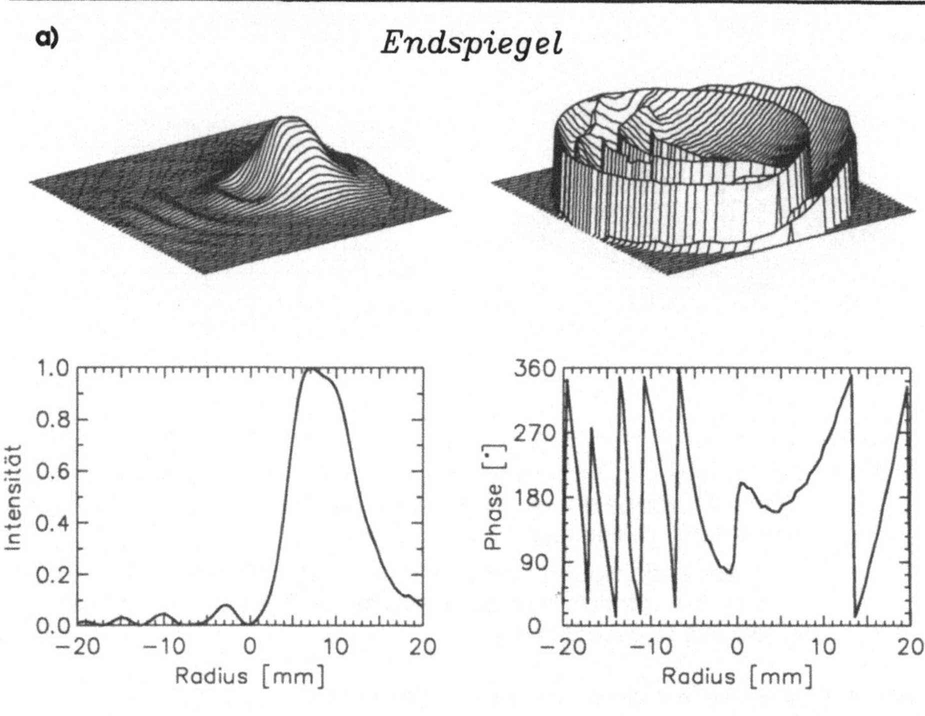
a)
Endspiegel
Intensität
Radius [mm]
Phase [°]
Radius [mm]

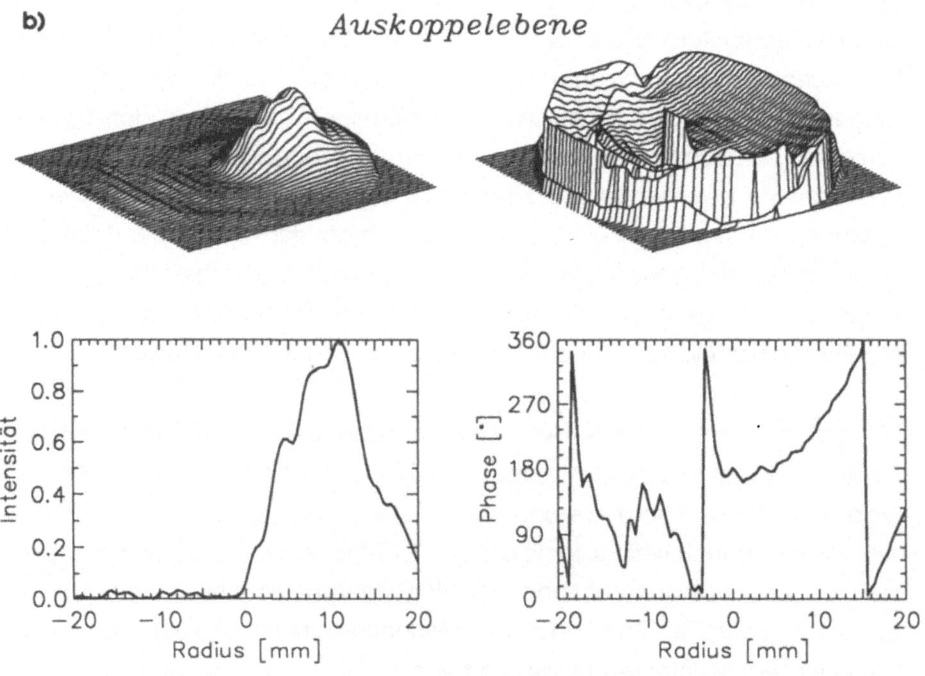
b)
Auskoppelebene
Intensität
Radius [mm]
Phase [°]
Radius [mm]

c) *Fernfeld*

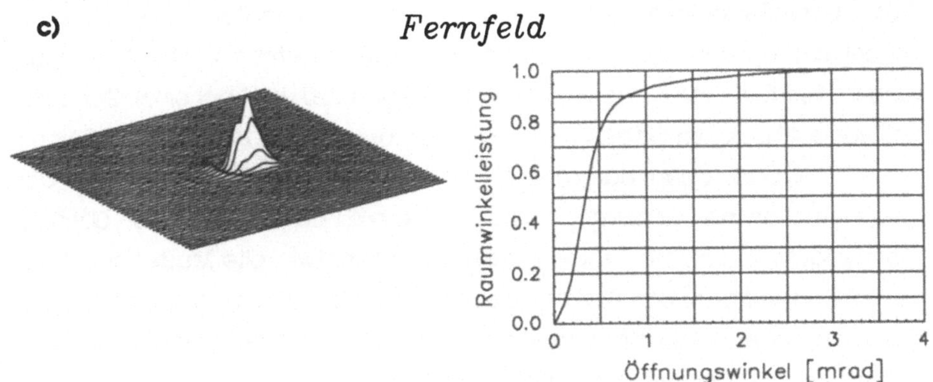

Bild 4.11 Intensitäts- und Phasenverteilungen an den gleichen Orten wie in Bild 4.10 gezeigt bei einer Berücksichtigung des resonatorinternen Brechzahlprofils durch die vereinfachte Formulierung des neuentwikkelten Modells.

Das laseraktive Medium wurde in 26×26×26 Quader unterteilt, um das in Bild 4.9 dargestellte Brechzahlprofil anzunähern.

Die in Bild 4.11 gezeigten Darstellungen geben die Ergebnisse des neuentwikkelten Modells in der vereinfachten Formulierung des neuentwickelten Modells wieder (siehe Kapitel 3.4.3). Das laseraktive Medium wurde in der Berechnung der oben gezeigten Verteilungen in 26×26×26 Quader unterteilt, um den resonatorinternen Brechzahlverlauf anzunähern (siehe Kapitel 3.4.2). Bei diesem Modell wird der Einfluß der Dichtevariation bei den gleichen Ausgangsbedingungen stärker als beim Standardmodell mit zwei Dichtescheiben berücksichtigt. Erkennbar ist dies an den größeren Deformationen der jeweiligen Verteilungen. Dies wird exemplarisch an der Darstellung der Intensitätsverteilung auf dem Endspiegel deutlich, bei der im Gegensatz zum Ergebnis in Bild 4.10 a die ursprüngliche Ringstruktur der Verteilung im leeren Resonator vollständig verschwunden ist.

Aufgrund der stärkeren Deformation der Verteilung in der Auskoppelebene ergibt sich eine entsprechend stärkere Strukturänderung der Intensitätsverteilung im Fernfeld. Besonders deutlich wird dies am Verlauf der Raumwinkelleistungskurve in der oben gezeigten Abbildung. Sie unterscheidet sich stärker als die entsprechende Kurve in Bild 4.10 c vom Ergebnis der Berechnung des leeren Resonators (Bild 4.2 c).

Trotz der größeren vorhergesagten Beugungseinflüsse im Resonator in diesem Modell ergibt die Analyse der Ablage des Schwerpunktes der Intensitätsverteilung im Fernfeld eine Verschiebung von lediglich 320 µrad bei einer Genauigkeit von ± 40 µrad. Im Gegensatz zum Standardmodell mit zwei Dichtescheiben stimmt bei dem oben dargestellten Ergebnis die Ablage mit der aus der geometrischen Abschätzung gewonnen innerhalb der Fehlergrenzen überein. Daraus läßt sich ableiten, daß die durch das neuentwickelte Modell errechnete Feldverteilung in der Auskoppelebene die Verhältnisse genauer als das Standardmodell wiedergibt und somit den Einfluß des resonatorinternen Brechzahlprofils realitätsnäher beschreibt.

In Bild 4.12 sind die zu den oben gezeigten Ergebnissen korrespondierenden des neuentwickelten Modells in der vollständigen Formulierung gezeigt. Dabei erfolgte die Bestimmung der optischen Weglängen nach einem Raytracing-Algorithmus (siehe Kapitel 3.4.2). Ebenso wie in den Rechnungen zu den in Bild 4.11 gezeigten Resultaten wurde das resonatorinterne Medium in 26×26×26 Quader unterteilt, um den Brechzahlverlauf anzunähern. Die Resultate beider Versionen des neuentwickelten Modells stimmen sehr gut mit einander überein, wie auch aus den Schnittbilddarstellungen deutlich wird. Obwohl bei der Berechnung im Rahmen des Raytracing-Verfahrens die optische Weglänge zwischen Start- und Zielpunkt in einigen wenigen Fällen iterativ bestimmt werden mußte, ergeben sich nur geringfügige Unterschiede gegenüber den Ergebnissen, die mit der vereinfachten Form bei den gleichen Ausgangsbedingungen gewonnen wurden. Auch die Ablage des Schwerpunktes der Intensitätsverteilung im Fernfeld errechnet sich ebenso wie in der vereinfachten Formulierung zu 320 µrad und bestätigt damit das Ergebnis der geometrischen Abschätzung.

Analyse der Ergebnisse

Innerhalb der Auflösung des gewählten Rechennetzes mit 100×100 Punkten, entsprechend eines Gitterpunktabstandes in den oben gezeigten Fernfelddarstellungen von 40 µrad, ergaben die Berechnung durch das neuentwickelte Modell sowohl in der vereinfachten als auch in der vollständigen Formulierung mit dem Raytracing-Algorithmus die gleiche Ablage des Schwerpunktes der Fernfeld-Intensitätsverteilung von der Resonatorachse. Sie stimmen dabei mit den aus geometrischen Überlegungen gewonnen Ergebnis innerhalb der Fehlergrenzen überein. Das Standardmodell dagegen berechnet eine um 40 µrad größere Ablage bei der Näherung des resonatorinternen Brechzahlprofils durch zwei Scheiben.

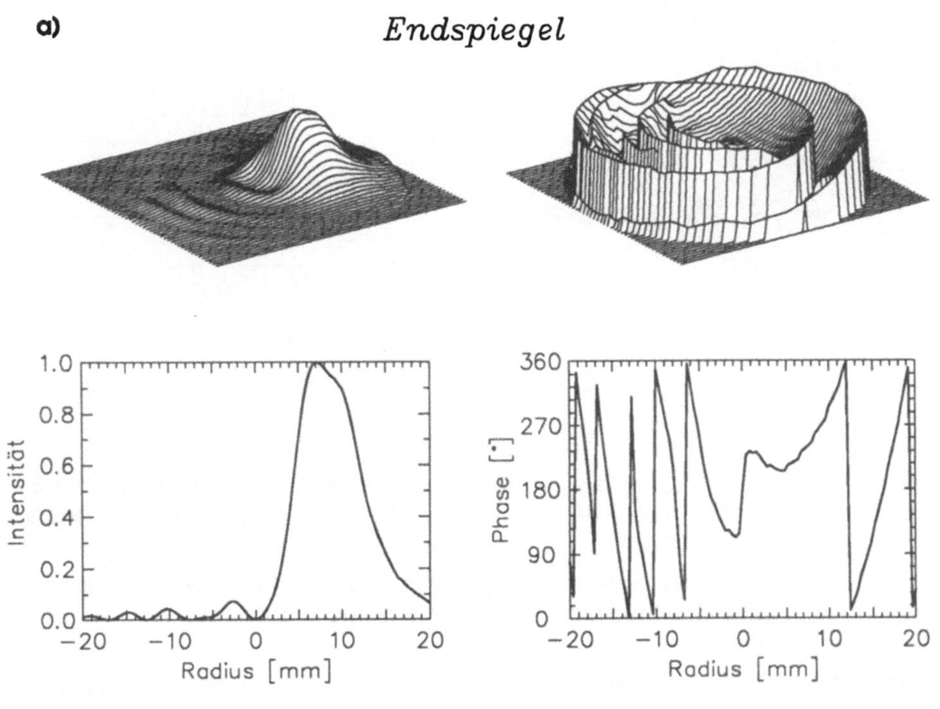
a)
Endspiegel
1.0
0.8
0.6
0.4
0.2
0.0
Intensität
−20 −10 0 10 20
Radius [mm]
360
270
180
90
0
Phase [°]
−20 −10 0 10 20
Radius [mm]

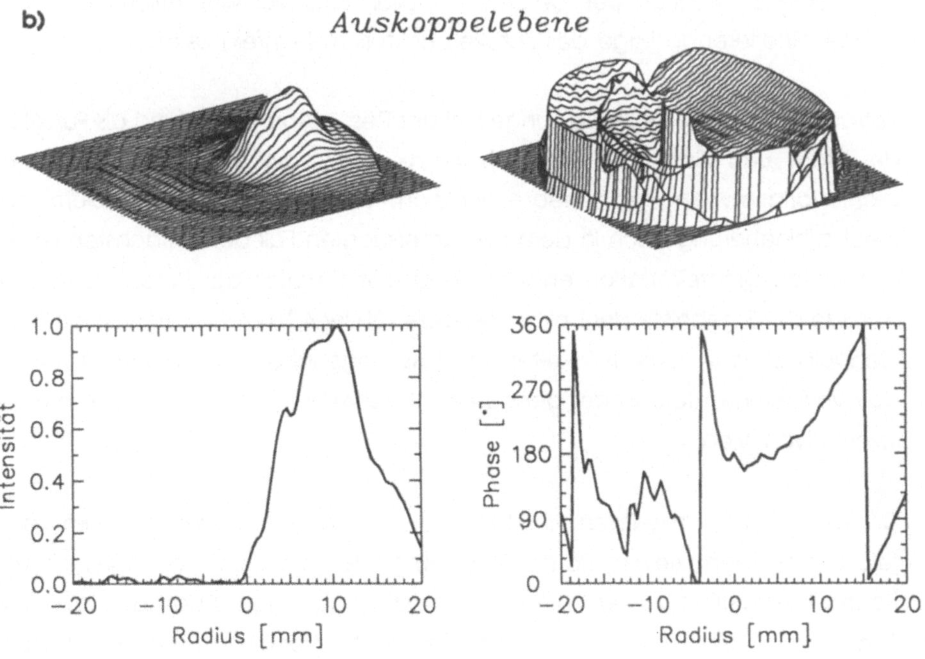
b)
Auskoppelebene
1.0
0.8
0.6
0.4
0.2
0.0
Intensität
−20 −10 0 10 20
Radius [mm]
360
270
180
90
0
Phase [°]
−20 −10 0 10 20
Radius [mm]

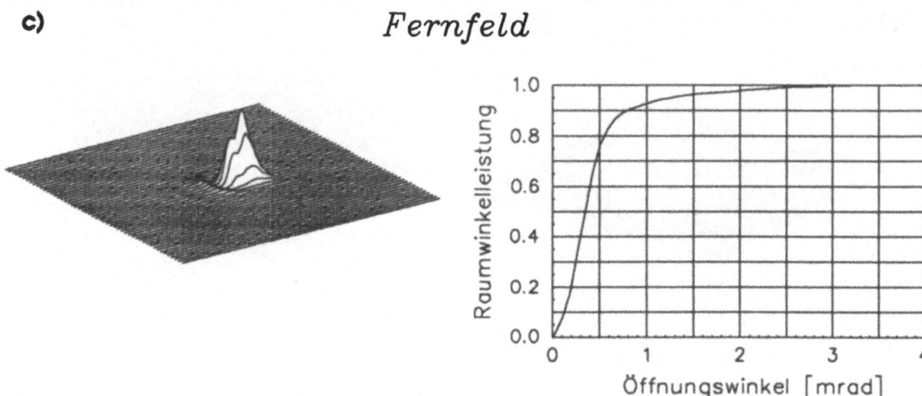

Bild 4.12 Entsprechend den Abbildungen 4.10 und 4.11 Darstellung der Ergebnisse nach dem neuen Modell mit Weglängenberechnung durch Raytracing.

Ebenso wie in den Rechnungen in der vereinfachten Formulierung wurde das Medium in 26×26×26 Quader unterteilt.

Desweiteren zeigt ein Vergleich der beugungstheoretisch berechneten Feldverteilungen im Resonator, daß im neuentwickelten Modell das Brechzahlprofil stärker als im Standardmodell berücksichtigt wird. Ersichtlich wird dies an den stärkeren Deformationen der Verteilungen der resonatorinternen Felder. Die Unterschiede zwischen den beiden Modellen sind hier wesentlich deutlicher als die differierende Lage des Schwerpunktes im Fernfeld zeigt.

Betrachtet man die optische Länge bei der Resonatorberechnung als Funktion der Start- und Zielpunkte, so ist $L_{OPT} = f(x_1,y_1,x_2,y_2)$ selbst bei einer linearen Dichtevariation eine nichtlineare Funktion. Daher beeinflußt die Güte der Brechzahlnäherung auch in dem hier untersuchten Fall der einfachsten nichtkonstanten Dichtevariation entscheidend das Resultat der Berechnung. Die Analyse der Ergebnisse der beiden Modelle (Bilder 4.10 - 4.12) zeigt die erhöhte Genauigkeit des neuentwickelten Modells gegenüber dem bisherigen Standardverfahren aufgrund der genaueren Beschreibung des Brechzahlprofils im laseraktiven Medium.

Da in den oben gezeigten Abbildungen die Intensitätsverteilungen im Fernfeld nur in einem kleinen Raumwinkel ausgewertet wurden, ermöglichen die Raumwinkelleistungskurven keine quantitative Aussage über die jeweilige Strahlqualität. Sie zeigen jedoch, daß die beiden hier einander gegenübergestellten Modelle eine deutlich differierende Struktur im Fernfeld prognostizieren. Daher unterscheidet sich eine aus beiden Modellen abgeleitete Strahlqualität im untersuchten Fall signifikant. Dies hat aber - wie bereits weiter oben angedeutet - einen wesentlichen Einfluß auf die theoretische Beurteilung eines optischen Resonators.

Beide Formulierungen des neuentwickelten Modells liefern ähnliche Strukturen Resultate, wie ein Vergleich der Darstellungen 4.11 und 4.12 zeigt. Dies bedeutet, daß in dem hier untersuchten Fall die stärkere Abstrahlerung des Einflusses des berücksichtigten Brechzahlprofils durch das vereinfachte Modell für die physikalischen Aussagen nicht entscheident negativ ins Gewicht fällt.

Analyse des Rechenaufwandes

Bei der Analyse des Rechenaufwandes, die die verschiedenen Verfahren bei der Berechnung des gewählten Szenarios benötigten, traten weitere Unterschiede zu Tage. Der auf der CRAY-II der Universität Stuttgart implementierte Algorithmus benötigte zur Berechnung der Ergebnisse mit linearem Brechzahlprofil nach dem Standardverfahren insgesamt 1636 sec, wobei 105 Resonatorumläufe bis zum Erreichen eines numerisch stabilen Ergebnisses benötigt wurden. Bei der Berücksichtigung des Brechzahlprofils nach dem neuentwickelten Modell wurde das Medium in $26 \times 26 \times 26$ Quader entsprechend dem in Kapitel 3.4 dargestellten Verfahren unterteilt. Dabei ergab sich bei der Bestimmung der optischen Weglängen durch den in ebenfalls dem genannten Kapitel beschriebenen Strahlverfolgungsalgorithmus bei ebenso 105 Umläufen wie beim Standardverfahren ein Zeitbedarf von 1925 sec. Dagegen stieg der Rechenaufwand bei der vereinfachten Formulierung auf 3300 sec an, wobei in diesem Fall bis zum Erreichen eines numerisch stabilen Ergebnisses 195 Resonatorumläufe berechnet werden mußten.

Trotz des Mehraufwandes bei der iterativen Weglängenberechnung erwies sich somit bei gleicher Aufteilung des Mediums die Formulierung mit dem Strahlverfolgungs-Algorithmus in dem hier untersuchten Fall als weitaus effizienter als die des vereinfachten Modells. Die genauere Berechnung der Brechzahlen wirkte sich günstig auf das Konvergenzverhalten der beugungstheoretischen Berechnung der resonatorinternen Feldverteilungen aus, so daß bei der vollständigen Formulierung des neuen Modells deutlich weniger resonatorinterne Umläufe berechnet werden mußten. Daraus wird ersichtlich, daß in dem gewählten

Szenario die Gültigkeitsgrenzen des vereinfachten Modells bereits überschritten oder zumindest erreicht worden sind.

Der Rechenaufwand des neuentwickelten Modells mit Raytracing lag bei der gewählten Aufteilung des laseraktiven Mediums lediglich 17,7% über dem des Standardverfahrens bei einer Beschreibung des Brechzahlprofils durch zwei Scheiben. Dies zeigt, daß der Rechenmehraufwand zu Gunsten einer besseren Näherung des Dichteeinflusses auf die Feldverteilungen des Laserstrahls durch die effiziente Programmierung des iterativen Strahlverfolgungs-Verfahrens mit 290 sec im Vergleich zur insgesamt benötigten Rechenzeit gering gehalten werden konnte. Eine Erhöhung der Scheibenzahl auf drei Scheiben beim Standardverfahren zur verbesserten Näherung des resonatorinternen Brechzahlprofils würde dagegen eine nicht vertretbare Steigerung des Rechenaufwandes um mindestens den Faktor 8 nach sich ziehen. Zusätzlich tritt beim Standardverfahren bei mehr als zwei Scheiben die in Kapitel 3 dargestellte Problematik der Berechnung unzulässiger Bahnen auf (Bild 3.26), die die in Abschnitt 4.2 (Bild 4.5) nachgewiesenen systematischen Fehler zu Folge hat.

5 Berechnung eines Strahlführungssystems

Die zunehmende Akzeptanz von Laserbearbeitungsverfahren in der Fertigungstechnik begünstigt die Entwicklung immer komplexerer Laserbearbeitungsanlagen. So entspricht die in Bild 5.1 dargestellte Laserbearbeitungsstation mit 5 Freiheitsgraden der Bewegung durchaus einer typischen Industrieanlage **[52]**.

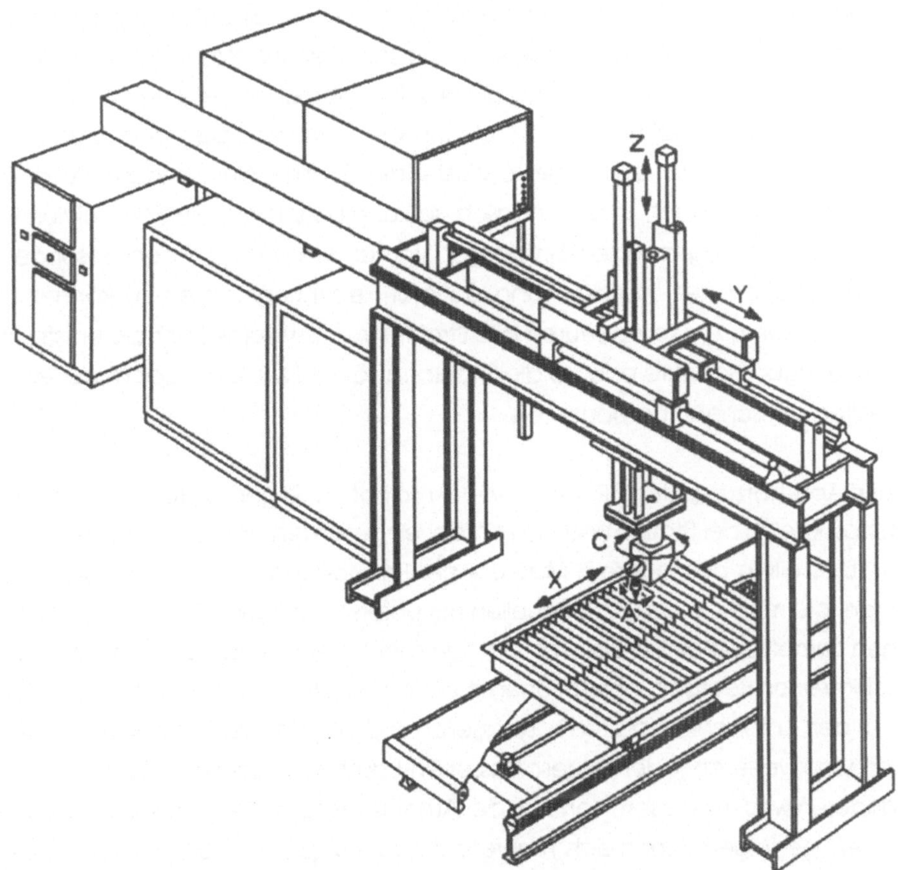

Bild 5.1 Laserbearbeitungsstation mit 5 bewegten Achsen.

In der abgebildeten Berbeitungszelle wird das zu bearbeitende Werkstück lediglich in der mit X bezeichneten Achse bewegt. Um die bewegte Masse gering zu halten und damit die Trägheit des Positioniersystems zu minimieren, werden die restlichen Freiheitsgrade durch Bewegen der optischen Komponenten des in die Fertigungsanlage integrierten Strahlführungssystems realisiert. Der Nachteil dieser Lösung besteht darin, daß beim Bearbeiten ausgedehnter Werkstücke die vom Laserstrahl zurückgelegte Strecke vom Resonator zur Werkstückoberfläche merklich variiert. Um dennoch gleichmäßige Bearbeitungsergebnisse im gesamten Arbeitsbereich der Anlage gewährleisten zu können, muß die aufgrund des sich ändernden Strahlwegs auftretende Variation der Laserstrahlparameter im entsprechenden Entfernungsbereich vom Resonator minimiert werden.

Um den Einfluß der Strahlparametervariation in einem Strahlführungssystem auf die letztlich entscheidende Bearbeitungsqualität abschätzen und sie bei Bedarf durch den Einsatz entsprechend angepaßter optischer Systeme reduzieren zu können, ist eine rechnerische Simulation der Laserstrahlausbreitung unter Berücksichtigung aller relevanten auftretender Strahlbeeinflussungen im realen System unabdingbar. Ist dies möglich, so kann bereits auf die Konstruktion von Laserbearbeitungsanlagen Einfluß genommen werden, um den besonderen Eigenschaften der Laserstrahlung optimal Rechnung tragen zu können. So beeinflussen u.A. die Aperturen des Strahlführungssystems über die entstehenden Beugungseffekte ebenso die Strahlqualität wie z.B. die Qualität der eingesetzten optischen Komponenten.

Eine Abschätzung dieser Einflüsse wird umso notwendiger, je größer der Bearbeitungsbereich der Station und die Zahl der eingesetzten optischen Komponenten ist. Dies gilt in besonderem Maß bei der Entwicklung von Strahlführungssystemen, die mehrere Laserstrahlquellen mit unterschiedlichen Bearbeitungsstationen vernetzen. Solche Systeme werden zunehmend eingesetzt, um die angeschlossenen Bearbeitungsstationen dadurch flexibler nutzen zu können, daß alle aus den unterschiedlichsten Laserquellen in das System eingeschleusten Strahlen wahlweise an jeder angeschlossenen Bearbeitungszelle nutzbar sind. Zum anderen wird mit diesem Konzept der Ausnutzungsgrad jedes angeschlossenen Lasers gesteigert, wenn sich mehrere Bearbeitungsstationen im sogenannten *Time-Sharing* Betrieb die Nutzung eines Laserstrahls teilen. Da in der Regel die Einricht- und Bestückungszeiten an einer Station die eigentliche Bearbeitungszeit bei weitem übersteigen, steht in solch einem System die Strahlleistung an der einen Stelle zur Verfügung, während an einer anderen der nächste Bearbeitungsvorgang vorbereitet wird **[53]**. Bild 5.2 zeigt eine Teilansicht solch eines komplexen Strahlführungssystems, welches am IFSW der Universität Stuttgart geplant und realisiert wurde **[54]**. Um die Strahlen der verschiedenen Laserquellen auf den einzelnen Bearbeitungsstationen ohne komplizierte Anpassungsmechanismen nutzen zu können, werden die in das Strahlführungssystem einzuspeisenden Laserstrahlen durch den Einsatz von individuell angepaßten Strahlaufweitungssystemen so transformiert, daß die Variation der Strahlparameter im gesamten System in engen Grenzen gehalten wird.

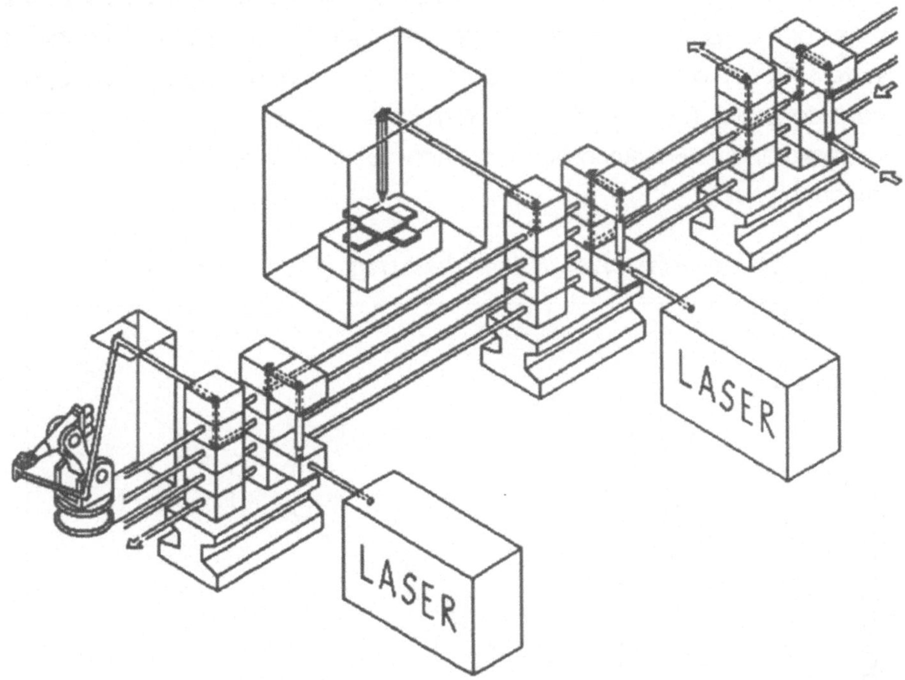

Bild 5.2 Teilansicht des am IFSW der Universität Stuttgart entwickelten Strahlführungssystems.

5.1 Voruntersuchungen

Die Optimierung geometrisch optisch ausgelegter Strahlaufweitungssysteme kann, wie Voruntersuchungen zeigten, letztendlich nur beugungstheoretisch erfolgen. Bild 5.3 zeigt das Ergebnis einer theoretischen Auslegung eines Strahlaufweitungssystems für eine kommerzielle Laserstrahlquelle nach dem sogenannten *Gauß-Formalismus* **[6]**, welcher die Beugung nur als Ursache der Strahlaufweitung bei der Propagation beinhaltet, jedoch nicht die von Aperturen herrührenden berücksichtigt. Ohne zusätzliche optische Systeme weitet sich nach diesem Formalismus der Laserstrahl ab einer gewissen Entfernung vom Resonator nahezu linear auf (gestrichelte Kurve in Bild 5.3). Die dabei entstehenden großen Strahldurchmesser übersteigen die Öffnungen handelsüblicher Bearbeitungsoptiken um ein Vielfaches. Um die Variation des Strahldurchmessers in einem Entfernungsbereich von 10 m bis 30 m vom Resonatorausgang möglichst gering halten zu können, wurde ein Aufweitungssystem unter der Vorgabe, daß der Strahldurchmesser 30 mm nicht überschreiten sollte, so konzipiert, daß sich nach dem Gauß-Formalismus die durchgezogenene Linie ergibt **[55]**. Gemäß den Randbedingungen der Auslegung sind im interessierenden Entfernungsbereich nahezu konstante Arbeitsparameter zu erwarten.

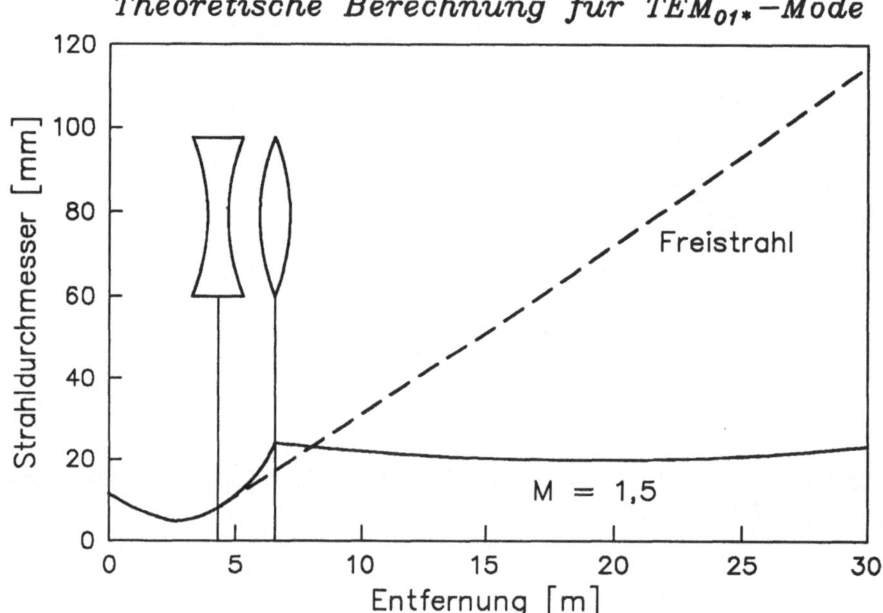

Bild 5.3 Vergleich der gemessenen Strahldurchmesser eines kommerziellen Lasers mit stabilem Resonator bei freier Propagation (gestrichelte Kurve) mit dem berechneten Strahlverlauf nach Transformation durch ein Strahlaufweitungssystem mit einem Vergrößerungsfaktor **M = 1,5** (durchgezogene Kurve).

Die Positionen der optischen Komponenten sind bezüglich der Entfernung zum Resonatorausgang markiert. Die Berechnung erfolgte nach dem Gauß-Formalismus unter der Vorraussetzung einer TEM_{01^*}-Mode mit einer dem Verlauf der gestrichelten Kurve entsprechenden Divergenz.

Eine Auslegung optischer Systeme für Hochleistungslaser mit dem Gauß-Formalismus beinhaltet allerdings in den meisten Fällen eine zu grobe Näherung der tatsächlichen Verhältnisse. So entsprechen die Feldverteilungen kommerzieller Hochleistungslaser nur zu 30 - 70% einer reinen gaußschen Verteilung. Die Auslegung der meisten kommerziellen Hochleistungslaser lassen aus Wirkungsgradgründen höhere Modenordnungen zu, so daß im Resonator neben der TEM_{00}-Grundmode (Bild 3.10) weitere Moden anschwingen. Die meßbare Intensitätsverteilung des ausgekoppelten Strahls ist allein kein Maß für die die Modenordnung, da durch sowohl kohärente als auch inkohärente Überlagerung verschiedener Gauß-Moden diese an einem Ort im zeitlichen Mittel einer bestimmten Gauß-Verteilung entsprechen kann ohne jedoch deren Phasenverteilung zu besitzen **[56]**. Da die einzelnen einander überlagerten Anteile im ausgekoppelten Strahl nicht zu trennen sind, ist die theoretische Beschreibung des resonatorexternen Strahlverhaltens in diesem Formalismus nur eingeschränkt möglich. Weitere Strahlanteile, die nicht durch den Gauß-Formalismus erfaßt werden, stammen aus Beugungseffekten an resonatorinternen Aperturen **[56]** oder werden durch Dichtevariationen im Medium erzeugt.

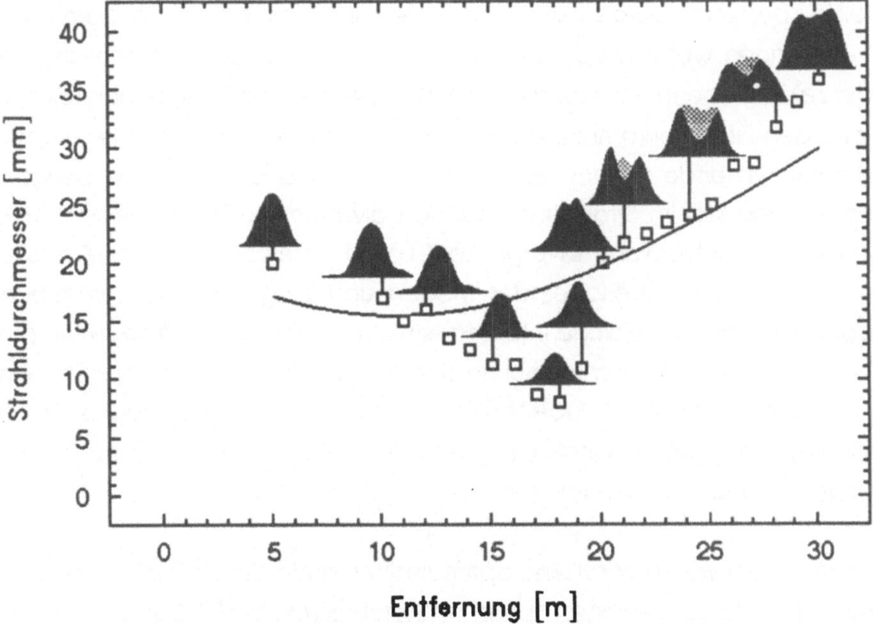

Bild 5.4 Vergleich des nach dem Gauß-Formalismus für eine Mode berechneten Strahldurchmessers (durchgezogene Kurve) mit den hinter einem Strahlaufweitungssystem erzielten experimentellen Werten (□).

Die Intensitätsverteilungen wurden an den markierten Punkten durch Plexiglaseinbrände ermittelt und mit Hilfe eines Bildverarbeitungssystems aufbereitet.

In Bild 5.4 werden experimentell ermittelte Daten der Strahlpropagation eines kommerziellen CO_2-Hochleistungslasers mit stabilem Resonator dem Ergebniss der Strahlpropagationsberechnung nach dem Gauß-Formalismus gegenübergestellt **[57]**. Ausgehend vom gleichen Lasersystem wie in den Rechnungen zu Bild 5.3 sollte auch hier ein Strahlaufweitungssystem so ausgelegt werden, daß die Variation des Strahldurchmessers in einem gewissen Entfernungsbereich minimal gehalten wird, wenn auch hier andere Vorgaben bezüglich maximalem Strahldurchmesser und interessierendem Entfernungsbereich zugrunde lagen. Obwohl die Intensitätsveteilung in geringer Entfernung vom Laser der der Gaußschen Grundmode ähnelt, stimmen die experimentellen Werte nur in sehr großer Entfernung von der Strahltaille mit der Gaußsche Theorie überein. Im kritischen Bereich in Taillennähe ergeben sich dagegen die größten Abweichungen des gemessenen Strahldurchmessers von der Theorie.

Um die Gründe für die aufgetretenen Abweichungen analysieren zu können, wurde an den markierten Meßpunkten die sich dort einstellende Intensitätsverteilung bestimmt. Dargestellt sind Schnitte durch das Zentrum der gemessenen Verteilungen, wobei die gerasterten Bereiche den Verlauf der Verteilung hinter der Zeichenebene sichtbar machen. Diese zeigen, daß die gemessenen Verteilungen nicht vollkommenen rotationssysmmetrisch sind. Da die durch das strahlaufweitende System ebenfalls erfaßten und abgebildeten Beugungsanteile und die im Strahl enthaltenden diversen gaußschen Modenanteile jeweils unterschiedliche Divergenzen, bzw. Fernfeldöffnungswinkel besitzen, erzeugen die sich überlagernden Moden- und Beugungsanteile entfernungsabhängig unterschiedliche Intensitätsstrukturen. Daraus erklärt sich die große Variation des Strahldurchmessers in einem engen Bereich hinter der Strahltaille in Bild 5.4, wo die verschiedenen Strahlanteile sich einander überlagern **[58]**. Im Gegensatz dazu behält eine reine Gauß-Mode seine Struktur bei einer ungehinderten Propagation bei.

Dieses Ergebnis zeigt, daß eine optimale Auslegung des Strahlführungssystems mit den dafür notwendigen optischen Systemen nur bei Berücksichtigung aller auftretenden Effekte möglich ist. Dies gilt insbesondere für Hochleistungslaser, deren Ausgangsstrahlung zum einen aus einer Überlagerung verschiedener Modenordnungen besteht und zum anderen wegen des großen ausgenutzten Anregungsvolumens bei gleichzeitig vergleichsweise geringen seitlichen Abmessungen des Resonatorraums durch Aperturwirkung an resonatorinternen Begrenzungen einen erheblichen Beugungsanteil besitzen.

5.2 Simulationsvorgaben

Im folgenden wird eine beugungstheoretische Simulation eines Strahlführungssystems mit dem in dieser Arbeit entwickelten Programmpaket exemplarisch an dem in Bild 5.5 schematisch dargestellten Szenario gezeigt. Darin bezeichnet Markierung ① die Berechnung des Laserresonators und ② dessen Nahfeldverteilung. Die Berechnung der daraus resultierenden Verteilung nach einer Propagtion über eine Entfernung von 12,5 m (③) erfolgte durch den bereits beschriebenen Kirchhoff-Fresnel-Formalismus. Um den Einfluß einer realen optischen Komponente auf die weitere Strahlausbreitung zu zeigen, wurde die tatsächliche Oberflächenstruktur eines planen Umlenkspiegels unter der Belastung eines Hochleistungslaserstrahls vermessen (Bilder 5.10 und 5.11). Aus dieser Oberflächenform ergibt sich unter Berücksichtigung einer vorgegebenen Strahlumlenkung von 90° die Feldverteilung des Strahls nach erfolgter Reflexion. Als Beispiel einer transmittierenden optischen Komponente wurde in einer Entfernung von 7,5 m vom reflektierenden Umlenkspiegel der Einfluß einer fokussierenden Linse mit vorgegebener Apertur auf den Laserstrahl berechnet (④).

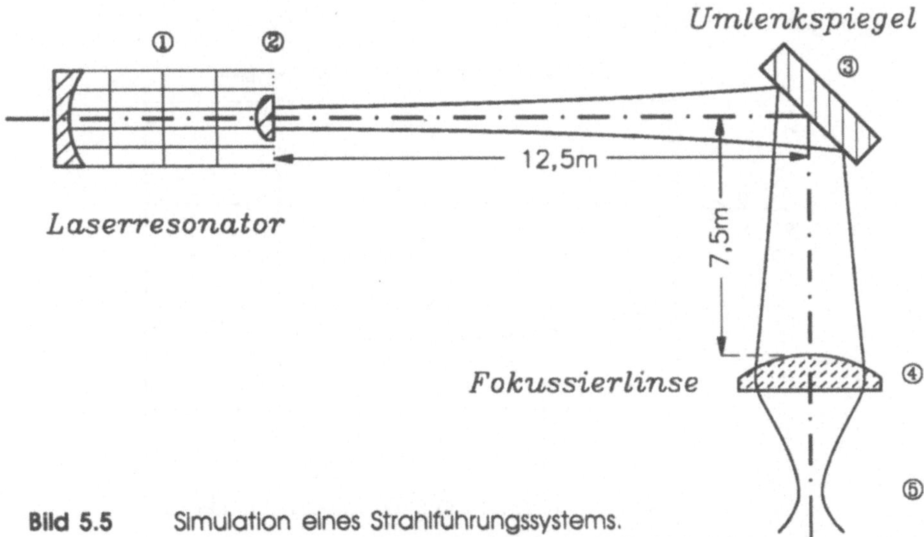

Bild 5.5 Simulation eines Strahlführungssystems.

① Berechnung der Feldverteilungen eines instabilen Resonators.
② Ermittelung des ausgekoppelten Nahfeldes.
③ Bestimmung der Feldverteilung nach einer Propagtion über 12,5 m.
④ Berechnung der Feldverteilung auf einer Fokussierlinse nach einer anschließenden Propagation um 7,5 m.
⑤ Berechnung der Intensitätsverteilungen in Fokusnähe.

Die Berechnung des sich hinter der Linse ergebende Feld erfolgte durch Anwenden eines Strahlverfolgungs-Algorithmus (siehe Kapitel 3.3). Um die resultierende Strahlqualität im Fokus abzuschätzen, wurde die Intensitätsverteilung in einem fokusnahen Bereich berechnet (⑤). Damit kann die Lage des Fokus exakt ermittelt werden, die aufgrund der Phasenverteilung des auf die Linse einfallenden Laserstrahls von deren Nominalbrennweite verschieden ist. Trotz der Einfachheit des simulierten Szenarios können daran exemplarisch die prinzipiellen Möglichkeiten der in einem Programmpaket implementierten, in dieser Arbeit dargestellten Algorithmen aufgezeigt werden.

5.3 Ergebnisse der einzelnen Berechnungsschritte

Den Ausgangspunkt der Simulation bildet die Berechnung eines instabilen Resonators, dessen Daten bereits im vorangegangenen Kapitel beschrieben wurden. Zur Simulierung des Effekts der Dichtevariation im laseraktiven Medium, wurde von der unten dargestellten parabelförmigen Dichteverteilung ausgegangen (vgl. Bild 3.34, Kurve ②).

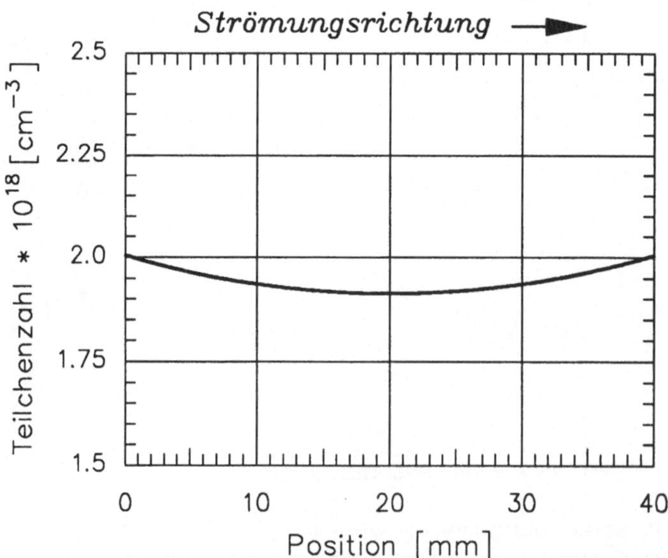

Bild 5.6 Dichtevariation im laseraktiven Medium eines justierten Resonators. Dargestellt ist die typische Anzahl der Gasmoleküle als Funktion des Abstandes vom Gaseinlaß in einem quergeströmten CO_2-Hochleistungslaser.

Um realen Bedingungen Rechnung zu tragen, wurde eine Resonatorjustage nach dem in Kapitel 3.5 beschriebenen Verfahren berücksichtigt. Die in Bild 5.6 dargestellte Verteilung der Dichte im Resonatorraum ergibt sich aus derjenigen in Bild 4.9 durch Eliminieren der linearen Komponente der Kurve. Das resultierende Brechzahlprofil hat somit eine zylinderförmige Struktur mit der dargestellten Variation in Strömungsrichtung des Gases.

Bild 5.7 zeigt exemplarisch die Ergebnisse der Resonatorberechnung bei Berücksichtigung der in Bild 5.6 beschriebenen Dichteverteilung an den Intensitäts- und Phasenverteilungen auf dem Reflexionsspiegel und in der Auskoppelebene. Der Einfluß des Brechzahlprofils wurde durch das neuentwickelte Modell bestimmt, wobei die Berechnung der optischen Weglängen im Resonator durch Raytracing erfolgte. Dazu wurde wie bei den Rechnungen zu den in Kapitel 4 gezeigten Ergebnissen der Resonatorraum in $26 \times 26 \times 26$ Quader unterteilt.

Um den durch die Struktur des Brechzahlprofils entstehenden Einfluß auf die Verteilungen zu verdeutlichen, sind Schnitte durch die Resonatorachse im Zentrum der Verteilungen in Strömungsrichtung (x-Richtung) und senkrecht dazu (y-Richtung) dargestellt. Der zylindersymmetrische Verlauf des Brechzahlprofils im laseraktiven Medium zeigt sich an den unterschiedlichen Maximalwerten in den Schnittbilddarstellungen in den beiden Richtungen. Aufgrund der geringen Brechzahlvariation ist der resultierende Einfluß auf die Strahlausbreitung im Resonator entsprechend gering. Dies wird auch bei einem Vergleich der in Bild 5.7 dargestellten Verteilungen mit den in Bild 4.1 und 4.2 abgebildeten Resultaten der Berechnung des leeren Resonators deutlich. Da die hier zugrunde liegenden Resonatorparametern ebenso mit denen übereinstimmen, die zu den Untersuchungen im vorhergehenden Kapitel vorausgesetzt wurden, eröffnet ein Vergleich der entsprechenden Ergebnisse die Möglichkeit, die Wirkung der Resonatorjustage anschaulich zu erfassen.

Bild 5.8 zeigt die sich im Nahfeld des Resonators ergebende Verteilung, deren Phasenfläche aufgrund der konfokalen Konzeption des Resonators nahezu eben verläuft. Da bei einem optisch instabilen Resonator die Strahlung in Form eines Ringes emittiert wird (Bild 3.4 b-d), sind im Nahfeld im zentralen Bereich keine Intensitätsanteile vorhanden.

a) *Reflexionsspiegel*

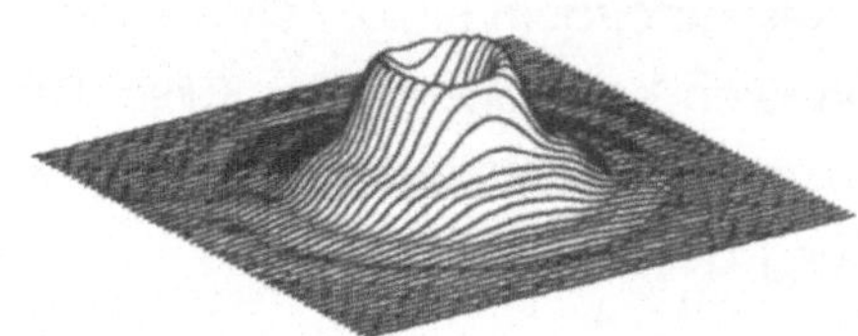

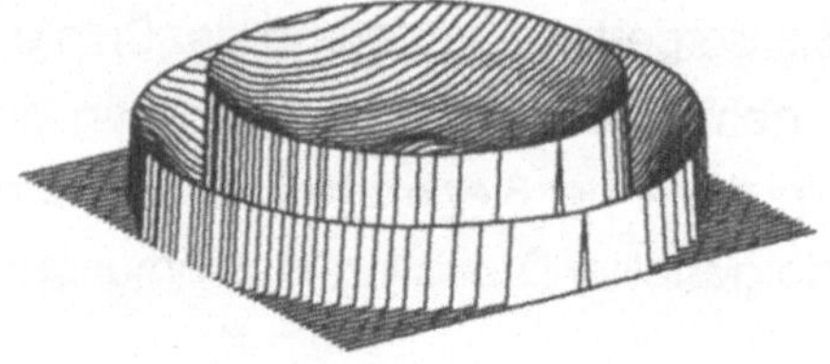

Zentralschnitt x–Achse

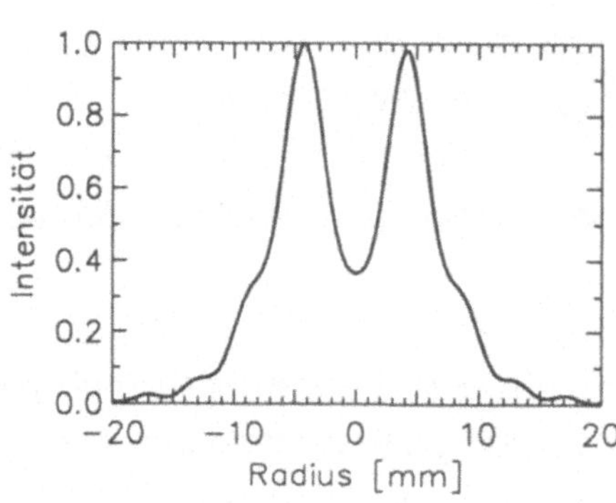

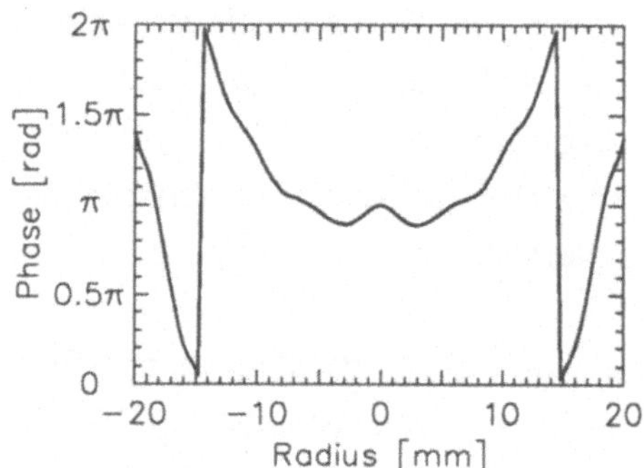

Zentralschnitt y–Achse

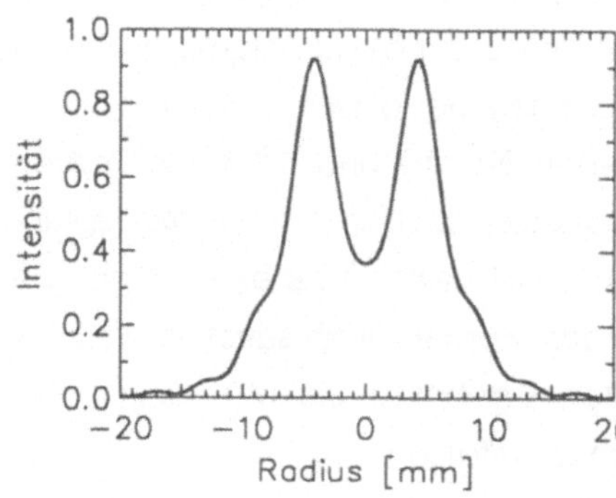

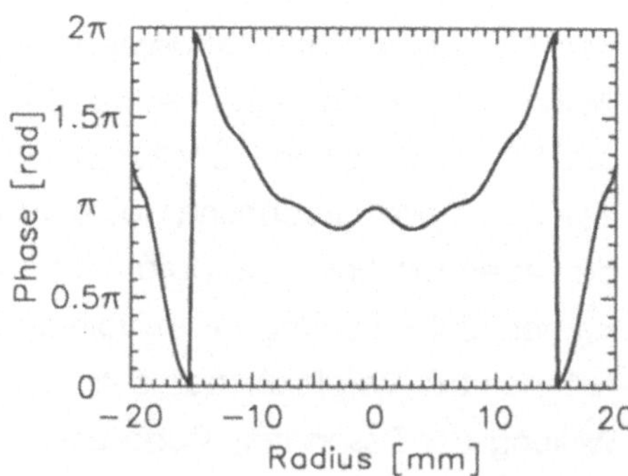

b)

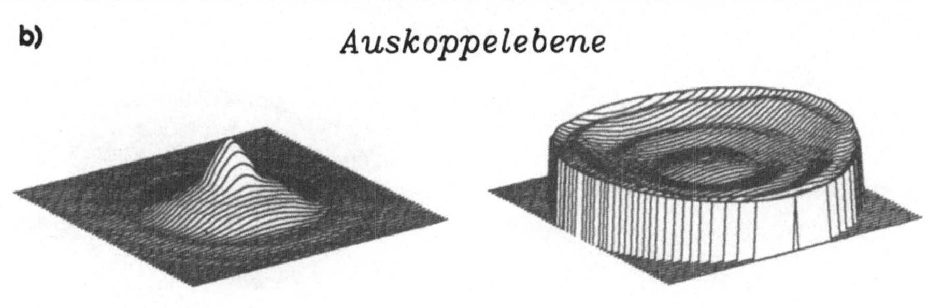

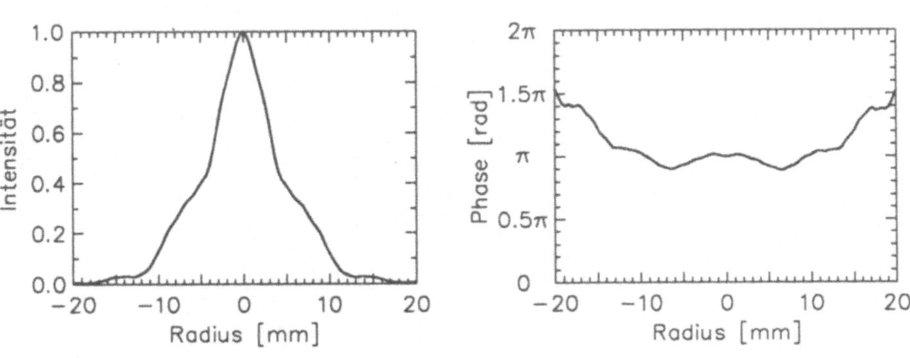

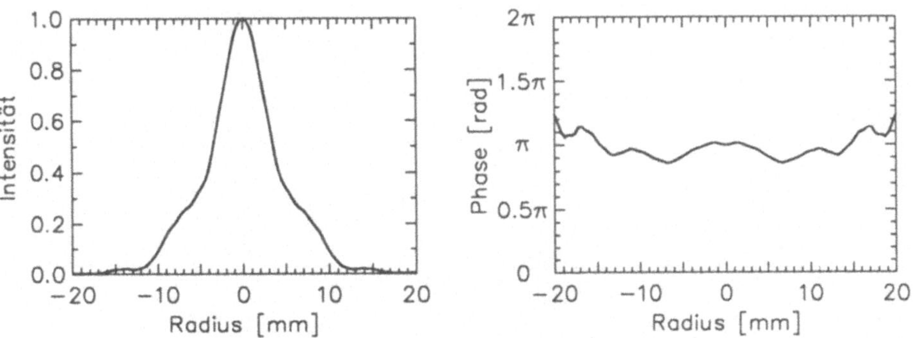

Bild 5.7 Intensitäts- und Phasenverteilungen am Ort des Reflexionsspiegels (**a**) und in der Auskoppelebene (**b**).

Nahfeld

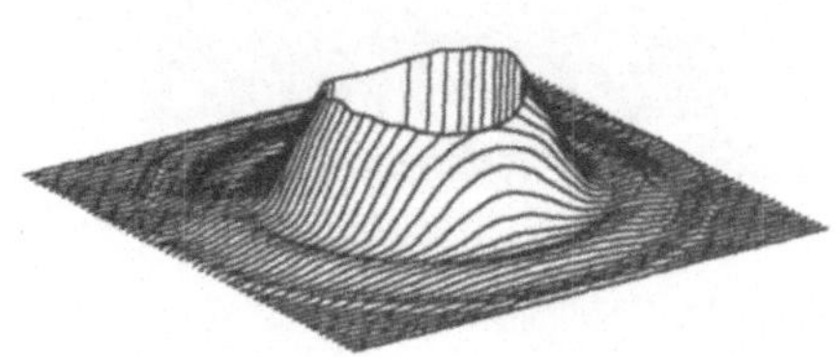

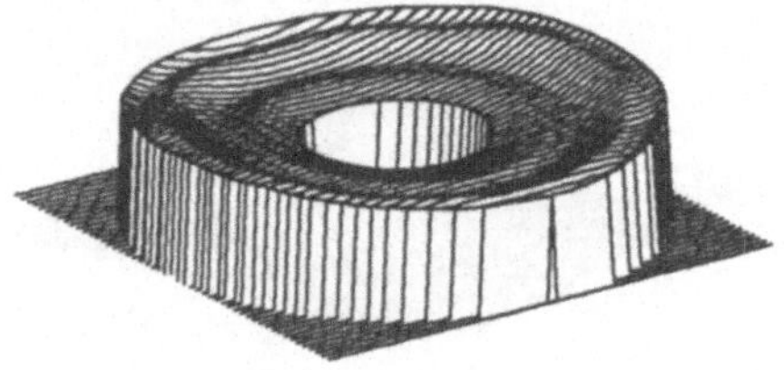

Zentralschnitt x–Achse

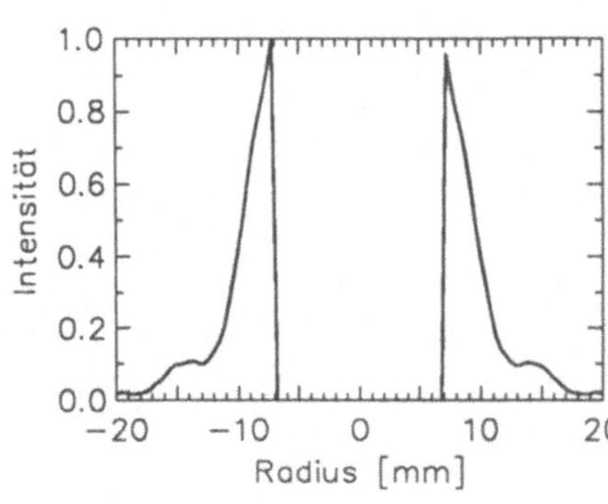

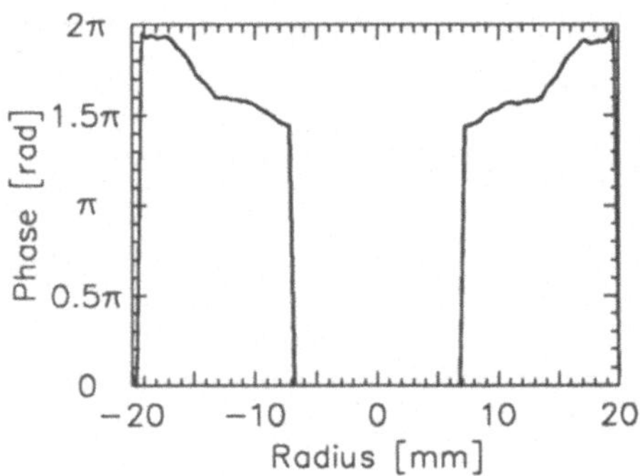

Zentralschnitt y–Achse

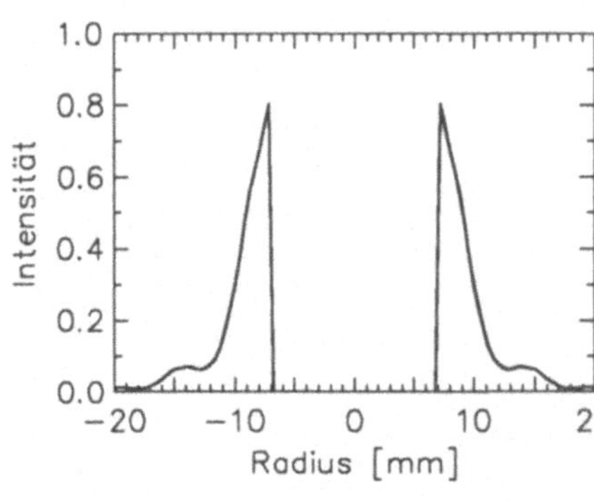

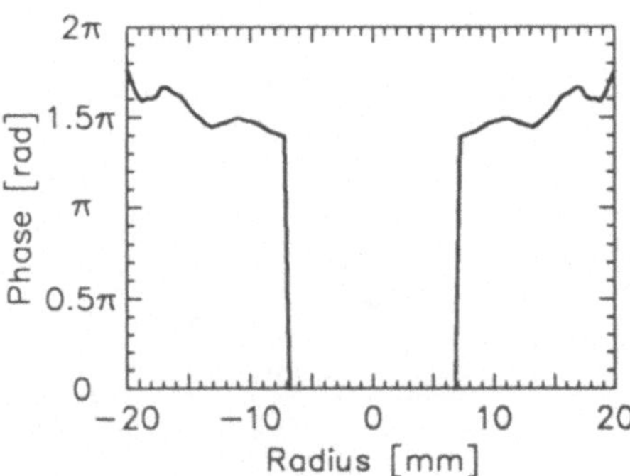

Bild 5.8 Intensitäts- und Phasenverteilung im Nahfeld.
Die begrenzende Apertur des Resonators beträgt 40 mm.

Ausgehend von der Nahfeldverteilung wurde die daraus nach einer Propagation über eine Strecke von 12,5 m resultierende berechnet. Bereits nach Ausbreitung über diese Strecke hat sich das im Nahfeld abgedeckte Zentrum der Verteilung gefüllt und der *Poissonsche Fleck* vollständig ausgebildet (Bild 5.9).

Feld in 12,5m Entfernung vom Nahfeld

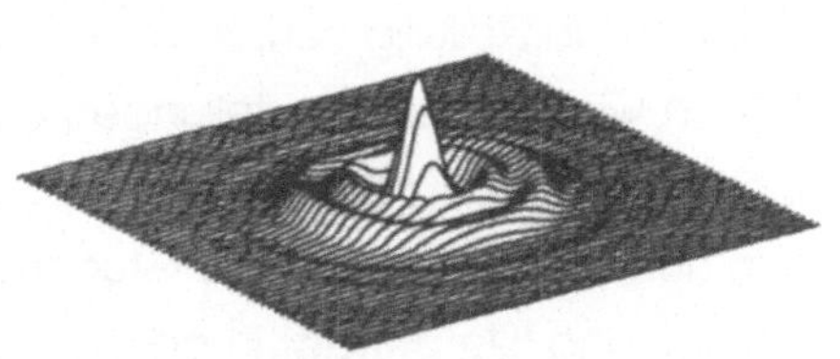

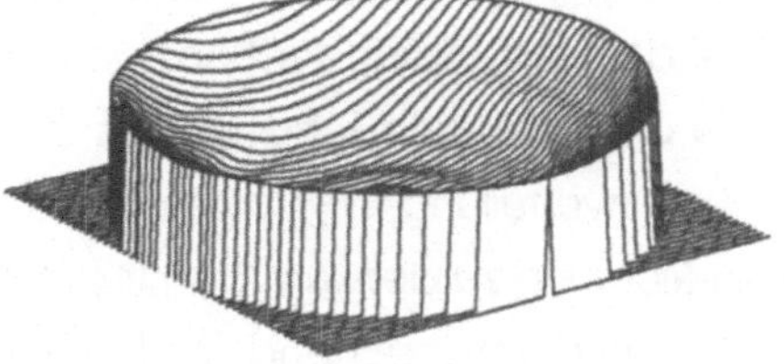

Zentralschnitt x–Achse

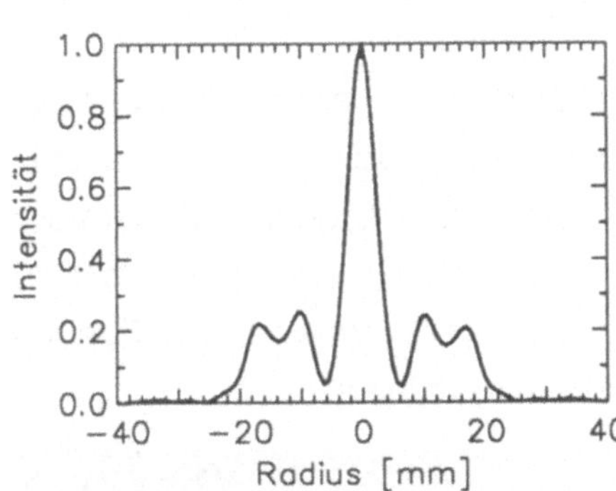

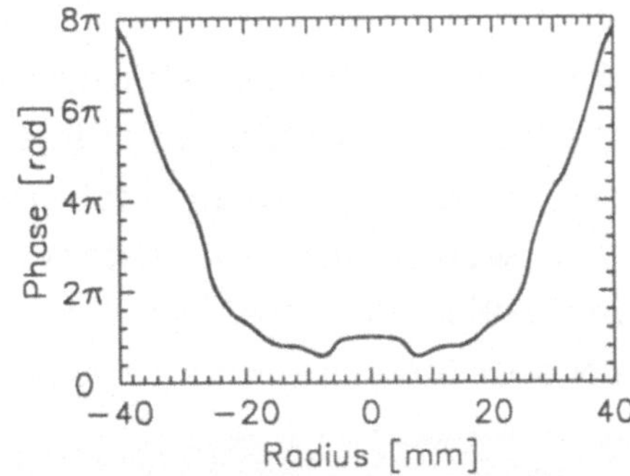

Zentralschnitt y–Achse

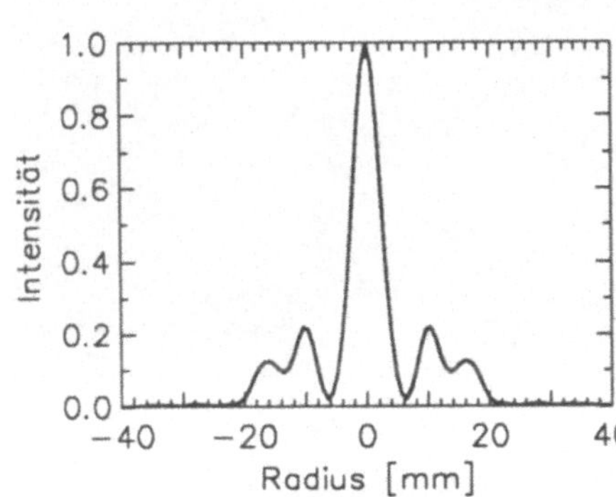

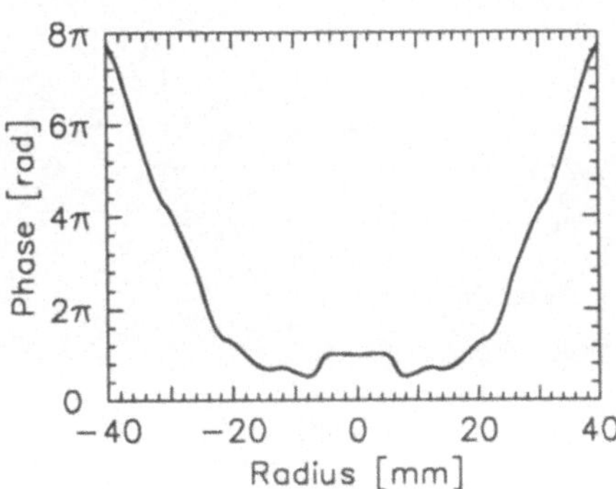

Bild 5.9 Intensitäts- und Phasenverteilung nach Propagation des Nahfeldes über eine Strecke von 12,5 m.

Im Zentrum der Verteilung erscheint der Poissonsche Fleck, die aufgrund der ringförmigen Auskopplung auftretenden Beugungsnebenmaxima sind als entsprechende Strukturen um des zentrale Maxium erkennbar.

Bild 5.9 zeigt die berechneten Intensitäts- und Phasenverteilungen auf einer Zielfläche von 80 mm Durchmesser. Aus Gründen der Anschaulichkeit wurde bei der Darstellung der Phase auf eine normierte Darstellung verzichtet, sodaß die divergierende Tendenz des Strahls deutlich wird. In den Darstellungen der Phasenverteilung ist jeweils die Ausbreitungsrichtung von oben nach unten in -z-Richtung zu denken. Damit entspricht ein hoher Abstand von der Grundfläche einer entsprechend großen Phasenverzögerung. Sie beträgt in obiger Abbildung gegenüber der Phase auf der optischen Achse maximal 6,76 π oder 3,38 Wellenlängen, während an einigen Stellen eine Phasenvoreilung gegenüber der Phase auf der optischen Achse von bis zu 0,47 π auftritt.

Um den Einfluß der durch Absorption entstehenden Deformation eines Umlenkspiegels unter Belastung durch einen Hochleistungslaserstrahl zu berücksichtigen, wurde ein für diesen Einsatz bei einer Laserwellenlänge von 10,6 µm üblicher wassergekühlter Kupferspiegel interferometrisch vermessen. Bild 5.10 zeigt neben dem Interferogramm des unbelasteten Spiegels (a) das Ergebnis bei einer Beaufschlagung mit 15 KW Laserleistung (b) **[59]**.

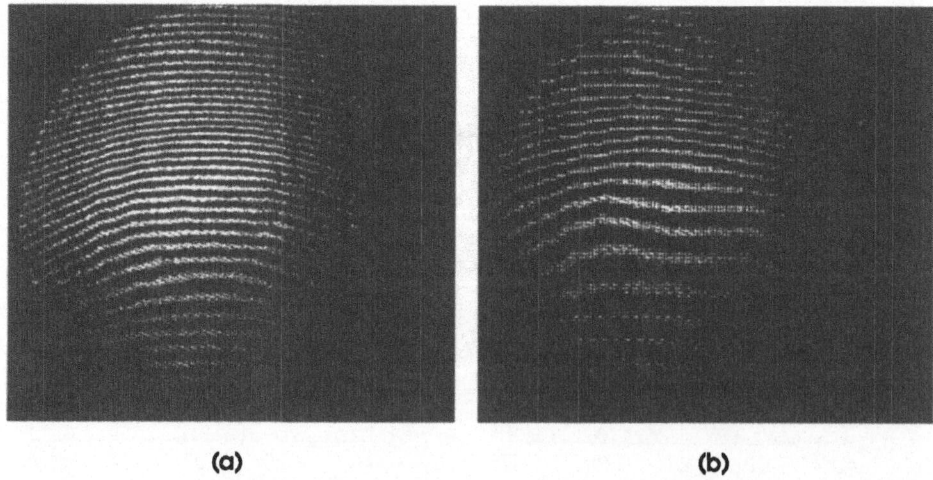

(a) (b)

Bild 5.10 Vergleich der Interferogramme eines unbelasteten wassergekühlten ebenen Kupferspiegels mit 80 mm Apertur **(a)** und bei Beaufschlagung des gleichen Spiegels mit 15 KW Laserleistung **(b)**.

Das von einem Bildverarbeitungssystem digitalisierte Interferogramm (b) wurde mit einem speziell entwickelten Programmpaket **[60]** ausgewertet. Daraus kann die resultierende Oberflächendeformation des im unbelasteten Zustand ebenen Spiegels berechnet werden (Bild 5.11).

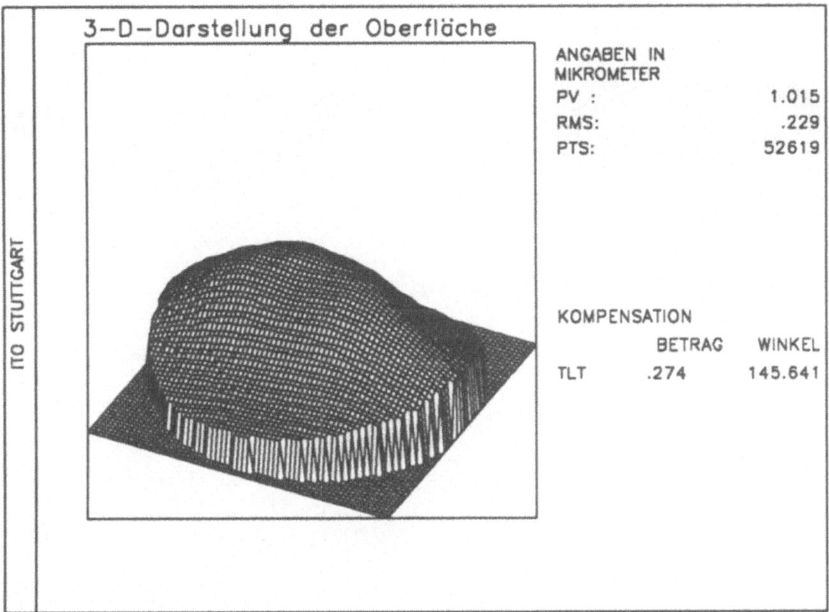

Bild 5.11 Aus dem Interferogramm Bild 5.10b berechnete Oberflächendeformation des Spiegels.

Wird ein Spiegel mit kreisförmiger Berandung zur Umlenkung eines Laserstrahls eingesetzt, so stellt der Spiegelrand eine Ellipse dar, deren Ellipsität vom Einfallwinkel abhängt. Die an solch einer Berandung entstehenden Beugungseffekte sind demnach selbst für einfallende radialsymmetrische Strahlverteilungen nach der Reflexion nicht mehr rotationssymmterisch zur optischen Achse.

Nach Umrechnung der aus dem Interferogramm (Bild 5.10b) gewonnenen Daten (siehe Bild 5.11) in eine resultierende Phasenstörung des Laserstrahls ergeben sich unter Berücksichtigung der elliptischen Apertur bei 45° Einfallwinkel **[59]** die in Bild 5.12 dargestellten Intensitäts- und Phasenverteilungen nach der Reflexion am Spiegel.

Die Aperturwirkung des Spiegels ist an der Intensitätsverteilung nur schwach erkennbar, wie ein Vergleich zu Bild 5.11 zeigt. Anhand der Darstellungen der Phasenverteilung in die beiden senkrecht zueinander liegenden Schnittebenen wird sie dagegen augenfällig.

Feld nach Reflexion

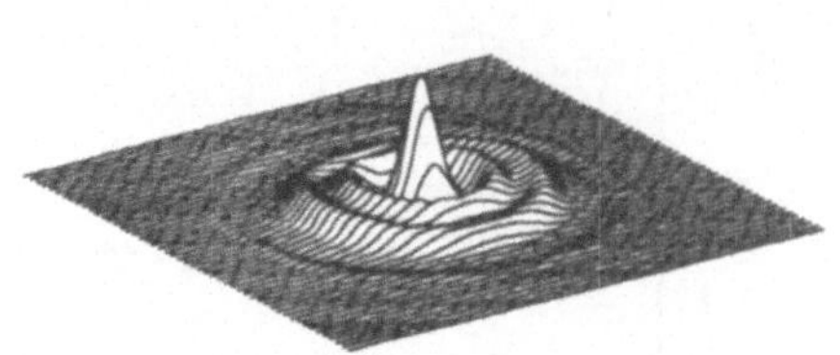

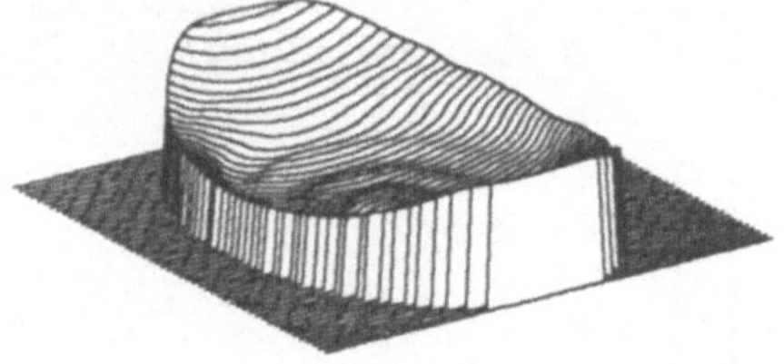

Zentralschnitt x–Achse

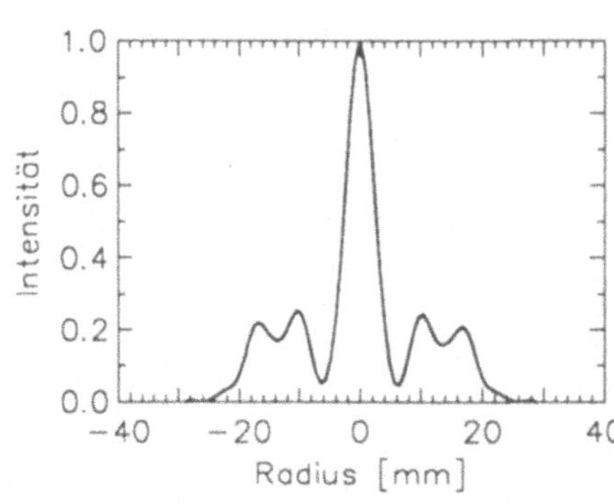

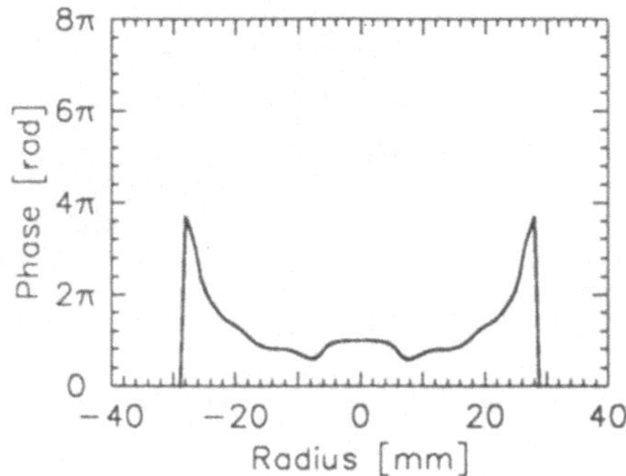

Zentralschnitt y–Achse

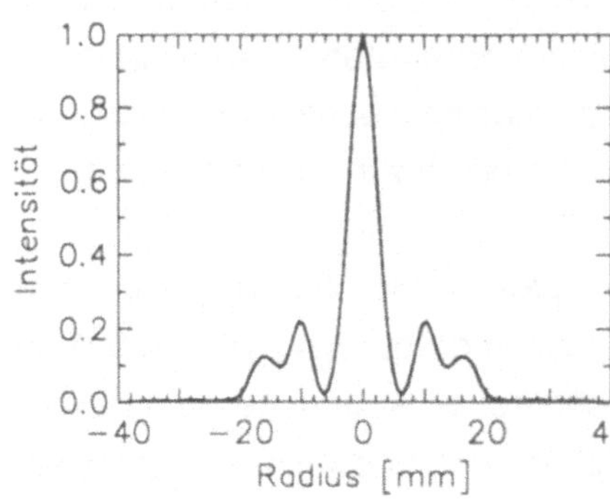

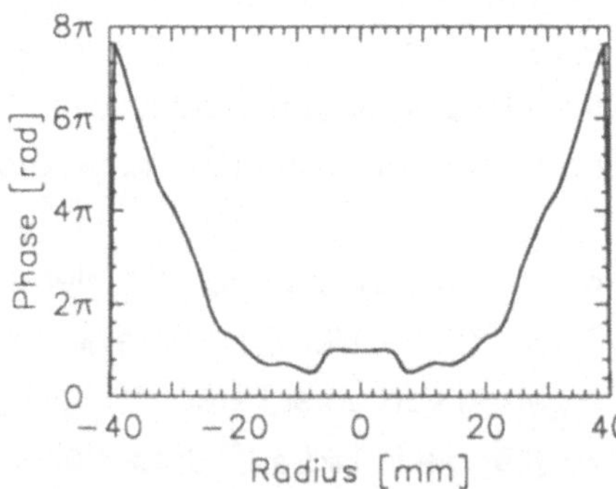

Bild 5.12 Intensitäts- und Phasenverteilung nach der Reflexion am Umlenkspiegel.

Obwohl im äußeren Bereich der einfallenden Strahlung nur sehr kleine Intensitätswerte auftreten, ist dennoch aufgrund der großen Fläche ein erheblicher Leistungsanteil darin enthalten. Ein Abblenden eines Teilbereichs des Strahls beeinflußt somit merklich die Feldverteilung bei einer weiteren Ausbreitung.

Feld 7,5m nach Reflexion

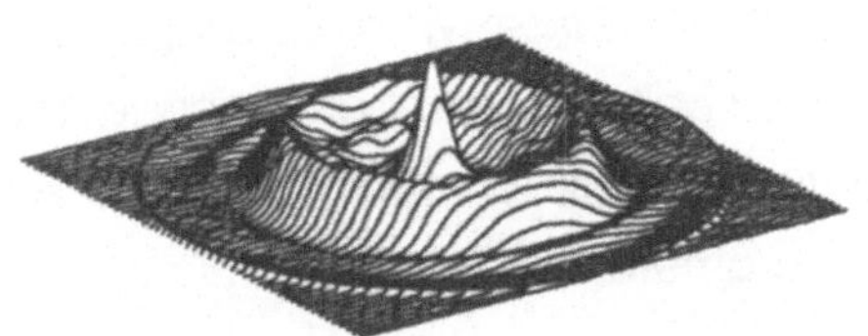

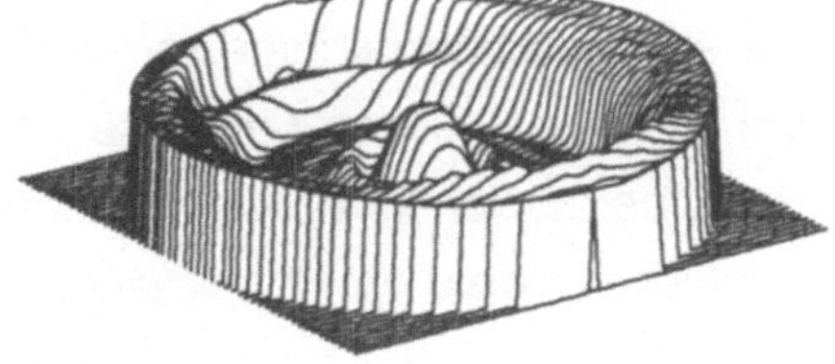

Zentralschnitt x–Achse

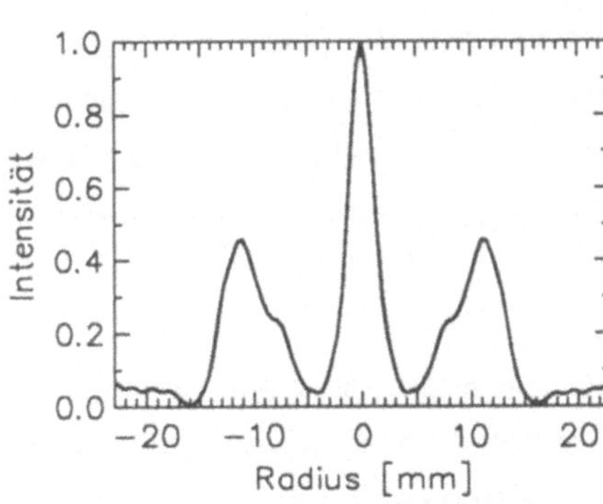

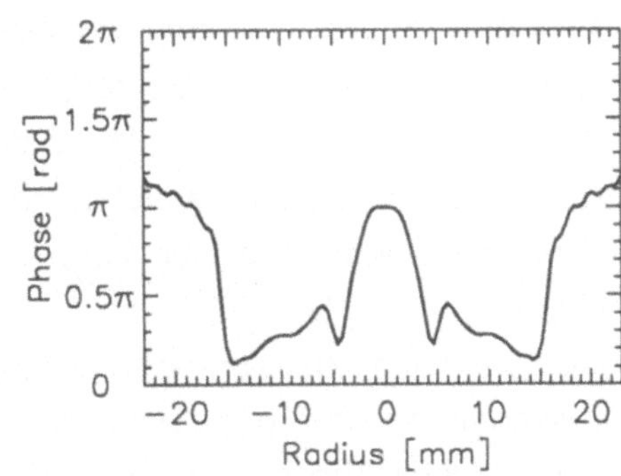

Zentralschnitt y–Achse

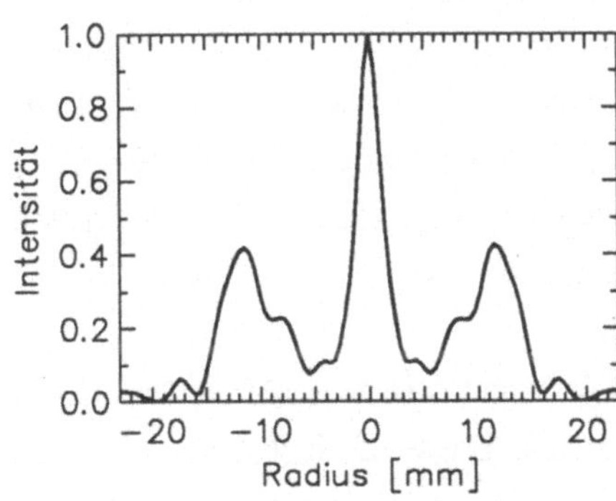

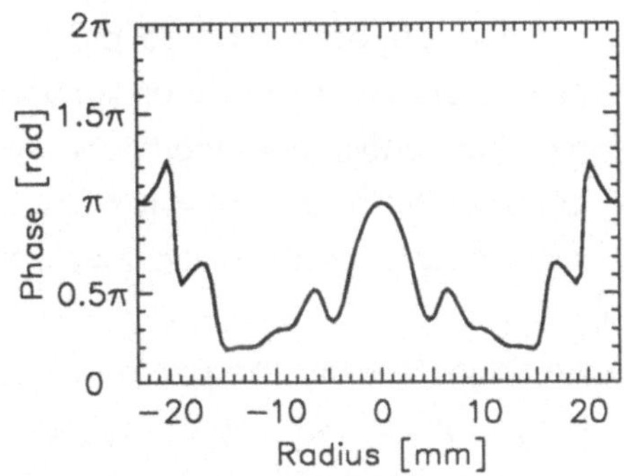

Bild 5.13 Intensitäts- und Phasenverteilung nach einer anschließenden Propagation über 7,5 m.
Der Durchmesser des Darstellungsbereichs beträgt 46 mm.

Die Intensitäts- und Phasenverteilung des Strahls nach anschließender Propagation über 7,5 m zeigt obige Abbildung. Insbesondere anhand der dargestellten Phasenverteilung ist die Auswirkungen der elliptischen Apertur des Umlenkspiegels über diese Entfernung erkennbar. Der Durchmesser des Darstellungsbereichs beträgt 46 mm und entspricht somit der nutzbaren Öffnung einer Linse mit einem Außendurchmesser von 2'' = 50,8 mm. Dieser Wert wurde gewählt, um den Einfluß einer für die Lasermaterialbearbeitung typischen Linsengeometrie zu berücksichtigen. Aus historischen Gründen besitzen optische Komponenten insbesondere für Hochleistungslaser Parameter im Zollmaß.

Im Vergleich zu der in Bild 5.12 abgebildeten Verteilung ist in Bild 5.13 zu erkennen, daß durch die Beschränkung der Linsenöffnung auf eine Apertur von 46 mm ein nicht zu vernachlässigender Anteil der Laserstrahlung abgeblendet wird. Dies wird insbesondere deutlich beim Vergleich der jeweiligen Schnittbilddarstellungen der Intensitätsverteilungen. Aus dieser Blendenwirkung resultiert zum einen eine Abnahme der Strahlleistung und zum anderen durch zusätzliche, im weiteren Verlauf auftretende Beugungseffekte eine Reduzierung der Strahlqualität hinter der Linse.

Die Berechnung der sich nach Durchgang durch die fokussierende Linse einstellenden Feldverteilung (Bild 5.14) wurde mittels eines Strahlverfolgungs-Algorithmus (siehe Kapitel 3.3) durchgeführt. Als Brennweite der Linse wurde ein Wert von f = 10'' = 254 mm gewählt, der typisch für den Einsatz insbesondere bei Schweißanwendungen mit CO_2-Laserstrahlung ist. Gemäß dem oben genannten Durchmesser der Linse wurde für deren Mittendicke ein Wert von 5 mm vorgegeben. Ebenso praxisgerecht ist, um Abbildungsfehler gering zu halten, die Wahl einer plan-konvexen Bauform der Linse - hier exemplarisch mit ideal sphärischer Oberfläche. Als Linsenmaterial wurde das für den Einsatz bei einer Wellenlänge $\lambda = 10{,}6\ \mu m$ übliche ZnSe eingesetzt, dessen Brechungsindex n für diese Strahlung 2,4028 beträgt.

An dieser Stelle wurde der Einfluß von im Linsenmaterial absorbierter Strahlleistung auf die Transmissionseigenschaften der Linse vernachlässigt. Eine aufgrund der Intensitätsverteilung des Strahls auch bei homogenem Linsenmaterial örtlich variierende Aufheizung führt zu einem Brechzahlprofil $n(x,y,z)$. Dessen Wirkung kann im Prinzip durch den gleichen Formalismus, der zur Berücksichtigung eines Dichtegradienten im resonatorinternen Medium verwendet wurde, berechnet werden. Die Aufheizung des Linsenkörpers führt darüber hinaus zu einer Deformation der optischen Komponente, die neben der Intensitätsverteilung des Strahls stark von den Materialeigenschaften des Linsenkörpers sowie

Feld nach Durchgang durch Linse

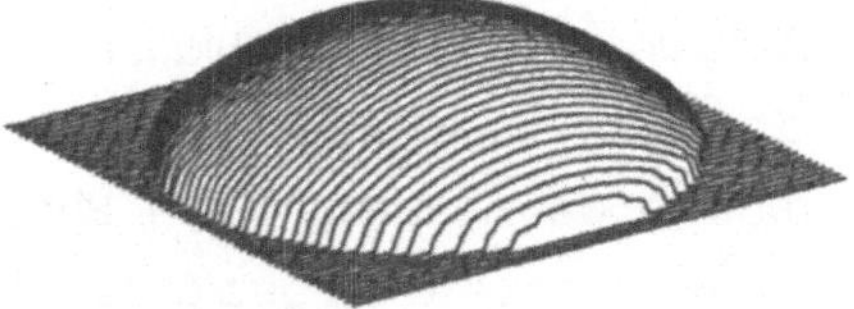

Zentralschnitt x–Achse

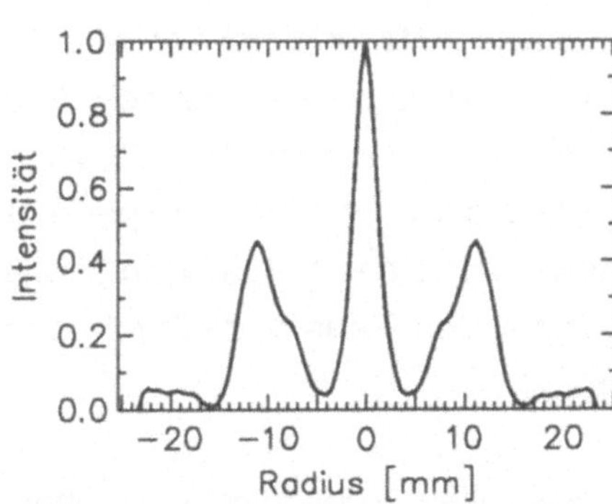

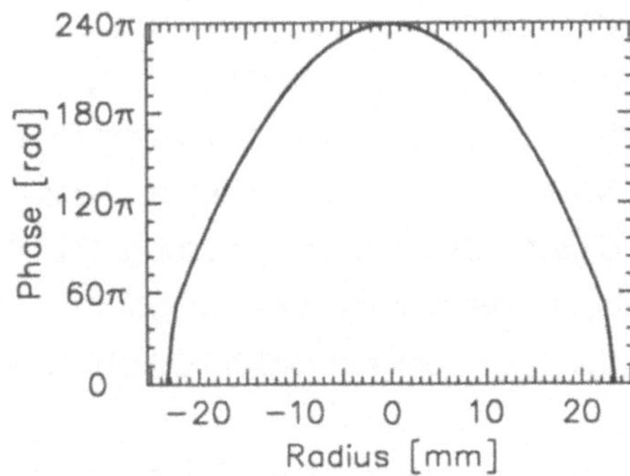

Zentralschnitt y–Achse

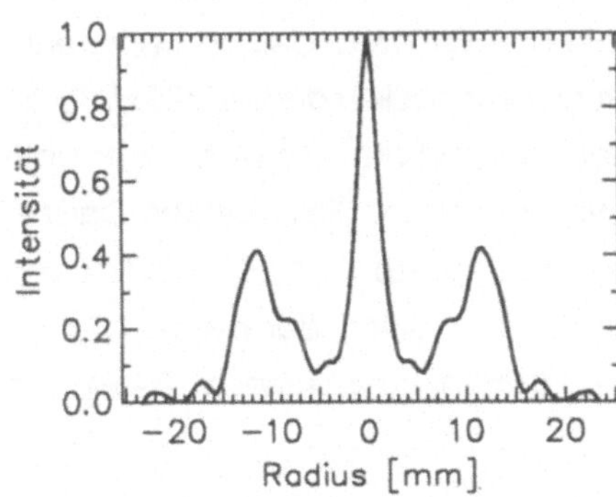

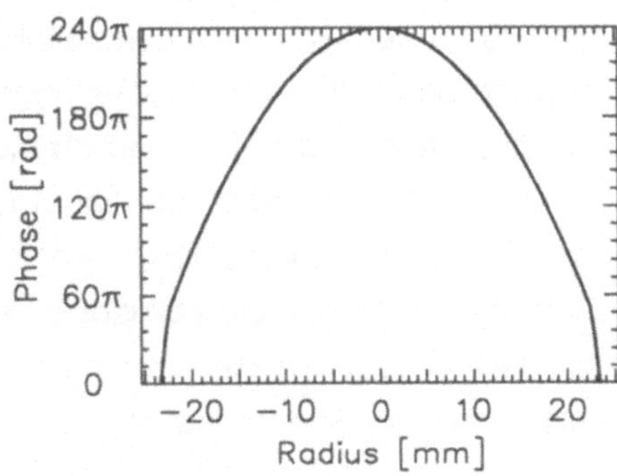

Bild 5.14 Intensitäts- und Phasenverteilung nach Durchgang durch eine fokussierende Linse der Brennweite f = 10''.

Die Abzissenwerte der darstellten Verteilungen beträgt entsprechend dem Linsendurchmesser 2''.

dem vorherrschenden Kühlmechanismus abhängt. Da eine Diskussion der zur Berücksichtigung dieses Effekts notwendigen Berechnungsmodelle an dieser

Stelle zu weit führen würde, wurde auf dessen Simulation verzichtet. Untersuchungen zu diesem Aspekt finden sich z.B. in **[36]**.

Aufgrund der in der Simulation relativ gering angesetzten Linsenstärke bleibt die Intensitätsverteilung beim Durchgang durch die Linse unverändert, während in der Darstellung der Phasenverteilung der durch die fokussierende Wirkung der Linse aufgeprägte sphärische Anteil überwiegt (vergleiche Bilder 5.13b und 5.14b). Anhand der Schnittbilddarstellungen der Phase wird deutlich, daß die fokussierende Wirkung der Linse um ein Vielfaches die divergierende Tendenz des einfallenden Laserstrahls übersteigt. Die Phasenverzögerung auf der optischen Achse gegenüber den Randbereichen der Linse beträgt mit 218 π mehr als das 100-fache der Phasenvariation im einfallenden Laserstrahl (Bild 5.13). Ausgedrückt in Wellenlängen entspricht dies einem Wegunterschied von 109 λ bzw. 1,16 mm zwischen Achse und Rand der Linse für λ = 10,6 µm. Aus diesem Grund ist die ursprüngliche Phasenverteilung des einfallenden Strahls in der gewählten Darstellungsform der resultierenden Phase nach Durchgang durch die Linse in Bild 5.14 nicht zu erkennen.

Um den tatsächlichen Fokusabstand im gewählten Fallbeispiel zu erhalten, wurden zunächst Schnitte senkrecht zur Ausbreitungsrichtung des Strahls durch die sich hinter der Linse einstellende Intensitätsverteilung in 240 mm bis 260 mm Entfernung vom Linsenausgang berechnet. Durch Aneinanderreihen der Einzelschnitte entsteht eine räumliche Struktur, die die Formveränderung der Intensitätsverteilung entlang der Ausbreitungsrichtung anschaulich darstellt (Bild 5.15 a). Zusätzlich zeigt Bild 5.15 b die sich ergebenden Intensitätswerte auf der optischen Achse als Funktion der Entfernung von der Linse. Diese beiden Darstellungsweisen sind zweckmäßig, wenn wie insbesondere beim Schneiden von Dickblech nicht nur die Fokuslage, sondern zum Erzielen der bestmöglichen Bearbeitungsqualität die Kenntnis des Intensitätsverlaufs in einem Bereich in Fokusnähe von Bedeutung ist.

Der höchste Intensitätswert auf der optischen Achse stellt sich in einer Entfernung von 252,4 mm von der Linse ein. Damit tritt im berechneten Fall trotz der auf die Linse auftreffenden divergierenden Strahlverteilung (Bild 5.13) insgesamt eine Fokusverkürzung von 1,6 mm gegenüber der Nominalbrennweite von f = 254 mm auf. Dieser Effekt erklärt sich aus der verstärkten Brechung im Randbereich der Linse und deckt sich mit anderen Untersuchungen zur Fokussierung von Laserstrahlung **[40]**.

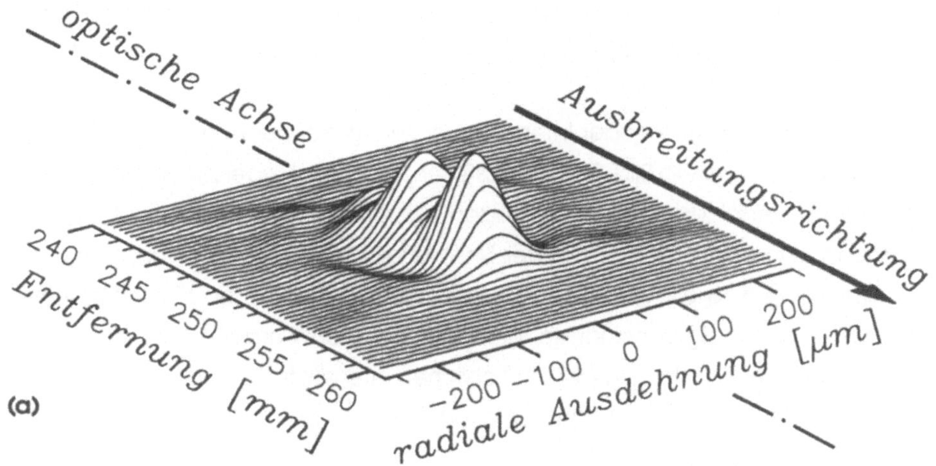

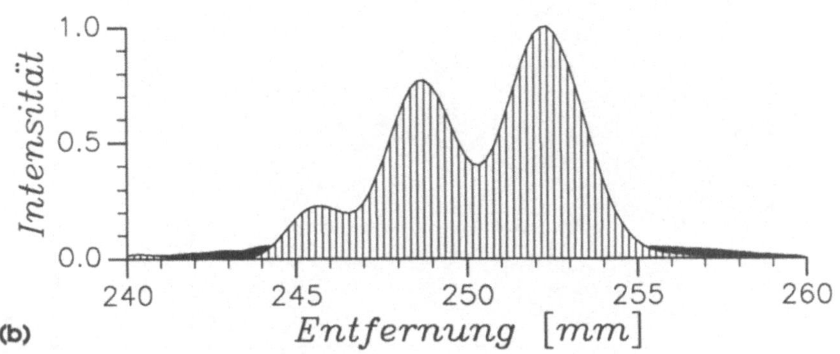

Bild 5.15 Intensitätsverteilung in Fokusnähe als Funktion der Entfernung vom Linsenausgang.

Dargestellt sind die aneinander gereihten Schnitte durch die berechneten Intensitätsverteilungen (**a**) sowie der Intensitätswert auf der optischen Achse als Funktion der Entfernung (**b**). Die Darstellungen sind auf den höchsten Intensitätswert normiert. Ausgangspunkt der Berechnungen bildete das in Bild 5.14 dargestellte Ergebnis aus den vorhergehenden Berechnungsschritten.

Ebenso wird aus Bild 5.15b deutlich, daß längs der optischen Achse mehrere lokale Intensitätsmaxima in Fokusnähe auftreten können. Deren Anzahl und Position ist abhängig von den Parametern der auf die Linse einfallenden Strahlverteilung. Somit ist allein durch experimentelles Einstellen des Abstandes der Fokussieroptik von der Werkstückoberfläche gemäß den bekannten Nominalwerten der Fokussieroptik keinesfalls gesichert, daß die jeweils optimale

Einstellung für den beabsichtigten Bearbeitungsprozeß gewählt wurde. Dieses Ergebnis verdeutlicht, daß zur Optimierung eine beugungstheoretische Untersuchung unumgänglich ist.

Um die Strukturänderung der Intensitätsverteilung bei der Annäherung an den Fokus deutlicher als in Bild 5.15 darzustellen, wurden wiederum Schnitte durch die sich in verschiedenen Entfernungen einstellende Intensitätsverteilung entsprechend ihres Abstandes von der Linse aneinander gereiht. Jedoch wurden in Abbildung 5.16 die Schnittbilddarstellungen der einzelnen Intensitätsverteilungen unabhängig voneinander normiert. Dadurch werden in der entstehenden räumlichen Darstellung die tatsächlichen Intensitätsverhältnisse entlang der Ausbreitungsrichtung des Strahls ignoriert.

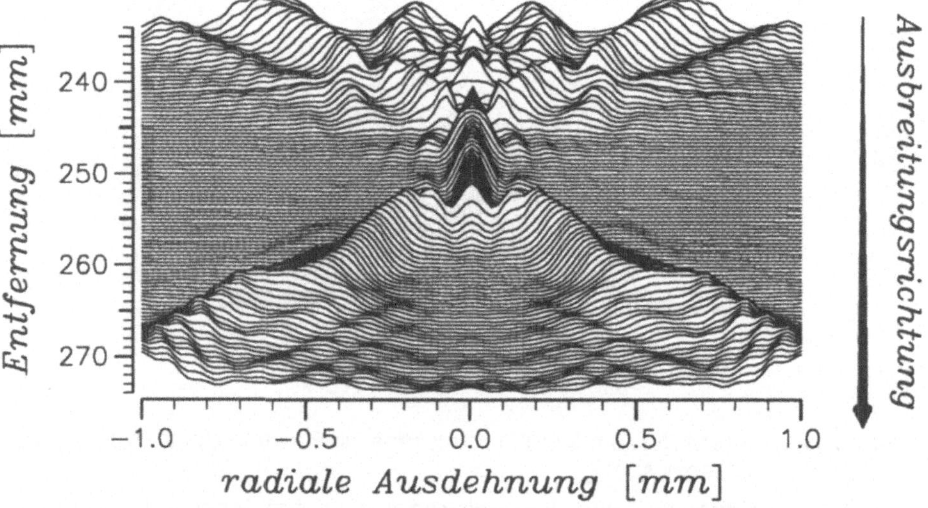

Bild 5.16 Darstellung der Veränderung der Intensitätsverteilung als Funktion des Abstandes vom Linsenausgang.

Um die Strukturen im gesamten Darstellungsbereich sichtbar zu machen, wurden die einzelnen Ergebnisse normiert und gestatten somit keinen Vergleich der Absolutverhältnisse wie in Bild 5.15.

Aufgrund der speziellen Darstellung mit Blickrichtung entgegengesetzt der Ausbreitungsrichtung des Laserstrahls wird in obiger Abbildung die typische Form der Einhüllenden der Strahldurchmesservariation in Fokusnähe sichtbar. Dargestellt sind Schnitte durch die sich einstellenden Intensitätsverteilungen in einer Entfernung von 234 mm bis 274 mm von der Linse. Dies entspricht einem Bereich von 20 mm vor bis 20 mm hinter der Nominalbrennweite der Linse, wobei die Ringstruktur des Nahfeldes in ca. 260 mm Entfernung als reales Bild der ausgekoppelten Intensitätsverteilung am Laserausgang - modifiziert durch die berücksichtigten Phasenstörungen entlang der Propagation des Strahls - auftritt. In dem dargestellten Beispiel liegt somit zwischen dem Ort der höchsten Intensitätsverteilung auf der optischen Achse und der Bildebene einer für das Laserschneiden ungeeigneten Intensitätsverteilung des Nahfeldes lediglich 7,5 mm.

Entsprechend dem jeweiligen Bearbeitungsproblem können mit solchermaßen realitätsnahen Berechnungen, wie sie oben dargestellt wurden, die optischen Komponenten zur Laserstrahlführung gemäß einer Kosten-Nutzungsrechnung optimiert werden. Die Qualität des optischen Systems muß für ein bestimmtes Verfahren ausreichend sein, eine überzogene Anforderung ist jedoch nicht ökonomisch. Andererseits kann solch eine Analyse dazu beitragen, ein bestimmtes Bearbeitungsverfahren zu optimieren, wenn dafür eine bestimmte Intensitätsverteilung besonders wünschenswert oder die zulässige Variation des Strahldurchmessers in der Umgebung des Bearbeitungsabstandes durch Parameter des Laserbearbeitungsverfahrens begrenzt ist.

Verteilung in 252,4mm Entfernung von der Linse

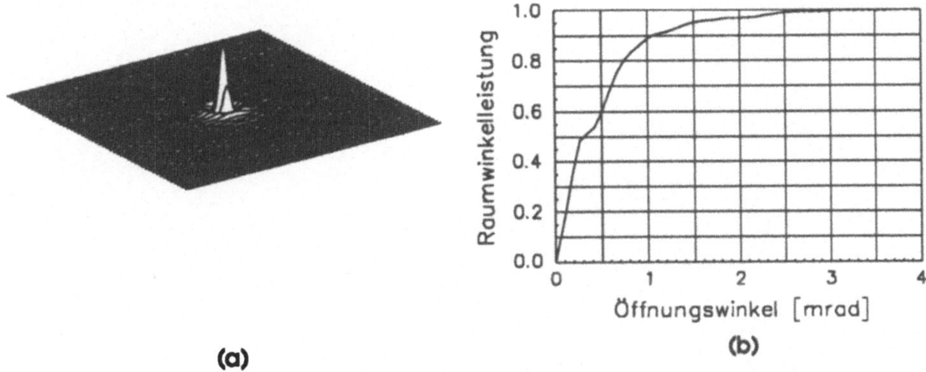

Bild 5.17 Intensitätsverteilung (a) und Raumwinkelleistung (b) am Ort des höchsten auf der optischen Achse auftretenden Intensitätswertes in einer Entfernung von 252,4 mm von der fokussierenden Linse.

Exemplarisch für die Vielzahl der in Fokusnähe auftretenden Intensitätsverteilungen ist in Bild 5.17 die räumliche Verteilung (a) in einer Entfernung von 252,4 mm von der Linse dargestellt, in der sich auf der optischen Achse der höchste Intensitätswert ergibt. Daneben ist die über den Darstellungsbereich integrierte Raumwinkelleistung an diesem Ort (b) als Funktion des Öffnungswinkels abgebildet. Die sich durch die berücksichtigten Phasenstörungen im Verlauf der Propagation ergebende Deformation der Strahlverteilung wird besonders bei der Analyse dieser Kurve deutlich, deren Verlauf sich signifikant von dem Ergebnis der Berechnung des leeren Resonators (Bild 4.2 c rechts) unterscheidet. Da beide Kurven, wie weiter oben bereits erwähnt, auf den Leistungsinhalt das dargestellten Öffnungswinkel normiert sind, gestatten sie in der dargestellten Form keine Absolutaussage über die erreichbare Strahlqualität. Dazu bedarf es einer Berechnung der Leistung in einem ausreichend großen Raumwinkel. Um alle in dieser Arbeit dargestellten Ergebnisse untereinander vergleichen zu können, wurde jedoch ein einheitlicher Maßstab der Abbildungen gewählt, an dem die Unterschiede jeweiligen Resultate qualitativ erkennbar werden.

6. Zusammenfassung

Aufgrund der flexiblen Einsatzmöglichkeiten des Laserstrahls als Bearbeitungswerkzeug findet diese neue Technik eine zunehmend größere Verbreitung in der Materialbearbeitung. Durch eine große Zahl von Untersuchungen werden Verfahren entwickelt, die herkömmliche Bearbeitungsverfahren an Geschwindigkeit, Bearbeitungseffizienz oder durch die erzielbare Bearbeitungsqualität übertreffen. Daneben eröffnet die Verwendung von Laserstrahlen als Werkzeug die Möglichkeit, Verfahren zu entwickeln, die bisher als nicht realisierbar galten.

Um den Laserstrahl in einem Bearbeitungsverfahren optimal einsetzen zu können, muß er vom Ort seiner Erzeugung im Resonator bis zu seiner Nutzung an der Werkstückoberfläche genaustens charakterisiert werden können. Durch die Berücksichtigung der Einflüsse des in jeder Anlage integrierten strahlführenden Systems ergeben sich Hinweise auf die mit der Anlage erreichbaren Strahlqualität. Diese fließt ihrerseits in die Bestimmung der Verfahrensparameter ein, so daß die Analyse des Strahls eine Vorbedingung für die Entwicklung von neuen Laserbearbeitungsverfahren bedeutet. Durch die realitätsnahe Simulation des Strahlweges in einer existierenden Bearbeitungsanlage können andererseits durch die Analyse der einzelnen Einflüsse die diversen optischen Elemente einschließlich des Resonators so optimiert werden, daß sich die Funktionalität der Anlage im Hinblick auf das jeweilige Bearbeitungsverfahren erhöht.

Die Charakterisierung des Laserstrahls in Bearbeitungsanlagen erfolgte bisher in der Regel durch eine experimentelle Bestimmung der Intensitätsverteilung. Da jeder aus einem realen Resonator ausgekoppelten Strahlung Beugungsanteile überlagert sind, variiert die Intensitätsverteilung in einem bestimmten Abstandsbereich von der Laserstrahlquelle. Der Einfluß von Beugungseffekten durch Blendenwirkung resonatorinterner Aperturen ist insbesondere bei Hochleistungslasern von Bedeutung, wie sie zur Lasermaterialbearbeitung eingesetzt werden. Dies gilt für Strahlquellen mit optisch stabilen aber umsomehr für Laser mit optisch instabilen Resonatoren, deren Energieauskopplung grundsätzlich nur beugungstheoretisch beschreibbar ist. Insbesondere der letztgenannte Resonatortyp wird aufgrund seiner kompakten Bauform bei Realisierung von Lasern höchster Ausgangsleistung eingesetzt.

Um mit Hilfe einer experimentellen Meßmethode auf die Strahlqualität des Lasers schließen zu können, ist daher ein proportional zur Komplexität des verwendeten Strahlführungssystems umfangreiches Meßprogramm vonnöten, um ausreichend Daten über das Strahlverhalten in der Ausbreitungsstrecke zu erhalten. Hinzu kommt bei der experimentellen Bestimmung der Intensitätsverteilung die Abhängigkeit des Ergebnisses von der Meßmethode und den verwendeten Detektoren. Dies gilt insbesondere für CO_2-Laser, die Strahlung mit einer Wellenlänge von 10,6 µm emittieren. So sind z.B. Ergebnisse von in der Praxis durchaus üblichen Plexiglaseinbränden **[61]** in der Regel nicht mit solchen vergleichbar, die mit elektronischen Detektoren **[62, 63]** erzielt worden sind. Doch selbst bei solchen rechnerunterstützen Systemen differieren die jeweils erzielten Ergebnisse bedingt durch die Charakteristik der jeweils verwendeten Detektoren bzw. aufgrund unterschiedlicher Auswertemethoden der Hersteller.

Wegen den geringen Abmessungen bei einer gleichzeitig hohen Energiedichte im fokusnahen Bereich sind dort generell direkte Meßergebnisse nur mit einem relativ hohen Fehler zu erhalten. Indirekte Meßmethoden wie das vergrößerte Abbilden zur Erhöhung der Auflösung schließen jedoch zusätzliche Fehler des abbildenden Systems ein.

In der vorliegenden Arbeit wird ein Simulationsverfahren diskutiert, daß ausgehend von der Berechnung der Feldverteilung in optischen Laserresonatoren die Bestimmung der Strahlparameter an jeder Stelle so insbesondere auch im Arbeitsbereich einer Laserbearbeitungsstation erlaubt. Durch Verwendung verschiedener bereits bekannter Algoritmen sowie einer neuartigen Methode zur Berücksichtigung von Dichteprofilen in Laserresonatoren wurde ein Programmpaket erstellt, das die Feldverteilung an beliebigen Orten in einem Strahlführungssystem realitätsnäher als bisher zu ermitteln erlaubt. Somit kann eine damit durchgeführte Berechnung der Intensitäts- und Phasenprofile von Laserstrahlen unter Beachtung aller Parameter in Zukunft die aufwendige Methode der experimentellen Messung der ortsabhängigen Intensitätsverteilung zur Bestimmung der Strahlqualität ersetzen.

Zusätzlich ergibt sich durch die beugungstheoretische Berechnung ein Zugewinn an Information durch Ermittelung nicht nur der Intensitäts- sondern sondern auch der zugehörigen Phasenverteilung. Deren Kenntnis ist wesentlich, da aufgrund der Kohärenz der Laserstrahlung die Intensitätsverteilung an einem bestimmten

Ort durch Interferenzeffekte entsteht. Die Intensitätsverteilung bestimmt somit zusammen mit dem zugehörigen Phasenprofil vollständig den Laserstrahl, so daß die daraus resultierende Verteilung in beliebiger Entfernung berechnet werden kann.

Das in dieser Arbeit vorgestellte Berechnungsverfahren ermöglicht die Ermittelung der Feldverteilung in beliebigen optischen Resonatoren nach dem Kirchhoff-Fresnel Formalismus aus der Beugungstheorie. Ein in einer vom Autor betreuten Diplomarbeit **[27]** erstelltes Programm wurde anhand bereits veröffentlichter Ergebnisse **[50]**, die mit einem vergleichbaren Algorithmus erstellt wurden, validiert. Bei der Realisierung auf der CRAY-II der Universität Stuttgart wurde auf eine rechnerunabhängige Formulierung des Programms geachtet und keine spezifische Laufzeit-Optimierung für den verwendeten Prozessor durchgeführt. Damit wurde die Möglichkeit eröffnet, das Programmpaket auf andere leistungsstarke Rechner ohne Aufwand portieren zu können.

Um den Einfluß eines Dichteprofils im Resonator, das durch Temperaturgradienten aufgrund der Anregung des laseraktiven Mediums entsteht, berücksichtigen zu können, wurde ein neuartiges Modell entwickelt und in dieser Arbeit dargestellt. Ausgehend von einem Algorithmus, der im Rahmen einer vom Autor betreuten Studienarbeit **[49]** erstellt wurde, zeigte die Analyse der Ergebnisse einer auf Strahlverfolgung basierenden weiterentwickelten Formulierung die Überlegenheit des neuen Modells gegenüber den Vergleichsrechnungen nach dem bisher üblichen Verfahren. Aufgrund einer im Hinblick auf die benötigte Rechenzeit optimierten jedoch prozessorunabhängigen Formulierung konnte trotz der mit diesem Modell erreichten höheren Genauigkeit die Steigerung des Rechenaufwandes gegenüber dem Standardmodell gering gehalten werden.

Um die Simulation von in jeder Bearbeitungsanlage vorhandenen strahlführenden Systemen zu ermöglichen, wurde das erstellte Programmpaket um entsprechende Module erweitert. Damit erlaubt es die Berechnung der Feldverteilung nach Propagation über endliche Entfernungen ebenso wie des Einflusses strahlbegrenzender Aperturen sowie von Phasenstörungen auf die Strahlqualität. Letzteres wurde am Beispiel eines durch Belastung deformierten Spiegels gezeigt, wobei die interferometrisch gewonnenen experimentellen Daten in der Simulation berücksichtigt wurden.

Ein Algorithmus, der den Durchgang des Strahlungsfeldes durch transmittirende Komponenten zu simulieren gestattet, wurde im Rahmen einer vom Autor betreuten Studienarbeit **[40]** in das Programmpaket integriert, so daß das Einfügen beliebiger transmittierender Komponenten in die Simulation jederzeit möglich ist. Die Formulierung des Strahlverfolgungs-Algorithmus wurde der Vorgabe angepaßt, daß das Eingangsfeld durch beugungstheoretische Berechnung mit entsprechend großer Stützstellenzahl ermittelt wird. Dementsprechend sollte das Ergebnisfeld als Startfeld einer sich anschließenden beugungstheoretischen Berechnung verwendbar sein.

Damit steht nun ein Modell zur Verfügung, mit dem es möglich ist, ausgehend von der Berechnung der resonatorinternen Feldverteilung die sich ergebende Strahlqualität in einer realitätsnahen Simulation zu berechnen. Durch Variation der Parameter der einzelnen Komponenten des Strahlführungssystems - ausgehend von der Strahlquelle über Form, Größe und Position von Strahlbegrenzungen und den zu überbrückenden Entfernungen bis hin zu den eingesetzten optischen Komponenten - kann somit eine im Hinblick auf die entsprechenden Laserbearbeitungsverfahren optimierte Anlage konzipiert und Vorhersagen über die in einem gegebenen System zu erwartende Strahlqualität gemacht werden.

Desweiteren ermöglicht solch ein Programmpaket, den Einfluß der einzelnen optischen Komponenten einschließlich der Strahlquelle auf ein bestimmtes Bearbeitungsverfahren zu untersuchen. Dadurch können Anhaltspunkte gewonnen werden, welche Bestandteile des strahlführenden Systems einer Laserbearbeitungsanlage in welchem Maß gegebenfalls zu optimieren sind, um eine gewünschte Qualität des Bearbeitungsergebnisses zu erzielen.

Darüber hinaus kann dieses Berechnungsverfahren dazu verwendet werden, die entsprechende Information für theoretische Modelle zur Beschreibung der verschiedenen Laserbearbeitungsverfahren zu liefern, die für ein tieferes Verständnis der Wechselwirkung von Material und Laserstrahlung benötigt werden. Je realitätsnäher die Beschreibung der Strahlparameter als Eingangsdaten für solche Modelle sind, desto hilfreicher können theoretische Untersuchungen zur Entwicklung neuer Laser-Bearbeitungsverfahren beitragen.

7. Ausblicke

Um alle sich auf die Feldverteilung im Resonator auswirkenden Einflüsse berücksichtigen zu können, sollte in einer weiterführenden Arbeit zusätzlich die räumliche Verteilung der Kleinsignalverstärung im laseraktiven Medium berücksichtigt werden. Da die Kleinsignalverstärkung das Intensitätsprofil bestimmt, dieses aber wiederum durch entsprechenden Inversionsabbau auf die räumliche Verteilung der Kleinsignalverstärkung rückwirkt, bietet sich eine iterative Lösung des Problems an. Mit Hilfe von experimentell und theoretisch ermittelten Daten der Kleinsignalverstärkungsprofile im laseraktiven Medium von Resonatoren wird es möglich sein, Feldverteilungen noch realitätsnäher berechnen zu können.

Einen weitaus geringeren Beitrag zur Strahlqualität, dessen tatsächlicher Einfluß dennoch abgeschätzt werden muß, liefert die Totalreflexion einzelner Strahlen an den seitlichen Resonatorbegrenzungen. Eine Überlagerung dieses Strahlanteils mit dem Haupstrahl führt zu entfernungsabhängigen Interferenzeffekten, die die Propagationseigenschaften dementsprechend beeinflussen. Zur Simulation dieses Effekts bietet sich der in dieser Arbeit vorgestellte Algorithmus der resonatorinternen Strahlverfolgung an.

Besonders bei der Simulation von Strahlführungssystemen verspricht die Erweiterung des bestehenden Programmpakets durch ein Modul zur Berechnung der Strahlpropagation nach dem FFT-Formalismus eine Steigerung der Ausführgeschwindigkeit. Zum anderen wird durch diesen Algorithmus die beugungstheoretische Berechnung über sehr kurze Entfernungen, die durch die Kirchhoff-Fresnelsche Formulierung prinzipiell nicht zugänglich sind, ermöglicht.

Zur realitätsnahen Berechnung des Durchgangs eines Strahlungsfeldes durch transmittierende optische Komponenten muß deren Absorptionsverhalten berücksichtigt werden. Das sich wegen der stets vorhandenen Absorption ergebende Dichteprofil im Substratmaterial sowie die Deformation der Komponente durch sich ausbildende Temperaturgradienten führt im Betrieb zu einer zeitlichen Variation der Strahlparameter und somit zu einer transienten Beeinflussung der Bearbeitungsergebnisse **[36]**.

8. Literaturverzeichnis

[1] Feynman - Leighton - Sands
The Feynman Lectures on Physics, Vol. 1
Addison-Wesley Publishing Company

[2] Gerthsen - Kneser - Vogel
Physik
Springer Verlag

[3] Bergmann - Schäfer
Lehrbuch der Experimentalphysik III, Optik
deGruyter Verlag

[4] Weber - Herziger
Laser, Grundlagen und Anwendungen
Physik Verlag

[5] Hecht - Zajac
Optics
Addison-Wesley Publishing Company

[6] H. Kogelnik, T. Li
Laser Beams and Resonators
Proc. IEEE, Vol. 54, No. 10, 1312, 1966

[7] J. D. Jackson
Classical Electrodynamics
Wiley & Sons

[8] A. Sommerfeld
Vorlesungen über theoretische Physik
Bd. IV, Optik, Akademische Verlagsgesellschaft

[9] Bronstein - Semendjajew
Taschenbuch der Mathematik
Teubner Verlag

[10] A. G. Fox, T. Li
Resonant Modes in a Maser Interferometer
Bell Sys. Tech. Journal, Vol. 40, No. 3, 453, 1961

[11] L. Bergstein
Modes of Stable and Unstable Optical Resonators
Applied Optics, Vol. 7, No. 3, 1968

[12] A. E. Siegman
Lasers and Masers
McGraw-Hill Book Company

[13] A. E. Siegman, R. Arrathoon
Modes in Unstable Optical Resonators and Lens Waveguides
IEEE Journal of Quantum Electronics, Vol. 3, No. 4, 156, 1967

[14] A. E. Siegman
A Canonical Formulation for Analyzing Multi Element Unstable Resonators
IEEE Journal of Quantum Electronics, Vol. 12, No. 1, 35, 1976

[15] A. H. Paxton
Unstable Resonators with Negative Equivalent Fresnel Numbers
Optics Letters, Vol. 11, No. 2, 76, 1986

[16] J. P. Gordon, H. Kogelnik
Equivalence Relations among Spherical Mirror Resonators
Bell Sys. Tech. Journal, Vol. 43, No. 11, 2873, 1964

[17] H. Kogelnik
Imaging of Optical Modes - Resonators with Internal Lenses
Bell Sys. Tech. Journal, Vol. 44, No. 3, 455, 1965

[18] A. E. Siegman, H. Y. Miller
Unstable Optical Resonator Loss Calculations Using the Prony Method
IEEE Journal of Quantum Electronics, Vol. 12, No. 10, 2729, 1970

[19] U. Zoske
Verlustbestimmung am Instabilen Resonator
Diplomarbeit
Universität Kaiserslautern, Fachbereich Physik, 1985

[20] R. Hauck
Theoretische und experimentelle Untersuchungen über Verluste und Modenstruktur instabiler Resonatoren
Dissertation
Universität Kaiserslautern, Fachbereich Physik, D 386, 1986

[21] Yu. A. Anan'ev, V. E. Sherstobitov
Influence of the Edge Effects on the Properties of Unstable Resonators
Sov. Journal of Quantum Electronics, Vol. 1, No. 3, 263, 1971

[22] W. Kahn
Unstable Optical Resonators
Applied Optics, Vol. 5, No. 3, 407, 1966

[23] A. E. Siegman
Unstable Optical Resonators
Applied Optics, Vol. 13, No. 2, 353, 1974

[24] W. Streifer
Unstable Optical Resonators and Waveguides
Correspondence, IEEE Journal of Quantum Electronics, No. 4, 156, 1968

[25] N. Hodgson
Untersuchung von Extraktionswirkungsgrad, Strahlqualität und Dejustierungsempfindlichkeit optischer Resonatoren unter Berücksichtigung der nichtlinearen Wechselwirkung
Dissertation
Technische Universität Berlin, Fachbereich Physik, Optisches Institut, 1990

[26] H. Haken
Laser Theory
Springer Verlag

[27] H. Laschütza
Numerische Berechnung von Intensitäts- und Phasenverteilungen optischer Resonatoren
Diplomarbeit
Universität Stuttgart, Institut für Strahlwerkzeuge, IFSW 88-2, 1988

[28] D. J. Newman, S. P. Morgan
Existence of Eigenvalues of a Class of Integral Equations Arising in Laser Theory
Bell Sys. Tech. Journal, Vol. 43, No. 1, 113, 1964

[29] W. Magnus, F. Oberhettinger, R. P. Soni
Formulas and Theories of the Special Functions of Mathematical Physics
Springer Verlag

[30] R. L. Sanderson, W. Streifer
Unstable Resonator Modes
Applied Optics, Vol. 8, No. 10, 2129, 1969

[31] C. Baker
Numerical Treatment of Integral Equations
Clarendon Press

[32] G. D. Boyd, J. P. Gordon
Confocal Multimode Resonator for Millimeter Through Optical Wavelength Masers
Bell Sys. Tech. Journal, Vol. 40, No. 1, 489, 1961

[33] H. Hochstadt
Integral Equations
Wiley & Sons

[34] Laser und Laseranlagen
Grundbegriffe der Lasertechnik
DIN-Normungsvorschlag, DIN V Nr. 18 730, 1991

[35] H. Hügel
Hochleistungs-Gaslaser
Laser und Optoelektronik, Vol. 17, Nr. 1, 21, 1985

[36] S. Borik, A. Giesen
Finite Element Analysis of The Transient Behaviour of Optical Components under Irradiation
Laser-Induced Damage in Optical Materials (1990)
SPIE Proceedings, Vol. 1441, 1991

[37] A. Nussbaum
Raytracing on a programable pocket computer
Optical Spectra, Vol. 12, No. 12, 68, 1978

[38] R. M. Mackay
Raytracing through non-rotationally optical systems
SPIE Proceedings, Vol. 655, 1986

[39] W. T. Welford
Aberrations of the Symmetrical Optical System
Academic Press

[40] W. Früholz
Numerische Berechnung von Intensitäts- und Phasenverteilung eines Laserstrahls nach Durchgang durch eine Linse mittels Raytracing
Studienarbeit
Universität Stuttgart, Institut für Strahlwerkzeuge, IFSW 90-21, 1990

[41] G. Pinto
A program for raytracing through tilted and decentred surfaces
Optical Acta, Vol. 26, No. 10, 1321, 1979

[42] H. Gross
CARL-ZEISS, Oberkochen
Persönliche Mitteilung

[43] E. Wildermuth, P. Berger, H. Hügel
Aerodynamische Fenster für CO_2-Hochleistungslaser
Laser und Optoelektronik, Vol. 21, Nr. 4, 67, 1989

[44] R. Holtbecker
Berechnung von Dichteänderungen in gepulsten CO_2-Lasern
Studienarbeit
Universität Stuttgart, Institut für Strahlwerkzeuge, IFSW 88-10, 1988

[45] A. Holzwarth
Institut für Strahlwerkzeuge IFSW, Stuttgart
Persönliche Mitteilung
Herr Holzwarth stellte die Ergebnisse freundlicherweise zur Verfügung

[46] D. B. Rensch, A. N. Chester
Iterative Diffraction Calculations of Transverse Mode Distributions in Confocal Unstable Resonators
Applied Optics, Vol. 12, No. 5, 997, 1973

[47] A. N. Chester
Three-Dimensional Diffraction Calculations of Laser Resonator Modes
Applied Optics, Vol. 12, No. 10, 2353, 1973

[48] A. E. Siegman, E. A. Sziklas
Mode Calculations in Unstable Resonators with Flowing Saturable Gain
Applied Optics, Vol. 13, No. 12, 2775, 1974

[49] G. Wanner
Berechnung von optischen Resonatoren unter Berücksichtigung des Lasermediums
Studienarbeit
Universität Stuttgart, Institut für Strahlwerkzeuge, IFSW 91-2, 1991

[50] N. Hodgson
Verluste, Modenstrukturen und Dejustierungsempfindlichkeit instabiler Resonatoren
Diplomarbeit
Universität Kaiserslautern, Fachbereich Physik, 1986

[51] W. Schock, A. Giesen, Th. Hall, W. Wittwer, H. Hügel
Transverse Radio Frequency Discharge: A Promising Excitation Technique for High Power CO_2 Laser
Proceedings of SPIE, Vol. 668, 1986

[52] L. Bakowsky
New CO_2-Lasers of 1-4 Kilowatt Power with Fast Axial Gas Flow
Proceedings of the 2nd International Congress LASER IN MANUFACTORING LIM-2, edited by M. F. Kimmett, IFS Publications Ltd., 1985

[53] U. Zoske, M. Bea, D. Fritz, A. Giesen
A Beam Guiding System Combining Several Lasers with Various Working Stations
Proceedings of the 9th International Congress on Applications of Lasers and Electro-Optics ICALEO '90, Laser Materials Processing, Vol. 71, 1991

[54] D. Fritz
Konstruktion von Bauelementen eines Strahlführungssystems
Diplomarbeit
Universität Stuttgart, Institut für Strahlwerkzeuge, IFSW 91-18, 1991

[55] U. Zoske, A. Giesen
Optimization of the Beam Parameters of Focusing Optics
Proceedings of the 5th International Congress LASER IN MANUFACTORING LIM-5, edited by H. Hügel, Springer Verlag, 1988

[56] A. Ashmead
Watch out for diffraction effects on laser-beam profiles
Laser Focus World, Nr. 8, 83, 1991

[57] U. Zoske, A. Giesen, H. Hügel
Strahlformung von CO_2-Laserstrahlung
Vorträge des 9. Internationalen Kongresses LASER 89 OPTOELEKTRONIK, Hrsg. W. Waidelich, Springer Verlag, 1989

[58] S. Borik
Institut für Strahlwerkzeuge IFSW, Stuttgart
Persönliche Mitteilung

[59] S. Borik
Institut für Strahlwerkzeuge IFSW, Stuttgart
Persönliche Mitteilung
Herr Borik stellte die Ergebnisse der interferometrischen Untersuchung des planen CU-Spiegels unter Last freundlicherweise zur Verfügung und berechnete die sich daraus ergebende Phasenstörung

[60] Bildverarbeitungssystem des Instituts für Technische Optik ITO der Universität Stuttgart, Institutsleiter Prof. Dr. H. J. Tiziani

[61] F. Kellmann, A. Giesen, T.Wahl, S. Borik
Charakterisierung von CO_2-Laserstrahlen durch Plexiglaseinbrand
Laser Magazin, Nr.4, 42, 1987

[62] L. Cleemann
Schweißen mit CO_2-Hochleistungslaser
Technologie aktuell, Band 4, VDI-Verlag, 1987
Akademische Verlagsgesellschaft

[63] Edd Spidell
Selecting the Optimum Image Sensor: Camera Tubes vs. Solid-State Arrays
Laser Focus/Electro Optics, Nr. 1, 158, 1987

[64] Born - Wolf
Principle of Optics
Pergamon Press

[65] H. Goldstein
Klassische Mechanik
Akademische Verlagsgesellschaft

[66] Jenkins - White
Fundamentals of Optics
McGraw-Hill Book Company

9. Anhang

A1 Phänomene der geometrischen Optik

In diesem Abschnitt werden Phänomene der geometrischen Optik sowie die daraus abgeleiteten Grundgesetze dargestellt. Sie werden hier aufgeführt, obwohl sie Gegenstand zahlreicher Publikationen sind, da auf ihnen die Ableitung des Raytracing-Verfahrens (Abschnitt 3.3, Anhang A3) beruht, dessen Anwendung bei der Berücksichtigung des resonatorinternen Mediums (Abschnitt 3.4) ein zentrales Thema dieser Arbeit darstellt.

A1.1 Fermatsches Prinzip

Das Fermatsche Prinzip beantwortet die Frage, welchen Weg das Licht durch ein Medium nimmt. Dieses Prinzip läßt sich als Extremal aus Gleichung (2.20b) aus dem Hamilton-Lagrangeschen Prinzip der Störungsrechnung ableiten **[64]**. In Vektorschreibweise gilt danach für den optischen Weg L_{OPT}:

$$L_{OPT} = \int n(s)\, ds = \int n(s)\, \vec{i_s}\, d\vec{s} = \int \nabla L(\vec{s})\, d\vec{s} \,. \qquad \textbf{(A1.1)}$$

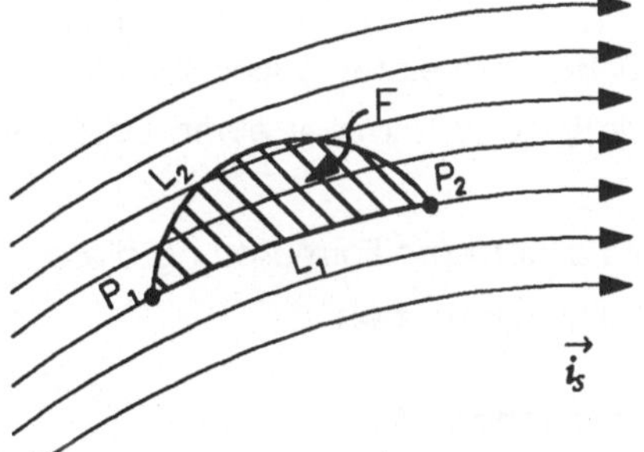

Bild A1.1 Herleitung des Fermatschen Prinzips

Betrachtet man zwei verschiedene Wege L_1 und L_2, die beide von einem Startpunkt P_1 zu einem Zielpunkt P_2 führen (Bild A1.1), so gilt allgemein:

$$L_2 = L_1 + \delta L \,.$$

Löst man obige Gleichung nach der Wegdifferenz δL, der *Variation*, auf, so ergibt sich daraus zusammen mit Gleichung (A1.1) die Beziehung

$$\delta L = L_2 - L_1 = \int_{P_1}^{P_2} \nabla L_2(\vec{s_2})\, d\vec{s_2} - \int_{P_1}^{P_2} \nabla L_1(\vec{s_1})\, d\vec{s_1}.$$

Diese Gleichung läßt sich nach Vertauschen der Integrationsgrenzen auch interpretieren als

$$\int_{P_1}^{P_2} \nabla L_2(\vec{s_2})\, d\vec{s_2} + \int_{P_2}^{P_1} \nabla L_1(\vec{s_1})\, d\vec{s_1} = \oint_K \nabla L(\vec{s})\, d\vec{s}\ ,$$

nämlich ein Kurvenintegral über die geschlossene Kurve K, die durch die Wege L_2 von P_1 nach P_2 und L_1 von P_2 zurück nach P_1 gebildet wird. Dieses Kurvenintegral läßt sich mit Hilfe des Stokeschen Satzes umwandeln in ein Flächenintegral über die durch die Kurve K eingeschlossene Fläche F. Es ist:

$$\oint_K \nabla L(\vec{s})\, d\vec{s} = \int_F \mathrm{rot}\, [\nabla L(\vec{s})]\, d\vec{s} = 0\ ,$$

da die Rotation über einen Gradienten verschwindet. Zusammengefaßt erhält man somit für die Variation δL des Weges:

$$\delta L = 0\ .$$

Für jede hinreichend kleine Variation δL folgt daraus nach dem Hamiltonschen Prinzip, daß L immer einen Extremwert annimmt **[65]**.

Die allgemeine Formulierung dieser Aussage für den optischen Weg eines Lichtstrahls nennt man

Fermatsches Prinzip:

Die Ausbreitung eines Lichtstrahls zwischen zwei Punkten erfolgt stets so, daß der eingeschlagene Lichtweg gegenüber benachbarten hypothetischen Wegen einen Extremwert annimmt. **(A1.2)**

Die allgemeine Formulierung *Extremwert* läßt sich meist enger fassen. Oft ist der optische Weg der geometrisch kürzest mögliche. Bei gekrümmten Spiegel- und Brechungsflächen allerdings hängt es entscheidend von der Größe der Krümmung ab, ob mit Extremum ein Minimum, Maximum oder ein Sattelpunkt bezeichnet wird.

In einem homogenen Medium ist der Brechungsindex unabhängig vom Ort. Aus dem Fermatschen Prinzip folgt somit, daß das Licht sich darin geradlinig ausbreitet. Ebenso ergibt sich als Konsequenz aus dem Fermatschen Prinzip für die Abbildung, bei der ein Bündel von Lichtstrahlen von einem Punkt ausgeht und nach diversen Reflexionen und Brechungen an optischen Komponenten wieder in einem Punkt, dem Bildpunkt vereinigt wird, daß die Lichtstrahlen zum Durchlaufen ihrer Wege die gleiche Zeit brauchen. Vom Standpunkt der Wellenoptik betrachtet legt somit jeder Strahl die gleiche Entfernung in Einheiten der jeweiligen Wellenlänge zurück. Alle Wellen, die im Bildpunkt zusammentreffen, besitzen also die gleiche Phase.

A1.2 Reflexions- und Brechungsgesetz

Das Fermatsche Prinzip (A1.2) läßt sich auch bei der Beschreibung von Reflexion und Brechung an der Trennfläche zweier Medien anwenden.

A1.2.1 Reflexion

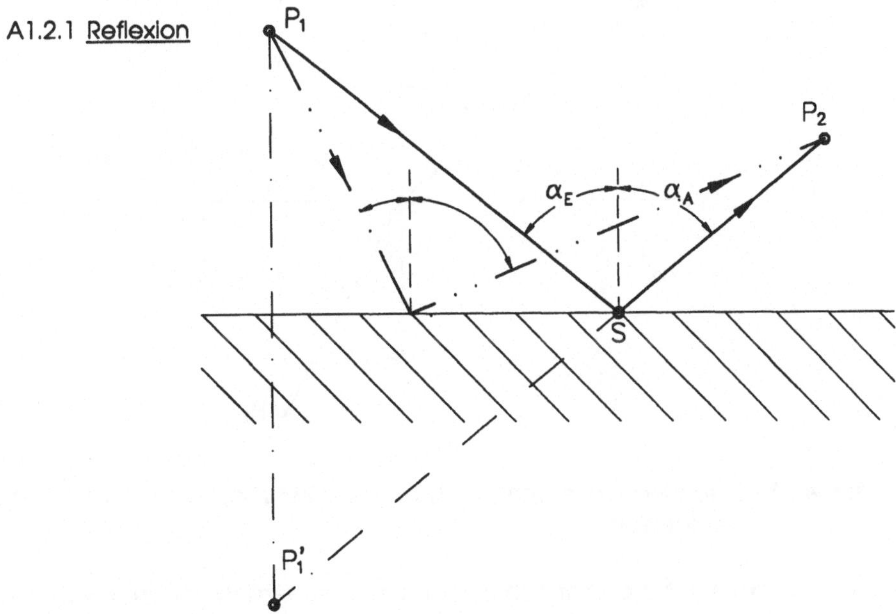

Bild A1.2 Reflexion eines Lichtstrahls

Bei einer Reflexion stellt sich nach dem Fermatschen Prinzip der Lichtweg so ein, daß der Weg $\overline{P_1SP_2}$ minimal wird (Bild A1.2). Die kürzest mögliche Verbindung der Punkte P_1 und P_2 über S ergibt sich genau dann, wenn die Verbindung vom Punkt P_1', dem an der reflektierenden Fläche gespiegelten Punkt P_1, über S nach P_2 eine Gerade ist, da der Lichtstrahl im gleichen Medium verbleibt.

Reflexionsgesetz

Die daraus folgende Beziehung zwischen dem Einfallwinkel α_E und dem Ausfallwinkel α_A bezeichnet man als *Reflexionsgesetz* :

$$\alpha_E = \alpha_A \, . \tag{A1.3}$$

A1.2.2 Brechung

Bei dem Durchgang von einem Medium mit dem Brechungsindex n_1 in ein zweites mit dem Brechungsindex n_2 wird das Licht an der Trennfläche der beiden Medien gebrochen.

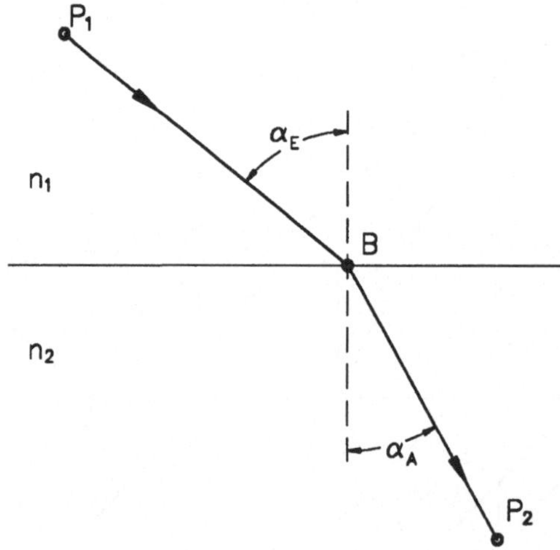

Bild A1.3 Brechung eines Lichtstrahls an der Grenzfläche zweier homogener Medien

Auf der Strecke $\overline{P_1B}$ breitet sich das Licht mit der Geschwindigkeit $v_{P1} = c_0/n_1$ (siehe Gleichung 2.8), auf der Strecke $\overline{BP_2}$ mit $v_{P2} = c_0/n_2$ aus (Bild A1.3). Die Voraussetzung bei der Eikonalgleichung (2.19), daß der Brechungsindex im

Bereich einiger Wellenlängen nur wenig variiert, gilt nicht beim Übergang von einem Medium in ein anderes. Daher kann das Fermatsche Prinzip in diesem Fall nicht auf den Lichtweg zwischen dem Ausgangspunkt P_1 und dem Zielpunkt P_2 angewendet werden, wohl aber auf die Zeit, in der diese Strecke zurückgelegt wird **[1]**. Für die Zeit t(s), die das Licht für die Strecke $S = \overline{P_1BP_2}$ benötigt, gilt:

$$t(s) = \frac{\overline{P_1B}}{v_{P1}} + \frac{\overline{BP_2}}{v_{P2}} .$$

Wenn diese Zeit t ein Extremum annehmen soll, dann muß deren Ableitung nach dem in dieser Zeit zurückgelegten Weg s verschwinden:

$$0 = \frac{dt}{ds} = \frac{x}{v_{P1}\,\overline{P_1B}} - \frac{d-x}{v_{P2}\,\overline{BP_2}} = \frac{\sin\alpha_E}{v_{P1}} - \frac{\sin\alpha_A}{v_{P2}} .$$

Brechungsgesetz

Damit gilt bei der Brechung eines Lichtstrahls an der Grenze zweier Medien:

$$\frac{\sin\alpha_E}{v_{P1}} = \frac{\sin\alpha_A}{v_{P2}} \qquad \textbf{(A1.4a)}$$

bzw. mit $v_{Pi} = c_0/n_i$ (i=1,2) :

$$n_1 \sin\alpha_E = n_2 \sin\alpha_A . \qquad \textbf{(A1.4b)}$$

Grenzwinkel der Totalreflektion

Tritt Licht von einem optisch dichteren in ein dünneres Medium ($n_1 > n_2$), so ist $\alpha_E < \alpha_A$, d.h. das Licht wird vom Einfallslot weggebrochen. Es gibt somit einen Einfallwinkel α_T, für den der Ausfallwinkel 90° beträgt.

$$\frac{\sin\alpha_T}{\sin 90°} = \sin\alpha_T = \frac{n_2}{n_1} .$$

Wenn dieser Grenzwinkel überschritten wird, erfolgt kein Übergang in das optisch dünnere Medium, alles Licht wird an der Grenzfläche zurück in das dichtere Medium reflektiert. Man bezeichnet dies als *Totalreflektion*.

A1.3 Reflexion und Brechung an gekrümmten Oberflächen

Die Anwendung des Reflexions- und des Brechungsgesetzes (Gleichungen A1.3 und A1.4) wird im folgenden am Beispiel von gekrümmten Flächen untersucht. Genauer dargestellt werden die Verhältnisse bei der Reflexion und Brechung an sphärischen Oberflächen, da die meisten optischen Komponenten zur Abbildung - i.A. Spiegel und Linsen - durch Kugelflächen begrenzt werden.

A1.3.1 Sphärische Spiegel

Die Reflexion an einer sphärischen Oberfläche wird am Beispiel einer konkav geformten Spiegeloberfläche abgeleitet, bei der die Öffnung der Sphäre dem Lichtstrahl zugewandt ist.

Für einen Lichtstrahl, der ausgehend vom Punkt P an dem Konkavspiegel reflektiert wird, wird der Schnittpunkt Q mit der optischen Achse gesucht (Bild A1.4). Gegeben sei für den Strahl ausgehend von P der Abstand g vom Scheitelpunkt S der Sphäre sowie die Strahlrichtung durch den Winkel φ zur optischen Achse.

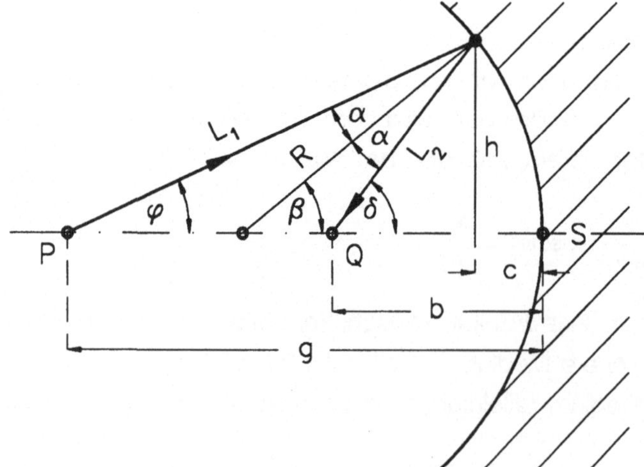

Bild A1.4 Reflexion an einer konkav geformten sphärischen Oberfläche

Für die in der obigen Abbildung eingezeichneten Strecken und Winkel lassen sich folgende Relationen ableiten:

$$\begin{array}{llll} \text{a)} & \alpha = \beta - \varphi\,, & \text{b)} & \delta = \beta + \alpha = 2\beta - \varphi\,, \\ \text{c)} & \sin\beta = \dfrac{h}{R}\,, & \text{d)} & \tan\varphi = \dfrac{h}{g-c}\,, \\ \text{e)} & \tan\beta = \dfrac{h}{R-c}\,, & \text{f)} & \tan\delta = \dfrac{h}{b-c}\,, \\ \text{g)} & L_1 = \sqrt{(g-c)^2+h^2}\,, & \text{h)} & L_2 = \sqrt{(b-c)^2+h^2}\,. \end{array} \qquad \text{(A1.5)}$$

Die obigen Beziehungen sind Bestimmungsgleichungen für die unbekannten Größen α, β, δ, b, c und h. Für achsnahe Strahlen, für die $h \ll R$ gilt, folgt aus Gleichung (A1.5c,e) sofort $c \approx 0$.

Abbildungsgleichung für sphärische Spiegel

Die übrigen Gleichungen liefern unter dieser Voraussetzung der kleinen Winkel die Beziehung

$$\frac{1}{g} + \frac{1}{b} = \frac{2}{R}\,. \qquad \text{(A1.6)}$$

In dieser Näherung der paraxialen Strahlen werden alle von P ausgehenden Strahlen in Q vereinigt. Man bezeichnet aus diesem Grund die Punkte P und Q als *konjugierte Punkte*, den Abstand g als *Gegenstandsweite* sowie b als *Bildweite*.

Für Strahlen aus dem Unendlichen ($g \to \infty$) gilt für die Schnittweite $b_\infty = R/2$. Man nennt b_∞ die *Brennweite* f des Spiegels.

Im Fall einer konvex gekrümmten Oberfläche (Bild A1.5) liegen die konjugierten Punkte P und Q auf verschiedenen Seiten des Scheitelpunktes S.

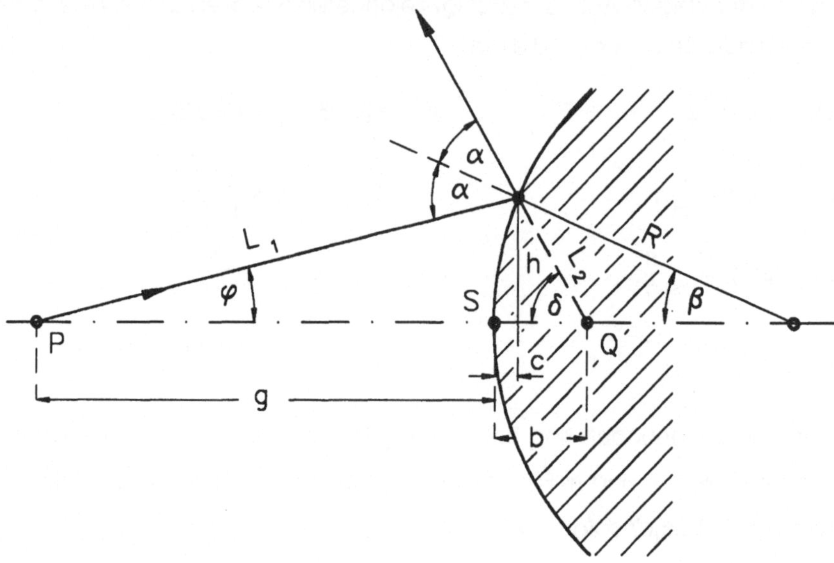

Bild A1.5 Reflexion an einer konvex geformten sphärischen Oberfläche

Da in der obigen Abbildung der reflektierte Lichstrahl die optische Achse nicht tatsächlich im Punkt Q schneidet, nennt man Q in diesem Fall einen *virtuellen* Punkt und die dazu gehörige Strecke b analog *virtuelle* Bildweite. Man erhält konstruktiv Q und damit b durch rückwärtiges Verlängern des reflektierten Strahls bis zur optischen Achse. Durch die unterschiedliche Lage der konjugierten Punkte P und Q bezüglich des Scheitelpunktes S ergeben sich in den den Gleichungen (A1.5) entsprechenden Beziehungen Vorzeichenänderungen. Sie lauten im Fall der Reflexion an einer konvex geformten sphärischen Oberfläche:

(A1.7)

a) $\alpha = \beta + \varphi$, **b)** $\delta = \beta + \alpha = 2\beta + \varphi$,

c) $\sin \beta = \frac{h}{R}$, **d)** $\tan \varphi = \frac{h}{g+c}$,

e) $\tan \beta = \frac{h}{R-c}$, **f)** $\tan \delta = \frac{h}{b-c}$,

g) $L_1 = \sqrt{(g+c)^2 + h^2}$, **h)** $L_2 = \sqrt{(b-c)^2 + h^2}$.

Unter der Voraussetzung achsnaher Strahlen und damit kleiner Winkel führen diese Gleichungen auf die Beziehung

$$\frac{1}{g} - \frac{1}{b} = - \frac{2}{R} .$$

Interpretiert man den Krümmungsradius R einer konvex geformten Spiegeloberfläche und die virtuelle Bildweite b als negative Größen ($R < 0$, $b < 0$), so geht obige Beziehung in Gleichung (A1.6) über, die mit dieser Vorzeichenkonvention die *Abbildungsgleichung* der geometrischen Optik bildet.

Läßt man die Einschränkung der achsnahen Strahlen fallen, so wird der Schnittpunkt Q mit der optischen Achse eine Funktion des Achsabstandes h. Bei optischen Komponenten bezeichnet man diese Phänomen als *Öffnungsfehler* oder auch als *sphärische Aberration* (siehe auch Anhang A2).

A1.3.2 Parabolspiegel

Die Oberfläche eines Parabolspiegels kann durch Rotation einer Parabel um ihre Achse entstanden gedacht werden. Die Krümmung einer Parabel wird durch die Gleichung

$$h^2 = 2\,p\,z$$

gekennzeichnet, wobei z die Entfernung auf der optischen Achse vom Scheitelpunkt S der Parabel angibt und der Parabelparameter p die Größe der Parabelöffnung beschreibt.

Da bei einer Parabel die Kurvennormale den Winkel zwischen einem beliebigen achsparallel einfallenden Strahl und dem zugehörigen Brennpunktsstrahl genau halbiert, werden alle aus dem Unendlichen auftreffenden parallelen Strahlen - unabhängig vom Achsabstand h - nach dem Reflexionsgesetz (A1.3) in den Brennpunkt reflektiert. Der Parabolspiegel weist damit - im Gegensatz zum sphärischen Spiegel - für $g \to \infty$ keinen Öffnungsfehler auf.

Für die Brennweite f eines Parabolspiegels als Abstand vom Scheitelpunkt S der Parabel entlang der optischen Achse gilt die Beziehung

$$f = \frac{p}{2}$$

in Abhängigkeit vom Parabelparameter p.

A1.3.3 Brechung an einer sphärischen Oberfläche

Die Brechung eines Lichtstrahls an einer sphärischen Grenzfläche zweier Medien mit den Brechungsindizes n_1 und n_2 wird zuerst am Beispiel einer konvex geformten Oberfläche dargestellt.

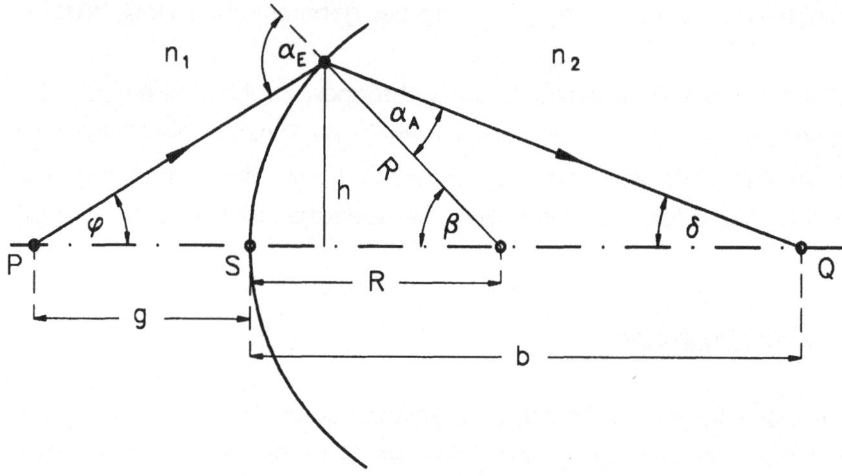

Bild A1.6 Brechung an einer konvex geformten sphärischen Grenzfläche zwischen zwei Medien mit den Brechungsindizes n_1 und n_2.

Analog zur Betrachtung der Reflexion an einer gekrümmten Oberfläche fällt ein Lichtstrahl, ausgehend vom Punkt P mit dem Winkel φ zur optischen Achse, unter dem Einfallwinkel α_E auf die Grenzfläche (Bild A1.6). Nach der Brechung läuft er in der oben gezeigter Abbildung unter dem Ausfallwinkel α_A zur Oberflächennormalen weiter und schneidet die optische Achse wieder im Punkt Q. Der Ausfallwinkel ist in Abhängigkeit vom Einfallwinkel und den beiden Brechungsindizes durch das Brechungsgesetz (A1.4) gegeben. Für kleine Winkel geht es über in die Form

$$\frac{\alpha_E}{\alpha_A} = \frac{n_2}{n_1} \, .$$

Aus Bild A1.6 lassen sich für die Winkel α_A, β, δ und φ unter der Voraussetzung kleiner Winkel - und damit kleiner Winkel - folgende Beziehungen ableiten:

a) $\alpha_E - \varphi = \alpha_A + \delta = \beta$, **b)** $\delta \approx \tan\delta = \dfrac{h}{b-c}$,

c) $\beta \approx \sin\beta = \dfrac{h}{R}$, **d)** $\varphi \approx \tan\varphi = \dfrac{h}{g+c}$.

Aus diesen Gleichungen sowie dem Brechungsgesetz (A1.4) ergibt sich nun folgende Beziehung für die Gegenstands- und die Bildweite in Abhängigkeit vom Krümmungsradius der Oberfläche:

$$\frac{n_1}{g} + \frac{n_2}{b} = \frac{n_2-n_1}{R} \ . \qquad \textbf{(A1.8a)}$$

Genau wie bei der Reflexion an einem sphärischen Spiegel werden alle achsnahen Strahlen, die von P ausgehen, in Q vereinigt, unabhängig von ihrem Winkel φ zur optischen Achse.

Aus Gleichung (A1.8a) folgt, daß für $b \to \infty$, d.h. alle ausfallenden Strahlen verlaufen parallel zur optischen Achse, die Strahlen vom *vorderen* Brennpunkt mit dem Abstand g_∞ vom Scheitelpunkt S ausgehen. Für g_∞ gilt die Beziehung

$$g_\infty = f_V = R\,\frac{n_1}{n_2-n_1}$$

und wird als *vordere Brennweite* f_V bezeichnet.

Einfallende paraxiale, achsparallele Strahlen $(g \to \infty)$ vereinigen sich im *hinteren Brennpunkt*, dessen Brennweite f_H durch

$$b_\infty = f_H = R\,\frac{n_2}{n_2-n_1}$$

gegeben ist.

Durch Einsetzen von f_V und f_H in Gleichung (A1.8a) erhält man eine kompakte Darstellung für die Brechung an einer gekrümmten Oberfläche durch die Beziehung

$$\frac{f_V}{g} + \frac{f_H}{b} = 1 \ . \qquad \textbf{(A1.8b)}$$

Bei einer konkav geformten Oberfläche ist der Strahlengang in Bild A1.6 spiegelbildlich zu betrachten, wobei sich die Bedeutung von n_1 und n_2 sowie von g und b vertauschen. Dies führt wiederum zur Gleichung (A1.8a), wobei in diesem Fall - ebenso wie im Beispiel der Spiegelung an einer konvexen Oberfläche - $R < 0$ zu setzen ist.

A1.3.4 Brechung an einer dünnen Linse

Eine dünne Linse besteht aus zwei relativ dicht hintereinander folgenden gekrümmten Oberflächen. Zur Herleitung der Abbildungsgleichung einer solchen dünnen Linse wird die kombinierte Brechung von Lichtstrahlen beim Durchgang durch zwei Oberflächen an Hand zweier konvex geformter sphärischen Oberflächen untersucht.

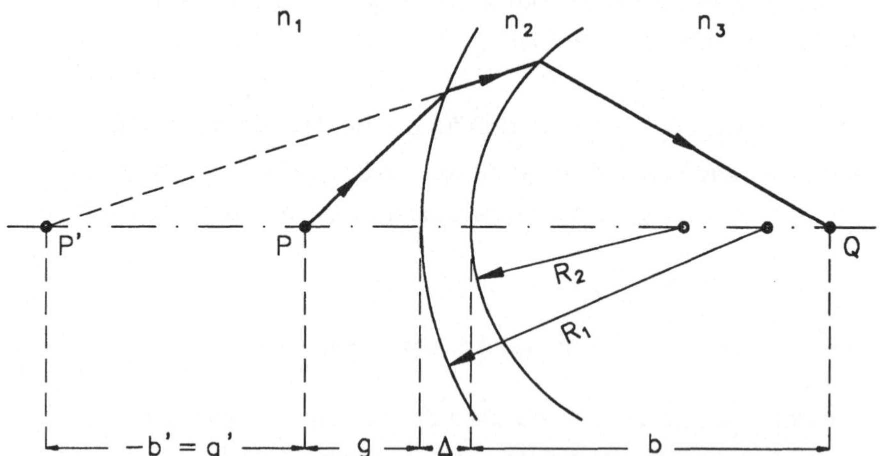

Bild A1.7 Kombinierte Brechung an zwei konvex geformten sphärischen Grenzflächen zwischen Medien mit den Brechungsindizes n_1, n_2 und n_3.

Beim in Bild A1.7 dargestellten Sonderfall bricht die erste Oberfläche den vom Punkt P ausgehenden Lichtstrahl zum Einfallslot hin. Für die zweite Oberfläche scheint der gebrochene Strahl von dem - virtuellen - Punkt P' auszugehen. Nach der zweiten Brechung schneidet der Strahl die optische Achse im Punkt Q. Nach Gleichung (A1.7a) gilt für die Brechung an der ersten Oberfläche:

$$\frac{n_1}{g} + \frac{n_2}{b'} = \frac{n_2 - n_1}{R_1} ,$$

mit der virtuellen Bildweite b' (b'< 0). Analog gilt für die Brechung an der zweiten Oberfläche:

$$\frac{n_2}{g'} + \frac{n_3}{b} = \frac{n_3 - n_2}{R_2} ,$$

mit der Gegenstandsweite g' = −b. Faßt man beide Gleichungen zusammen, so erhält man die Beziehung

$$\frac{n_1}{g} + \frac{n_3}{b} = \frac{n_2 - n_1}{R_1} + \frac{n_3 - n_2}{R_2}$$

als Abbildungsgleichung für die kombinierte Brechung an beiden Oberflächen in der Näherung paraxialer Strahlen, d.h. falls der Abstand Δ der brechenden Flächen klein gegen g und b ist **[2]**. Daraus folgt sofort die *Abbildungsgleichung für eine dünne Linse* mit den Krümmungsradien R_1 und R_2 und dem Brechungsindex n_2 des Linsenmaterials, die sich in einem Medium mit dem Brechungsindex n_1 befindet:

$$\frac{1}{f} = \frac{1}{g} + \frac{1}{b} = \frac{n_2 - n_1}{n_1}\left(\frac{1}{R_1} - \frac{1}{R_2}\right).$$

Diese Gleichung gilt ebenso für Fälle, in denen konkav geformte Oberflächen auftreten. Dann ist allerdings der jeweilige Krümmungsradius - analog zur Beschreibung der Brechnung eines Lichtstrahls an einer einzelnen gekrümmten Oberfläche - negativ zu setzen.

A2 Abbildungsfehler

Die Abbildung durch ein reales optisches System ist stets mit Fehlern behaftet, deren Ursachen unterschiedlicher Natur sind. Ein angepaßtes optisches System reduziert die auftretenden Bildfehler auf ein jeweils tolerierbares Mindestmaß. Im folgenden werden die Bildfehler 3.Ordnung kurz dargestellt. Weiterführende Darstellungen findet man z.B. in **[3,64,39,66]**.

A2.1 Sphärische Aberration

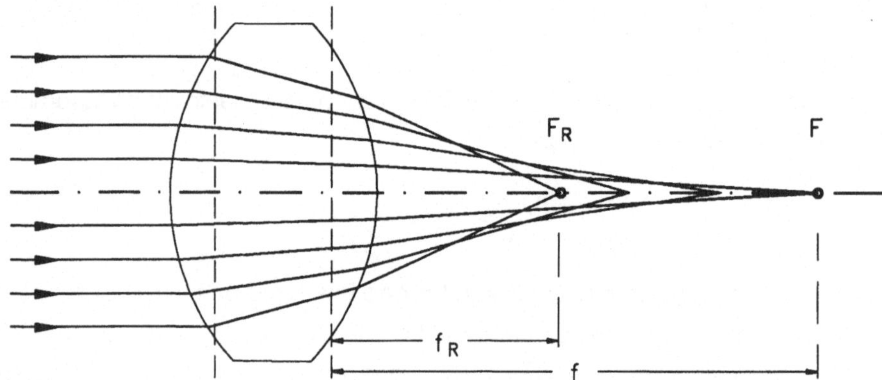

Bild A2.1 Sphärische Aberration einer bikonvexen dicken Linse

Abbildung A2.1 zeigt den Verlauf von achsparallelen Strahlen exemplarisch beim Durchgang durch eine bikonvexe Linse. Strahlen mit relativ geringem Abstand zur optischen Achse - die sogenannten *achsnahen Strahlen* - schneiden sich in guter Näherung im Brennpunkt F. Bei Strahlen mit größerem Achsabstand verlagert sich der Schnittpunkt näher zur Linse heran. Die am weitesten von der optischen Achse entfernten einfallenden Strahlen bezeichnet man als *Randstrahlen*. Sie schneiden sich im Punkt F_R. Das oben dargestellte Phänomen, daß jeder Zone der Linsenoberfläche eine andere Schnittweite zugeordnet ist, nennt man *sphärische Aberration* oder auch *Öffnungsfehler* der Linse. Der Abstand $\overline{F_R F}$ kennzeichnet die Stärke dieses Bildfehlers. Wenn jeder Zone der Linsenoberfläche eine andere Brennweite zugeordnet ist, d.h. daß sich achsnahe und Randstrahlen nicht in einem Punkt schneiden, so fallen auch die Bilder endlich entfernter Gegenstände erzeugt durch die achsnahen bzw. die Randstrahlen nicht zusammen. Die Stärke der sphärischen Aberration ist demnach ein Maß für die Unschärfe des Bildes in der Bildmitte. Sie läßt sich aus dem Brechungsgesetz (A1.4) berechnen [66]. Bei achsparallel einfallenden Strahlen gilt für eine Linse in Luft:

$$\frac{1}{f_R} + \frac{1}{f} = A\,\frac{h^2}{8f^3} + \frac{1}{n(n-1)}$$

mit:

$$A = \frac{n+2}{n-1}\,q^2 - 4(n+1)q + (3n+2)(n-1) + \frac{n^3}{n-1}\,,$$

$q = \dfrac{R_2+R_1}{R_2-R_1}$: der *Formfaktor* der Linse,

$R_{1,2}$: Radien der Linsenoberflächen,

h : Achsabstand der Randstrahlen von der optischen Achse,

n : Brechungsindex des Linsenmaterials.

In obiger Gleichung läßt sich erkennen, daß der Öffnungsfehler proportional dem Quadrat des Achsabstands h der Randstrahlen von der optischen Achse als auch umgekehrt proportional der dritten Potenz der Nominalbrennweite f ist. Je größer diese Brennweite der Linse ist, desto geringer ist der Effekt der sphärischen Aberration. Bei einer vorhandenen Linse kann man durch Abblenden der Randstrahlen, d.h. Verringern von h, den Öffnungsfehler quadratisch reduzieren. Je mehr man die Randstrahlen ausblendet, desto schärfer wird demnach das Bild, wobei allerdings die Lichtausbeute abnimmt. Genau dies geschieht z.B. beim Zuziehen der Fotoapparatblende zu höheren Blendenwerten hin.

A2.2 Koma

Wegen der stärkeren Brechung am Linsenrand gegenüber denen durch die Mitte der Linse verlaufenden Strahlen, werden weit von der optischen Achse entfernte Bereiche durch eine sphärische Linse verzerrt abgebildet (Bild A2.2).

Bild A2.2 Mit Koma behaftete Abbildung eines gleichmäßig gelochten Bleches [3].

A2.3 Verzeichnung

Beim Ausblenden der Randstrahlen zur Verringerung des Einflusses der sphärischen Aberration kann bei der Abbildung ausgedehnter Objekte gerade dadurch ein zusätzlicher Abbildungsfehler, die *Bildverzeichnung* auftreten.

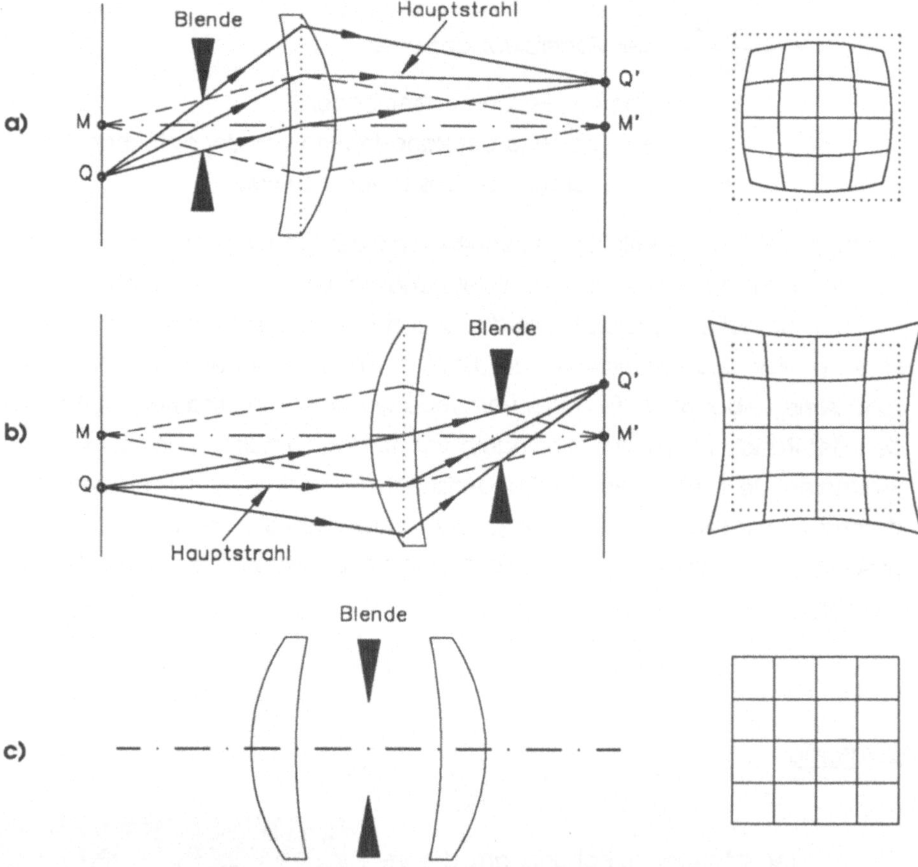

Bild A2.3 Tonnen- **(a)** bzw. kissenförmige **(b)** Verzeichnung durch Abblenden der Randstrahlen vor bzw. hinter der abbildenden Linse sowie ein äquivalentes verzeichnungsfreies orthoskopisches System **(c)** **[7]**.

Befindet sich die Blende zwischen Gegenstand und Linse, so tragen zur Abbildung eines Punktes Q unterhalb der optischen Achse in Bild A2.3a nur die oberen Strahlen des Öffnungsbüschels bei. Der Abbildungsmaßstab, gegeben durch das Verhältnis von Bild- zu Gegenstandsweite gemessen längs des jeweiligen Hauptstrahls, ist kleiner als für die der optischen Achse näheren Punkte. Allgemein nimmt der Abbildungsmaßstab mit zunehmendem Achsabstand des Objektpunktes ab. Dies führt insgesamt zu einer *tonnenförmigen Verzeichnung*. Befindet sich die Blende zwischen Linse und Bildebene (Bild A2.3b), so nimmt im Gegensatz zur oben geschilderten Situation der Abbildungsmaßstab mit zunehmender Entfernung des Objektpunktes von der Achse ab und es entsteht eine *kissenförmige Verzeichnung* des Bildes. Bildverzeichnungen können durch sogenannte *orthoskopische Systeme* vermieden werden, bei denen sich die Blende symmetrisch im abbildenden optischen System befindet (Bild A2.3c).

A2.4 Astigmatismus

Wird eine Linse statt von einer Kugelfläche beispielsweise von einer Fläche mit verschiedenen Krümmungsradien in zwei zueinander senkrechten Ebenen begrenzt, so vereinigen sich selbst achsparallele achsnahe Strahlen nicht mehr in einem Punkt. Den dabei auftretenden Abbildungsfehler nennt man *Astigmatismus*. Solch eine Linse entspricht der Kombination zweier senkrecht zueinander stehender Zylinderlinsen unterschiedlicher Brennweite. Solch eine Kombination bündelt ein einfallendes achsparalleles und achsnahes Strahlenbündel in zwei zueinander senkrecht stehende Linienfoki in unterschiedlicher Entfernung von der Linse. Der gleiche Effekt tritt beim Durchgang *schiefer Bündel* durch sphärische Linsen oder beim schiefen Einfall von Strahlenbündel auf sphärische Spiegel auf. In Bild A2.4 ist solch eine Situation schematisch dargestellt. In der Projektion auf die Strahlebene ist die Linse auf der Verbindungslinie $\overline{M_1M_2}$ stärker gekrümmt als senkrecht dazu auf der Linie $\overline{S_1S_2}$. Dieser Unterschied in den effektiven Krümmungen in den beiden Richtungen bewirkt ebenso einen astigmatischen Abbildungsfehler wie eine Linse mit unterschiedlichen Krümmungsradien und achsparallelem Lichteinfall. Der Punkt P wird in zwei zueinander senkrecht stehende Linienfoki F_M und F_S abgebildet. Als schärfste Abbildung des Punktes P erhält man am Ort C ein kreisförmiges Scheibchen.

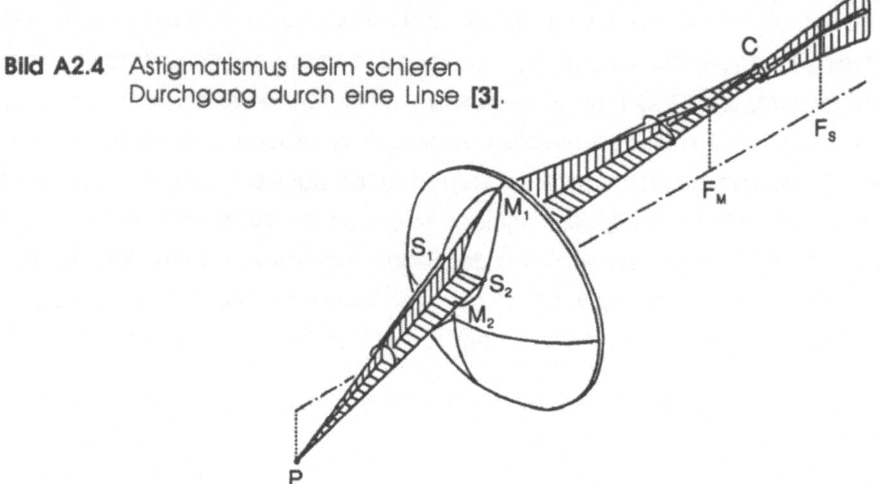

Bild A2.4 Astigmatismus beim schiefen Durchgang durch eine Linse **[3]**.

A2.5 Bildfeldwölbung

Infolge Astigmatismus werden Objektpunkte, die auf einer Ebene liegen, auf Punkte abgebildet, die - entsprechend den unterschiedlichen Brennweiten der beiden Linienfoki - auf zwei unterschiedlichen Kugelschalen K_M und K_S liegen. Dieser Effekt wird als *Bildfeldwölbung* bezeichnet (Bild A2.5).

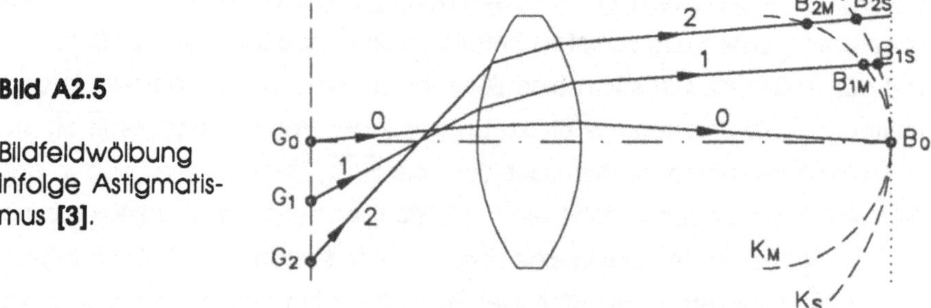

Bild A2.5

Bildfeldwölbung infolge Astigmatismus **[3]**.

A2.6 Chromatische Aberration

Wegen der Wellenlängenabhängigkeit des Brechungsindexes der meisten Materialien - der *Dispersion* - liegt im allgemeinen der Brennpunkt z.B. für blaues Licht näher an der Linse als bei rotem Licht. Diese Wellenlängenabhängigkeit der Brennweite infolge Dispersion nennt man *chromatische Aberration* (Bild A2.6).

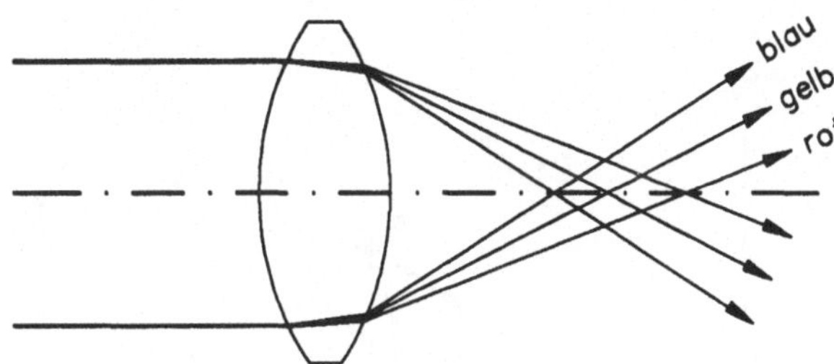

Bild A2.6

Chromatische Aberration aufgrund der Wellenlängenabhängigkeit des Brechungsindexes.

A3 Raytracing durch eine sphärische Linse

Eine Linse besteht aus zwei aufeinander folgenden Oberflächen, von denen zumindest eine gekrümmt ist. Für den Fall, daß sich der Linsenkörper mit dem Brechungsindex n_2 in einem Medium mit der Brechzahl n_1 befindet, wird das Problem der Strahlverfolgung durch die Linse schrittweise gelöst. In Bild A3.1 ist der Ablauf der Berechnung schematisch dargestellt.

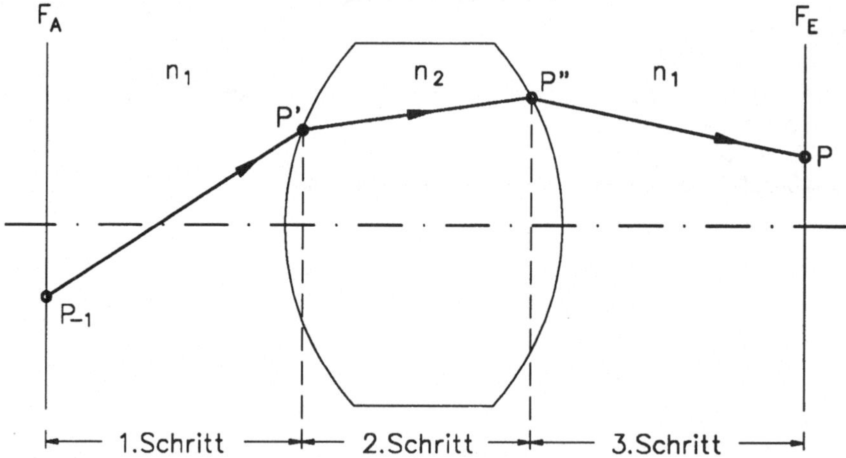

Bild A3.1 Schrittweises Vorgehen beim Raytracing durch eine Linse

Im ersten Schritt wird der Strahlweg im Medium mit dem Brechungsindex n_1 vom Startpunkt P_{-1} auf der Ebene F_A bis zum Punkt P' auf der ersten Linsenoberfläche berechnet. Im zweiten Schritt wird der Strahlweg innerhalb der Linse nach erfolgter Brechung bis zur zweiten Oberfläche berechnet. Das Material der Linse habe den Brechungsindex n_2. Nach der Brechung an dieser Fläche in ein Medium mit dem Brechungsindex n_1 wird im dritten Schritt schließlich der Strahlweg von P" zum Punkt P auf der Zielfläche F_E bestimmt.

1.Schritt: Berechnung des Strahlweges von der Startfläche bis zur 1. Linsenoberfläche und der Richtungscosini des daran gebrochenen Strahls

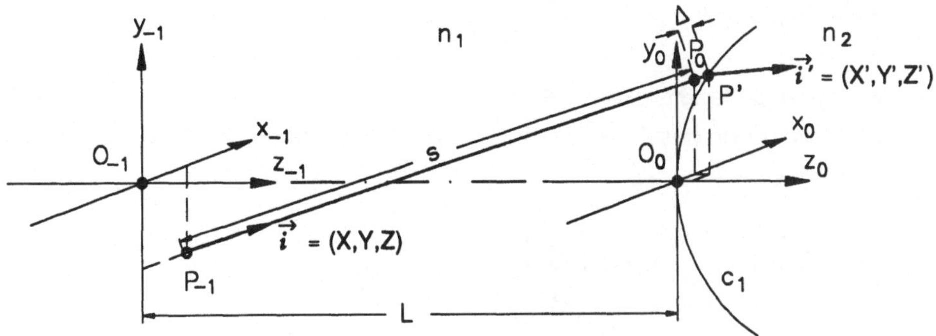

Bild A3.2 Berechnung des Auftreffpunkts auf eine konvexe Oberfläche

mit

x_{-1}, y_{-1}	: Koordinatensystem auf Startfläche mit dem Ursprung O_{-1},
x_0, y_0	: Koordinatensystem auf Startfläche mit dem Ursprung O_0,
P_{-1}	: Startpunkt mit den Koordinaten (x_{-1}, y_{-1}, z_{-1}),
P_0	: Schnittpunkt des Strahls mit der Scheitelebene $z_0 = 0$ des Koordinatensystems (x_0, y_0),
P'	: Zielpunkt auf der Linsenoberfläche mit den Koordinaten (x',y',z'),
$\vec{i}$	: Richtungsvektor des einfallenden Strahls,
$\vec{i}'$	: Richtungsvektor des gebrochenen Strahls,
L	: Abstand $\overline{O_{-1}O_0}$ der beiden Koordinatensysteme,
s	: Länge der Strecke $\overline{P_{-1}P_0}$,
Δ	: Länge der Strecke $\overline{P_0P'}$,
c_1	: Krümmung der Oberfläche mit dem Radius R_1 $(c_1=1/R_1)$,
n_1	: Brechungsindex des Mediums vor der Linse,
n_2	: Brechungsindex des Linsenkörpers.

Der Strahlweg $\overline{P_{-1}P'}$ ergibt sich wie in Bild A3.2 dargestellt aus der Summe der Einzelstrecken s und Δ.

a) Berechnung der Strecke $s = \overline{P_{-1}P_0}$

Ausgangspunkt des Strahls ist P_{-1} mit den Koordinaten (x_{-1}, y_{-1}, z_{-1}).

Für s gilt:

$$s = (L - z_{-1})/Z \ .$$

Daraus ergeben sich die Koordinaten des Punktes $P_0=(x_0,y_0,0)$ zu:

$$\begin{pmatrix} x_0 \\ y_0 \end{pmatrix} = \begin{pmatrix} x_{-1} \\ y_{-1} \end{pmatrix} + \frac{L-z_{-1}}{Z} \begin{pmatrix} X \\ Y \end{pmatrix} .$$

b) Berechnung der Strecke $\Delta = \overline{P_0P'}$

Die Koordinaten des Punktes P_0 lauten im Koordinatensystem $(x_0,y_0,0)$ mit dem Ursprung O_0:

$$\begin{pmatrix} x' \\ y' \\ z' \end{pmatrix} = \begin{pmatrix} x_0 \\ y_0 \\ 0 \end{pmatrix} + \Delta \begin{pmatrix} X \\ Y \\ Z \end{pmatrix} .$$

Für eine sphärische Oberfläche mit dem Radius R_1 und dem Koordinatenursprung auf der Oberfläche gilt folgende Bestimmungsgleichung **[9]**:

$$x'^2 + y'^2 + (z'-R_1)^2 = R_1^2 . \qquad \textbf{(A3.1)}$$

Zusammen mit der Randbedingung, daß der Koordinatenursprung O_0 auf der optischen Achse im Scheitelpunkt der Sphäre liegt, führt dies auf die Gleichung:

$$\Delta = \frac{F}{G+\sqrt{G^2-c_1F}}$$

mit

$$F = c_1\,(x_0^2+y_0^2) ,$$
$$G = Z - c_1\,(Xx_0+Yy_0) ,$$
$$c_1 = 1/R_1 .$$

Die optische Weglänge zwischen P_{-1} und P' berechnet sich somit zu:

$$L_{OPT1} = n_1\,(s+\Delta) . \qquad \textbf{(A3.2)}$$

c) Berechnung des Richtungsvektors des gebrochenen Strahls

Nach der Berechnung des Auftreffpunktes des Strahls auf die Oberfläche kann der Richtungsvektor des dort gebrochenen Strahls bestimmt werden.

Für den Einfallwinkel α_{E1} gilt:

$$\cos\alpha_{E1} = \vec{i}\cdot\vec{i}_{R1} = -c_1Xx'-c_1Yy'+Z(1-c_1z') = \sqrt{G^2-c_1F} . \qquad \textbf{(A3.3)}$$

Damit folgt für den Strahl mit dem Richtungsvektor $\vec{i}'$ und dem Ausfallwinkel α_{A1} aus dem Brechungsgesetz (A1.4):

$$\cos\alpha_{A1} = \sqrt{1-\sin^2\alpha_{E1}} = \vec{i}'\cdot\vec{i}_{R1} = \sqrt{1-n_1^2/n_2^2(1-\cos^2\alpha_{E1})}\;. \tag{A3.4}$$

Der Richtungsvektor des gebrochenen Strahls ergibt sich nun durch Einsetzen der Relationen (A3.3) und (A3.4) in Gleichung (3.15):

$$\begin{pmatrix} X' \\ Y' \\ Z' \end{pmatrix} = \frac{n_1}{n_2}\begin{pmatrix} X \\ Y \\ Z \end{pmatrix} + \frac{K}{n_2}\begin{pmatrix} -c_1 x' \\ -c_1 y' \\ 1-c_1 z' \end{pmatrix} \tag{A3.5}$$

mit $K = n_2 \cos\alpha_{A1} - n_1 \cos\alpha_{E1}$.

Damit ist der erste Schritt der Berechnung abgeschlossen und die Koordinaten des Auftreffpunktes des Strahls und die dortigen Richtungscosini nach erfolgter Brechung sind bekannt.

2.Schritt: Berechnung des Strahlweges innerhalb des Linsenkörpers und des Richtungsvektors nach Brechung an der zweiten Fläche

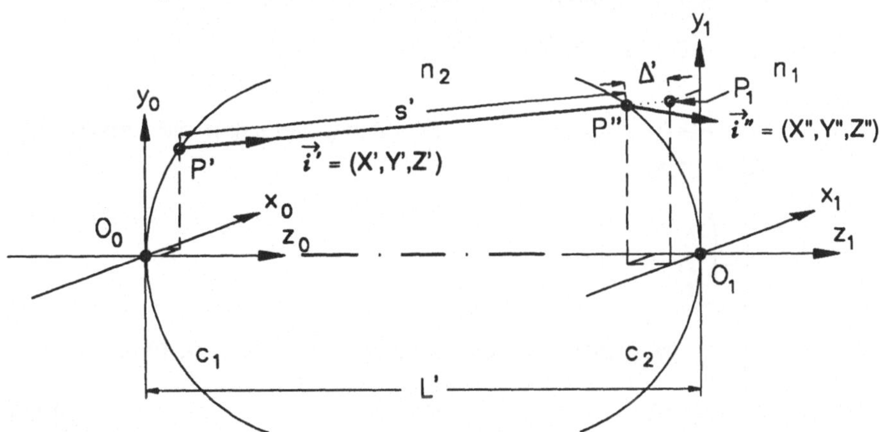

Bild A3.3 Raytracing durch eine bikonvexe Linse

Die Krümmung der zweiten Oberfläche in Bild A3.3 ist dem Strahl zugewandt. Für die Krümmung solch einer - aus Strahlrichtung betrachtet - konkaven Oberfläche gilt $1/c_2 = R_2 < 0$ (siehe Abschnitt 2.3.4 iii). Nach Berücksichtigung der Krümmungsrichtung wird für die Berechnung des Auftreffpunktes und der Strahlrichtung nach erfolgter Brechung das Rechenverfahren aus Schritt 1 wiederholt.

a) Berechnung der Strecke $s' = \overline{P'P_1}$

Die Koordinaten des Punktes P_1 im Koordinatensystem $(x_1, y_1, 0)$ um den Ursprung O_1 lauten:

$$\begin{pmatrix} x_1 \\ y_1 \end{pmatrix} = \begin{pmatrix} x' \\ y' \end{pmatrix} + \frac{L'-z'}{Z'} \begin{pmatrix} X' \\ Y' \end{pmatrix} .$$

Die Strecke $s' = \overline{P'P_1}$ ergibt sich nach dem Satz des Pythagoras zu:

$$s' = \sqrt{(x_1-x')^2 + (y_1-y')^2 + (L'-z')^2} .$$

b) Berechnung der Strecke $\Delta' = \overline{P_1 P''}$

Für den Abstand Δ' des Zielpunktes auf der zweiten Oberfläche vom Koordinatensystem (x_1, y_1, L') im Scheitelpunkt der Krümmung folgt damit:

$$\Delta' = \frac{F'}{G' + \cos\alpha_{E2}}$$

$$\text{mit } F' = c_2\,(x_1^2 + y_1^2) ,$$

$$G' = N' - c_2\,(L'x_1 + M'y_1) ,$$

$$\cos\alpha_E = \sqrt{G'^2 - c_2 F'} .$$

Da $c_2 < 0$ folgt $F' < 0$ und damit $\Delta' < 0$. Damit ergeben sich die Koordinaten des Zielpunktes P" zu:

$$\begin{pmatrix} x'' \\ y'' \\ z'' \end{pmatrix} = \begin{pmatrix} x_1 \\ y_1 \\ 0 \end{pmatrix} + \Delta' \begin{pmatrix} X' \\ Y' \\ Z' \end{pmatrix}$$

und der optische Weg innerhalb des Linsenkörpers zwischen P' und P" ist:

$$L_{OPT2} = n_2\,(s' + \Delta') . \qquad \textbf{(A3.6)}$$

c) Berechnung des Richtungsvektors des gebrochenen Strahls

Die Komponenten des Strahlvektors nach der Brechung an der zweiten Oberfläche ergibt sich nun analog zum Rechengang im 1. Schritt:

$$\begin{pmatrix} X'' \\ Y'' \\ Z'' \end{pmatrix} = \frac{n_2}{n_1} \begin{pmatrix} X' \\ Y' \\ Z' \end{pmatrix} + \frac{K'}{n_1} \begin{pmatrix} -c_2 x'' \\ -c_2 y'' \\ 1 - c_2 z'' \end{pmatrix}$$

mit: $K' = n_1 \cos\alpha_{E2} - n_2 \cos\alpha A_2$,

$$\cos\alpha_{E2} = \sqrt{G'^2 - c_2 F'} \ ,$$

$$\cos\alpha_{A2} = \sqrt{1 - n_2^2/n_1^2\,(1-\cos^2\alpha_{E2})} \ .$$

3.Schritt: Berechnung des Strahlweges nach Durchgang durch den Linsenkörper bis zur Zielebene (Bild A3.4)

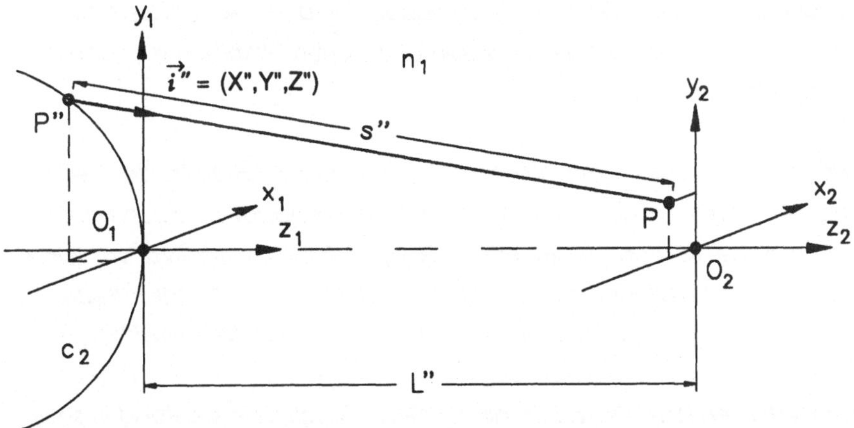

Bild A3.4 Raytracing von einer gekrümmten Oberfläche bis zur Zielebene

Erneutes Anwenden der oben beschriebenen Rechenvorschrift liefert für den letzten Teilschritt des Problems die Lösung für den optischen Weg:

$$L_{OPT3} = n_1 s'' \qquad \textbf{(A3.7)}$$

mit

$$s'' = \sqrt{(x_2 - x'')^2 + (y_2 - y'')^2 + (L'' - z'')^2}$$

sowie die Koordinaten des Zielpunktes P im Koordinatensystem $(x_2, y_2, 0)$:

$$\begin{pmatrix} x_2 \\ y_2 \end{pmatrix} = \begin{pmatrix} x'' \\ y'' \end{pmatrix} + \frac{L'' - z''}{Z''} \begin{pmatrix} X'' \\ Y'' \end{pmatrix} .$$

Der gesamte optische Weg von der Start- bis zur Zielebene ergibt sich aus den Teilergebnissen (A3.2), (A3.6) sowie (A3.7):

$$L_{OPT} = L_{OPT1} + L_{OPT2} + L_{OPT3} \ .$$

An dieser Stelle möchte ich allen Mitgliedern des Instituts danken, die mich durch ihre Kollegialität unterstützt und zum Gelingen dieser Arbeit beigetragen haben.

Stellvertretend für viele erwähne ich insbesonders meine Kollegen Dipl. Phys. K. Wittig, für dessen tatkräftige Unterstützung bei der Entwicklung des Algorithmus zur Berücksichtigung des resonatorinternen Dichtegradienten ich mich hier besonders bedanke, und Dipl. Phys. S. Borik, der nicht nur die interferometrische Analyse der Deformation eines Kupferspiegels für diese Arbeit bereitstellte, sondern durch seine Bereitschaft zur wissenschaftlichen Diskussion manche Problemlösung initiierte.

Ebenfalls gesondert bedanken möchte ich mich bei W. Früholz, der bei der Erstellung des Programms zur Berechnung der Feldpropagation durch transmittierende optische Komponenten eine außergewöhnliche Motivation zeigte und auch nach Beendigung seiner Arbeit mit dem Autor bei der Integration dieses Moduls in das vom Autor entwickelte Programmpaket mitwirkte.

Für seine wertvollen Hinweise zur Erstellung dieser Arbeit, sein Verständnis sowie seine Geduld mit dem Autor während dessen Institutszugehörigkeit gebührt Herrn Prof. Dr. Hügel mein herzlichster Dank.

Nicht zuletzt möchte ich mich für die Unterstützung insbesondere beim kritischen Redigieren dieser Arbeit durch Herrn Prof. Dr. H. J. Tiziani bedanken, der mit wertvollen Hinweisen zum Gelingen dieser Arbeit beitrug.

Pfullendorf, April 1992

Gorriz

Adaptive Optik und Sensorik im Strahlführungssystem von Laserbearbeitungsanlagen

Anhand einer Analyse des Einflusses begrenzender Aperturen auf die Fokussierbarkeit Gaußscher Strahlen wird die Bedeutung von adaptiven Optiken in Strahlführungssystemen herausgestellt. Insbesondere bei Anlagen mit veränderlicher Strahlweglänge zwischen Laserstrahlquelle und Bearbeitungsoptik (»fliegende Optiken«) können erhebliche Probleme im Hinblick auf das Bearbeitungsergebnis auftreten, da die Intensitätsschwankungen von der jeweiligen Position der Fokussieroptik abhängen. Mit Hilfe eines adaptiven Spiegels kann jedoch die Strahltaille und damit auch der Beugungseinfluß im Fokusstrahlengang konstant gehalten werden. Dazu wird ein Strahlsensor entwickelt, welcher simultan den Krümmungsradius der auf die Optik auftreffenden Wellenfront mißt. Das theoretisch untersuchte und experimentell verifizierte Konzept eines geregelten Strahlformungssystems wird beschrieben und seine Vorteile für den industriellen Einsatz erläutert.

Aus dem Inhalt

Theoretische Untersuchungen zur Strahlpropagation – Einfluß von Beugungseffekten auf den fokussierten Strahl – Meßwertaufnehmer: Strahlteiler, Optisches System, Quadrantendetektor, Signalauswertung – Adaptiver Spiegel – Auslegung und Test eines geregelten Strahlformungssystems

Von Dr.-Ing.
Michael Gorriz
Universität Stuttgart
Institut für Strahlwerkzeuge
(IFSW)

1992. 113 Seiten.
16,2 x 22,9 cm.
Kart. DM 74,–
ISBN 3-519-06206-2

Hügel, Forschungsberichte des IFSW

Preisänderungen vorbehalten.

Schreiner-Mohr

Geschwindigkeits-bestimmende Strahleigenschaften und Einkoppel-mechanismen beim CO_2-Laserschneiden von Metallen

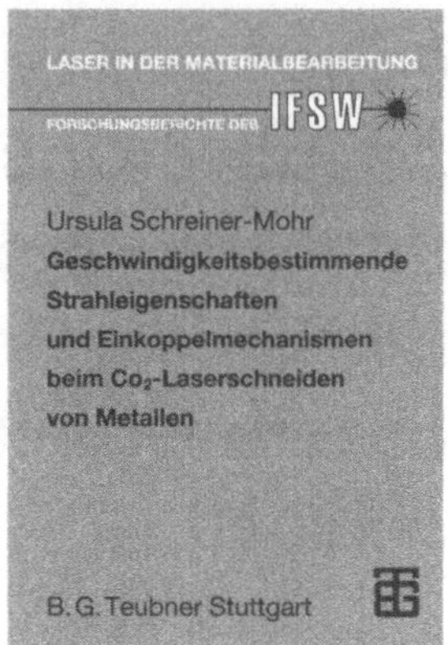

Obwohl das Schneiden das bedeutendste und am weitesten verbreitete Bearbeitungsverfahren mit CO_2-Lasern ist, sind die physikalischen Mechanismen, welche den Prozeß gestalten, noch nicht vollständig verstanden. Als Folge davon ist es nicht möglich, Vorhersagen zur anlagen- und werkstoffspezifisch erzielbaren Schneidgeschwindigkeit und -qualität ohne eingehende experimentelle Voruntersuchungen zu treffen. In dieser Arbeit wird zunächst verdeutlicht, daß grundsätzlich jedes Metall geschnitten werden kann, wenn eine Laserleistung verfügbar ist, die einen durch die Materialeigenschaften bedingten Schwellwert überschreitet. Für Materialien, bei denen der Schneidprozeß nicht durch fluiddynamische Vorgänge des Schmelzaustriebs dominiert ist, wird eine sogenannte reduzierte Darstellung der Schneidgeschwindigkeit vorgeschlagen. Sie gestattet, ausgehend von nur einer Versuchsreihe, auf Ergebnisse bei veränderter Werkstückdicke, Leistung und Fokussierung zu schließen. Darüber hinaus lassen sehr detaillierte Untersuchungen zur Energieeinkopplung den Schneidprozeß als einen sich selbst regelnden Vorgang im Zusammenwirken von durch Polarisationseffekte bestimmter Absorption, Schnittfrontneigung, Fugenbreite und Schneidgeschwindigkeit erkennen und besser verstehen.

Von Dr.-Ing.
Ursula Schreiner-Mohr
Universität Stuttgart
Institut für Strahlwerkzeuge
(IFSW)

1992. ca. 160 Seiten.
16,2 x 22,9 cm.
Kart. ca. DM 76,–
ISBN 3-519-06207-0

Hügel, Forschungsberichte des IFSW

Preisänderungen vorbehalten.

Aus dem Inhalt

Grundlagen des Trennens mit CO_2-Lasern – Untersuchungen zur maximalen Geschwindigkeit beim Schmelz- und Brennschneiden – Vergleich der Ergebnisse beim Einsatz stabiler und instabiler Resonatoren – Einkopplung der Laserleistung – Polarisationseinfluß – Theoretische Behandlung der Einkopplungs- und Wärmeleitungsvorgänge

Borik

Einfluß optischer Komponenten auf die Strahlqualität von Hochleistungslasern

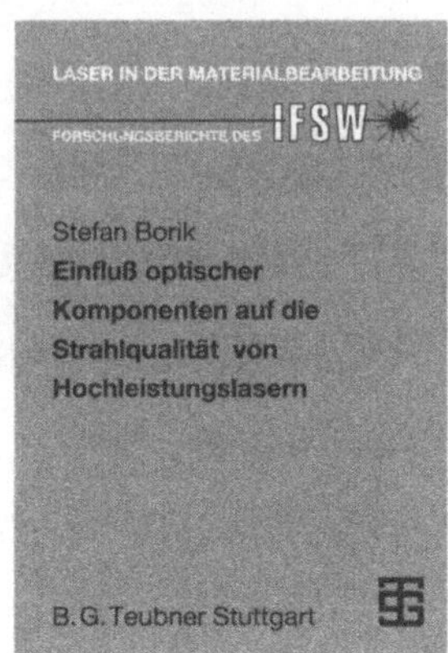

Mit der Weiterentwicklung der Hochleistungslaser gewinnt die Bereitstellung von optischen Elementen, mit deren Hilfe der Strahl geführt und geformt werden kann, zunehmend an Bedeutung. Vor diesem Hintergrund werden experimentelle Untersuchungen und theoretische Berechnungen zur Charakterisierung und Beurteilung von Komponenten für die Verwendung bei 10,6 µm durchgeführt. Neben der Behandlung der Aberration optischer Elemente und der Anforderungen an die Justiergenauigkeit wird insbesondere auf die Aspekte der thermischen Belastung von sowohl transmittierenden wie reflektierenden Optiken eingegangen. Hierzu werden Methoden der Absorptionsmessung ebenso vorgestellt wie interferometrische Messungen der Deformation von Spiegeloberflächen während der Bestrahlung. Berechnungen zum Deformationsverhalten mittels der Methode der Finiten Elemente ergänzen die experimentellen Untersuchungen und erlauben die Durchführung von Parameterstudien. Schließlich werden unterschiedliche Kühlkonzepte einander gegenübergestellt und diskutiert.

Aus dem Inhalt

Berechnung der Strahlausbreitung – Aberration und Justage optischer Elemente – Interferometrische Untersuchungen – Messung der Absorption – Berechnungen nach der Methode der Finiten Elemente – Verhalten optischer Komponenten bei Bestrahlung

Von Dr.-Ing.
Stefan Borik
Universität Stuttgart
Institut für Strahlwerkzeuge
(IFSW)

1992. ca. 190 Seiten.
16,2 x 22,9 cm.
Kart. ca. DM 79,–
ISBN 3-519-06209-7

Hügel, Forschungsberichte des IFSW

Preisänderungen vorbehalten.

B.G. Teubner Stuttgart